21世纪建筑工程实用技术丛书

建筑施工组织与管理

于英武 编著

清华大学出版社

北京

内 容 简 介

建筑施工组织与管理作为建筑工程专业的专业课程,为该专业的岗位和技能的学习奠定施工组织与管理的基础。

本教材共有14章,主要包括建筑工程施工组织及施工项目管理两部分。通过学习使读者了解建筑工程流水施工基本原理;网络计划技术;施工组织设计的基本内容、编制方法;建筑工程技术管理;质量管理;成本管理;进度管理;招投标与合同管理;施工安全、防火管理;工程项目信息管理等基本知识。

本书可作为高职、高专、职业技术院校建筑专业的教材及培训教材,也可供建设行业技术人员参考。

图书在版编目(CIP)数据

建筑施工组织与管理/于英武编著.—北京:清华大学出版社,2012.8(2017.1重印)
(21世纪建筑工程实用技术丛书)
ISBN 978-7-302-29486-3

Ⅰ.①建…　Ⅱ.①于…　Ⅲ.①建筑工程－施工组织 ②建筑工程－施工管理　Ⅳ.①TU7

中国版本图书馆 CIP 数据核字(2012)第 163002 号

责任编辑:秦　娜　赵从棉
封面设计:常雪影
责任校对:赵丽敏
责任印制:宋　林

出版发行:清华大学出版社
　　　　网　　　址:http://www.tup.com.cn,http://www.wqbook.com
　　　　地　　　址:北京清华大学学研大厦 A 座　　　　　　　邮　　编:100084
　　　　社 总 机:010-62770175　　　　　　　　　　　　　　邮　　购:010-62786544
　　　　投稿与读者服务:010-62776969,c-service@tup.tsinghua.edu.cn
　　　　质量反馈:010-62772015,zhiliang@tup.tsinghua.edu.cn
印 装 者:北京教图印刷有限公司
经　　销:全国新华书店
开　　本:185mm×260mm　　印　张:18.5　　插　页:1　　字　数:442千字
版　　次:2012 年 8 月第 1 版　　　　　　　　　　　　　　印　次:2017 年 1 月第 2 次印刷
定　　价:45.00 元

产品编号:044053-02

编 委 会

丛 书 总 序

　　本套丛书是根据国家提出的《面向 21 世纪教育振兴行动计划》,实施加强职业技术教育,提高高等职业和高等专科人才的培养质量,尽快满足建设类专业基层高素质技术管理干部的需要,本着建筑工程实用性原则而编写的。

　　为适应我国建筑类高等职业技术教育的发展,满足培养建筑工程高级技术型人才的需要,清华大学出版社组织多年从事建筑类高等职业技术专科教育,有丰富教学和实践经验的北京建筑工程学院、北京市建设职工大学等院校的教师和施工单位的工程技术人员编写了一套《21 世纪建筑工程实用技术丛书》,供高职、高专和职业技术学院建筑类专业教学应用,也可作为建设行业工程技术人员提高建筑专业知识的参考书。

　　本套丛书包括《建筑制图与识图》、《房屋构造》、《建筑力学》、《建筑材料》、《建筑工程测量》、《混凝土结构基本构件》、《房屋地基基础》、《建筑结构抗震》、《建筑施工技术》、《建筑施工组织与管理》、《建筑工程造价》和《建筑工程法律法规》共 12 本,均按国家现行标准并采用我国法定计量单位编写。本套丛书的主要特点是内容丰富、深入浅出、重点明确、理论联系实际,并编入新材料、新技术、新工艺和新设备四新的内容。书中附有必要的例题、案例,每章后还有思考题和习题,供读者参考。

　　由于时间紧迫,又限于编者水平,书中难免有疏漏之处,恳请业内同仁和读者提出批评指正。

《21 世纪建筑工程实用技术丛书》编委会

2012 年 3 月

前　言

　　本教材是作为《21世纪建筑工程实用技术丛书》系列教材其中之一，根据目前高职、高专、职业技术院校建筑工程专业的教学需要，以国家现行规范、标准和施工组织与管理教学大纲组织编写而成。

　　针对本学科实践性和综合性较强的特点，同时结合高职、高专是培养应用型人才这一特点，本书的内容在编写时力求做到系统性和完整性，并结合当前建筑企业改革中应用的施工现场组织和管理方法，认真贯彻我国现行规范及有关文件，从而增强了适应性、应用性，更贴近建筑工程技术人员的岗位需求。

　　本教材主要从施工组织与管理两部分介绍建筑工程施工组织的基本方法及施工项目管理的基本理论。通过学习使读者了解建筑工程流水施工基本原理；网络计划技术；施工组织设计的基本内容、编制方法；建筑工程技术管理；质量管理；成本管理；进度管理；招投标与合同管理；施工安全、防火管理；工程项目信息管理等基本知识。教材中，每章设置了复习思考题或习题等作为学习的参考。

　　本教材由于英武编著。

　　本教材在编写过程中，还参考了有关资料和教材，得到了北京城市建设学校的大力支持，在此表示谢意。

　　由于编者水平有限，书中难免有不妥之处，恳请读者指正。

编　者

2012年5月

第1章

绪　　论

1.1　施工组织与管理概论

1.1.1　研究对象和任务

1. 研究对象

一个建筑物或一个建筑群的施工,可以有不同的施工顺序;每一个施工过程可以采用不同的施工方法;每一种构件可以采用不同的生产方式;每一种运输工作可以采用不同的方式和工具;现场施工机械、各种堆物、临时设施和水电线路等可以用不同的布置方案;开工前的一系列施工准备工作可以用不同的方法进行。要想提高工程质量、缩短施工工期、减少资源消耗、降低工程成本、实现安全文明施工,施工管理人员就要结合建筑工程的性质和规模、工期的长短、工人的数量、机械装备程度、材料供应情况、构件生产方式、运输条件等各种技术、经济条件合理选择施工方案。

施工组织与管理作为一门学科,主要针对施工活动进行有目的的计划、组织、协调和控制。它包括在施工过程中采用各种施工方法,运用各种施工手段,按照客观施工规律合理组织生产力;在施工过程中,围绕完成建筑产品对内外各种生产关系不断进行协调。

施工组织与管理主要研究和探求一个建筑物或一个建筑群在建筑施工中以取得优质、高效、低成本、文明安全施工的全面效益,使施工中提高效益的各种因素能处于最佳状态的组织管理方法。通过本课程的学习,要求学生了解建筑施工组织与管理的基本知识和一般规律,掌握建筑工程流水施工和网络计划编制的基本方法,掌握建筑工程技术管理、质量管理、招投标和合同管理、施工项目管理的基本知识,具有编制单位工程施工组织设计的能力,为今后从事施工组织与管理工作打下基础。由于施工对象千差万别,施工过程中内部工作和与外部的联系错综复杂,没有一个固定不变的组织管理方法可用于一切工程,因此,在不同条件下,对不同的施工对象,采用因地制宜的组织管理方法才是最有效的。

2. 主要任务

施工组织与管理的任务就是在施工全过程中,根据施工特点和施工生产规律的要求,结合施工对象和施工现场的具体情况,制定切实可行的施工组织设计,并据此做好施工准备;严格遵守施工程序和施工工艺;努力协调内外各方面的生产关系;充分发挥人力、物力、财力的作用,使它们在时间、空间上能有一个最好的组合;挖掘一切潜力,调动一切积极因素,精心组织施工生产活动;正确运用施工生产能力,确保全面高效地建成最终建筑产品。

施工组织管理任务的完成,是多层次各方面努力工作的结果,在完成上述任务中存在着分工合作和协调配合问题。基层施工技术人员的工作在施工现场,是所有业务部门组织管理工作的基层执行者,在完成施工组织管理任务中起着关键的作用。

1.1.2 本课程与其他课程的关系

1. 本课程的特点

施工组织与管理课程是一门内容广泛、实践性强的课程。施工管理人员不仅要掌握工程技术方面的知识,而且也要了解管理及法律方面的知识。实践性强是该课程的又一特点,因为要使基层施工技术员掌握一定的施工组织和科学管理方法,必须深入施工现场调查研究、收集资料,最终才能编制简单的单位工程施工组织设计,并通过科学管理使施工组织设计得以实施。

2. 本课程与其他课程的关系

施工组织与管理课程研究建筑施工中不同分部分项工程之间的科学联系,而建筑施工技术课程则是研究建筑施工中不同分部分项工程,不同工种的施工工艺、施工方法及施工机具的合理配置和管理。两门课程各有侧重又相互联系,建筑施工技术课程是建筑施工组织与管理课程的基础。不仅如此,建筑材料、建筑工程测量、建筑工程定额与预算、建筑结构等课程也与本课程有密切的关系,因此学习本课程必须注意理论联系实际,除掌握基本理论外,还必须十分重视实践经验的积累。

1.2 基本建设程序与建筑施工程序

1.2.1 基本建设、基本建设项目及其组成

1. 基本建设的概念及内容

基本建设是固定资产的建设,也就是指建造、购置和安装固定资产的活动以及与此相联系的其他工作。

基本建设按其内容构成包括:固定资产的建造和安装、固定资产的购置及其他基本建设工作。

2. 基本建设项目及其组成

基本建设项目简称建设项目。凡是按一个总体设计组织施工,建成后具有完整的系统,可以独立地形成生产能力或使用价值的建设工程,称为一个建设项目。如工业建设中一般以拟建厂矿企业单位为一个建设项目,如一个钢铁厂、一个纺织厂、一个汽车厂等;在民用建设中,一般以拟建机关事业单位为一个建设项目,如一所学校、一所医院、一个居民小区等。对大型分期建设的工程,如果分为几个总体设计,则就有几个建设项目。进行基本建设的企业或事业单位称为建设单位,或者称为业主。建设单位是在行政上独立的组织,独立进行经济核算,可以直接与其他单位建立经济往来关系。

建设项目按其性质分为:新建、扩建、改建、恢复和迁建项目。

建设项目按其用途分为：生产性建设项目(包括工业、农田水利、交通运输及邮电、商业和物质供应、地质资源勘探等建设项目)和非生产性建设项目(包括住宅、文教、卫生、公用生活服务事业等建设项目)。

建设项目按其规模大小分为：大型、中型、小型建设项目。

建设项目按其投资主体分为：国家投资、地方政府投资、企业投资、各类投资主体联合投资及外商投资的建设项目。

建设项目按其复杂程度一般由以下工程内容组成。

1) 单项工程(也称工程项目)

凡是具有独立的设计文件，竣工后可以独立发挥生产能力或效益的工程，称为一个单项工程。一个建设项目可以由一个单项工程组成，也可以由若干个单项工程组成。如工业建设项目中，各独立的生产车间、实验楼、各种仓库等；民用建设项目中，学校的教学楼、实验室、图书馆、学生宿舍等。这些都可以称为一个单项工程，其内容包括建筑工程、设备安装工程以及设备、工具、仪器的购置等。

2) 单位工程

凡是具有单独设计，可以独立施工，但完工后不能独立发挥生产能力或效益的工程，称为一个单位工程。一个单项工程一般都由若干个单位工程组成。如一个复杂的生产车间，一般由土建工程、工业管道安装工程、设备安装工程、电气安装工程和给排水工程等单位工程组成。

3) 分部工程

组成单位工程的若干个部分称为分部工程。如一幢房屋的土建单位工程，按其结构或构造部位划分，可以分为基础、主体结构、屋面、装修等分部工程；按其工种工程划分，可以分为土(石)方工程、桩基工程、钢筋混凝土工程、砌筑工程、防水工程、装饰工程等分部工程；按其质量检验评定要求划分，可以分为地基与基础工程、主体工程、地面与楼面工程、门窗工程、装饰工程、屋面工程等。

4) 分项工程

组成分部工程的若干个施工过程称为分项工程。可以按不同的施工内容或施工方法来划分，以便于专业施工班组的施工。如砖混结构房屋的基础工程，可以划分为基槽(坑)挖土、混凝土垫层、砖砌基础、回填土等分项工程；现浇钢筋混凝土剪力墙结构的主体工程，可以划分为绑扎墙体钢筋、支设墙体大模板、浇筑墙体混凝土、支设梁板模板、绑扎梁板钢筋、浇筑梁板混凝土等分项工程。

1.2.2 基本建设程序

基本建设程序就是建设项目在整个建设过程中各项工作必须遵循的先后顺序，是经过大量实践工作总结出来的工程建设过程的客观规律，也是拟建建设项目在整个建设过程中必须遵循的客观规律。

基本建设程序，一般可划分为决策、设计文件、建设准备、建设实施及竣工验收、交付使用五个阶段。

1. 决策阶段

决策阶段包括编制建设项目建议书、可行性研究、可行性研究报告的编制与审批、组建建设单位等内容。

1）编制建设项目建议书

建设项目建议书是业主单位向国家提出要求建设某一建设项目的建议文件，是对建设项目的轮廓设想，是从拟建项目的必要性及可能性角度加以考虑的。

项目建议书的内容，根据项目的不同情况，一般包括以下几个方面：建设项目提出的必要性和依据；产品方案、拟建规模和建设地点的初步设想；资源情况、建设条件、协作关系等的初步分析；投资估算和资金筹措设想；经济效益和社会效益的估计。

项目建议书按要求编制完成后，按照建设总规模和限额的划分审批权限进行报批。

2）可行性研究

可行性研究是通过多方案比较，对拟建项目在技术上是否可行和经济上是否合理进行科学的分析与论证，并提出评价意见。可行性研究是在项目建议书批准后着手进行的。我国在20世纪80年代初将可行性研究正式纳入基本建设程序，规定大中型项目、利用外资项目、引进技术和设备进口项目都要进行可行性研究。其他项目有条件的也要进行可行性研究。凡是经过可行性研究未通过的项目，不得进行下一步工作。

可行性研究包括以下内容：项目提出的背景和依据；建设规模、产品方案、市场预测和确定的依据；技术工艺、主要设备、建设标准；资源、原材料、燃料供应、动力、运输、供水等协作配合条件；建设地点、厂区布置方案、占地面积；项目设计方案、协作配套工程；环保、防震等要求；劳动定员和人员培训；建设工期和实际进度；投资估算和资金筹措方式；经济效益和社会效益。

3）可行性研究报告的编制与审批

编制可行性研究报告是在可行性研究通过的基础上，选择经济效益最好的方案进行编制，它是确定建设项目、编制设计文件的重要依据。各类建设项目的可行性研究报告，内容不尽相同。大中型项目一般应包括以下几个方面：根据经济预测、市场预测确定的建设规模和产品方案；资源、原材料、动力、供水、运输条件；建厂条件和厂址方案；技术工艺、主要设备选型和相应的技术经济指标；主要单项工程、公用辅助设施、配套工程；环境保护、城市规划、防震防洪等要求和采取的相应措施方案；企业组织、劳动定员和管理制度；建设进度和工期；投资估算和资金筹措；经济效益和社会效益。

可行性研究报告的审批是国家发改委或地方发改委根据行业归口主管部门和国家专业投资公司的意见以及有资格的工程咨询公司的评估意见进行的。可行性研究报告经批准后，不得随意修改和变更。经过批准的可行性研究报告是初步设计的依据。

4）组建建设单位

按现行规定，大中型和限额以上项目的可行性研究报告经批准后，项目可根据实际需要组建筹建机构，即建设单位。

目前建设单位的形式很多，有董事会或管委会、工程指挥部、业主代表等。有的建设单位待竣工投产交付使用后就不再存在；有的建设单位待项目建成后即转入生产，不仅负责建设过程，而且负责生产管理。

2. 设计文件阶段

设计文件是指工程图纸及说明书，是安排建设项目和建筑施工的主要依据。设计文件一般由建设单位通过招标投标或直接委托设计单位编制。编制设计文件时，应根据批准的可行性研究报告，将建设项目的要求逐步具体化为可用于指导建筑施工的工程图纸及其说明书。对于一般不太复杂的中小型项目多采用两阶段设计,即扩大初步设计(或称初步设计)和施工图设计;对重要的、复杂的、大型的项目,经主管部门指定,可采用三阶段设计,即初步设计、技术设计和施工图设计。

初步设计是对批准的可行性研究报告所提出的内容进行概略的设计,作出初步的规定(大型、复杂的项目,还需绘制建筑透视图或制作建筑模型)。技术设计是在初步设计的基础上,进一步确定建筑、结构、设备、消防、通信、抗震、自动化系统等的技术要求。施工图设计是在前一阶段的基础上,进一步形象化、具体化、明确化,完成建筑、结构、水、电、气、自动化系统、工业管道等全部施工图纸以及设计说明书、结构计算书和施工图设计概预算等。

初步设计由主要投资方或监理方组织审批,其中大型和限额以上项目要报国家发改委和行业归口主管部门备案。初步设计文件经批准后,项目总平面布置、主要工艺过程、主要设备、建筑面积、建筑结构、总概算等均不得随意修改、变更。

3. 建设准备阶段

建设准备工作在可行性研究报告批准后就可着手进行。其主要内容是:工程地质勘察,提出资源申请计划,组织大型专用设备预安排和特殊材料预订货,办理征地拆迁手续,落实水、电、气源、平整场地、交通运输及施工力量等,准备必要的施工图纸,组织施工招标、投标,择优选定施工单位。

4. 建设实施阶段

建设实施阶段是根据设计图纸进行建筑安装施工。建筑安装施工是基本建设程序中的一个重要环节。要做到计划、设计、施工三个环节相互衔接,投资、工程内容、施工图纸、设备材料、施工力量五个方面的落实,以保证建设计划的全面完成。施工前要认真做好图纸会审工作,编制施工图预算和施工组织设计,明确投资、进度、质量的控制要求。施工中要严格按照施工图施工,如需要变动应取得设计单位的同意,要坚持合理的施工程序和顺序,要严格执行施工验收规范,按照质量检验评定标准进行工程质量验收,确保工程质量。对质量不合格的工程要及时采取措施,不留隐患,不合格的工程不得交工。施工单位必须按合同规定的内容全面完成施工任务,不留尾巴。

5. 竣工验收、交付使用阶段

按批准的设计文件和合同规定的内容建成的工程项目,其中生产性建设项目经负荷试运转和试生产合格,并能够生产合格产品的;非生产性建设项目符合设计要求,能够正常使用的,都要及时组织验收,办理移交固定资产手续,交付使用。

竣工验收前,建设单位要组织设计、施工等单位进行初验,向主管部门提出竣工验收报告,系统整理技术资料,绘制竣工图,并编制竣工决算,报上级主管部门审查。

基本建设各项工作的先后顺序,一般不能违背与颠倒,但在具体工作中有相互交叉平行的情况。

1.2.3　建筑施工程序

1. 建筑施工程序的概念

建筑施工程序是指工程建设项目在整个施工过程中各项工作必须遵循的先后顺序,它反映了施工过程中的客观施工规律。多年来的施工实践已经证明,坚持施工程序,按建筑产品生产的客观规律组织施工,是高质量、高速度从事建筑产品生产的重要手段;而违反了建筑施工程序，就会造成重大事故和经济损失。

2．建筑施工程序的步骤

建筑施工程序从承接施工任务开始到竣工验收为止，可分为以下五个步骤进行。

（1）承揽施工任务，签订施工合同。

施工单位承揽施工任务的主要方式有两种，即通过投标或议标承接，除此之外，还有一些国家重点建设项目由国家或上级主管部门直接下达给施工企业。不论采用哪种方式承接施工任务，施工单位都要检查其施工项目是否有批准的正式文件，是否列入基本建设年度计划，是否落实投资等。

承接施工任务后，建设单位与施工单位应根据《经济合同法》和《建筑安装工程承包合同条例》的有关规定及要求签订施工合同。施工合同应规定承包的内容、要求、工期、质量、造价及材料供应等，明确合同双方应承担的义务和职责以及应完成的施工准备工作（如土地征购，申请施工用地、施工许可证，拆除障碍物，接通场外水源、电源、道路等内容）。施工合同经双方法人代表签字后具有法律效力，必须共同遵守。

（2）全面统筹安排，做好施工规划。

签订施工合同后，施工单位应全面了解工程性质、规模、特点、工期等，并进行各种技术、经济、社会调查，收集有关资料，编制施工组织总设计，与建设单位密切配合，共同做好开工前的准备工作，为顺利开工创造条件。

（3）落实施工准备工作，提出开工报告。

根据施工组织总设计的规划，对首批施工的各单位工程，及时抓紧落实各项施工准备工作。如会审施工图纸，编制单位工程施工组织设计，落实资金、劳动力、材料、构件、施工机具及现场"三通一平"等。具备开工条件后，提出开工报告，经审查批准后，即可正式开工。

（4）精心组织施工，加强各项管理。

施工过程是施工程序中的主要阶段，应从整个施工现场的全局出发，根据拟定的施工组织设计的要求，精心组织施工，加强各单位、各部门的配合与协作，协调解决各方面的问题，使施工活动顺利开展。在施工过程中，应加强施工现场技术、材料、质量、安全、进度等各方面的管理工作，落实施工单位内部承包的经济责任制，全面做好各项经济核算与管理工作，严格执行各项技术、质量检验制度，抓紧工程收尾和竣工。

（5）进行工程验收，交付生产使用。

这是施工的最后阶段。在交工验收前，施工单位内部应进行预验收，检查各分部分项工程的施工质量，整理各项交工验收资料，并经监理工程师签字确认。在此基础上，由建设单位组织竣工验收，经质量监督主管部门验收合格后，办理工程移交证书，并交付生产使用。

1.3 建筑产品及其施工的技术经济特点

1.3.1 建筑产品的概念及其技术经济特点

1．建筑产品的概念

建筑业生产的各种建筑物或构筑物等称为建筑产品。它与其他工业生产的产品相比，具有一系列特有的技术经济特点，这主要体现在产品本身及其施工过程上。

2. 建筑产品的技术经济特点

1）建筑产品的庞体性

建筑产品与一般工业产品相比，其体形远比工业产品庞大，自重也大。因为无论是复杂还是简单的建筑产品，均是为构成人们生活和生产活动空间或满足某种使用功能而建造的，所以，建筑产品要占用大片的土地和大量的空间。

2）建筑产品的固定性

一般建筑产品都是在选定的地点上建造，在建造过程中直接与地基基础连接，因此，只能在建造地点固定地使用，而无法转移。这种一经建造就在空间固定的属性，叫做建筑产品的固定性。固定性是建筑产品与一般工业产品最大的区别。

3）建筑产品的多样性

由于建筑物的使用功能及用途不同，建筑规模、建筑设计、结构类型、装饰等方面也各不相同。即使是同一类型的建筑物，也因坐落地点、环境条件、城市规划要求等而彼此有所不同。因此，建筑产品是丰富多彩、多种多样的。

4）建筑产品的复杂性

建筑产品是一个完整的固定资产实物体系，不仅土建工程的艺术风格、建筑功能、结构构造、装饰做法等方面堪称是一种复杂的产品，而且工艺设备、采暖通风、供水供电、卫生设备、办公自动化系统、通信自动化系统等各类设施错综复杂。

1.3.2 建筑施工的特点

建筑施工具有以下特点。

（1）建筑施工的周期长。

建筑产品的庞大性决定了建筑施工的工期长。建筑产品在建造过程中要投入大量的劳动力、材料、机械等，因而与一般工业产品相比，其生产周期较长，少则几个月，多则几年。这就要求事先有一个合理的施工组织设计，尽可能缩短工期。

（2）建筑施工的流动性。

建筑产品的固定性决定了建筑施工的流动性。一般的工业产品，生产者和生产设备是固定的，产品在生产线上流动，而建筑产品则相反，产品是固定的，生产者和生产设备不仅要随着建筑物地点的变更而流动，而且还要随着建筑物施工部位的改变而在不同的空间流动。这就要求事先有一个周密的施工组织设计，使流动的人、机、物等互相协调配合，做到连续、均衡施工。

（3）建筑施工的单件性。

建筑产品的多样性决定了建筑施工的单件性。不同的甚至相同的建筑物，在不同的地区、季节及现场条件下，施工准备工作、施工工艺和施工方法等也不尽相同，因此，建筑产品的生产基本是单个"定做"，这就要求施工组织设计根据每个工程特点、条件等因素制定出可行的施工方案。

（4）建筑施工的复杂性。

建筑产品的综合性决定了建筑施工的复杂性。建筑产品是露天、高空作业，甚至有的是地下作业，加上施工的流动性和个别性，必然造成施工的复杂性，这就要求施工组织设计不仅要从质量和技术组织方面考虑措施，还要从安全等方面综合考虑施工方案，使建筑工程顺利地进行施工。

（5）建筑施工协作单位多。

建筑产品施工涉及面广，在建筑企业内部，要组织多专业、多工种的综合作业；在建筑企业外部，需要不同种类的专业施工企业以及城市规划、土地征用、勘察设计、公安消防、环保、质量监督、科研试验、交通运输、银行业务、物资供应等单位和主管部门协作配合。

1.4　施工组织设计的作用和分类

1.4.1　施工组织设计的作用和任务

1. 施工组织设计的概念

施工组织设计是规划和指导拟建工程从施工准备到竣工验收全过程的一个综合性的技术经济文件，是沟通工程设计和施工之间的桥梁。它既要体现拟建工程的设计和使用要求，又要符合建筑施工的客观规律，对施工的全过程起战略部署或战术安排的作用。

2. 施工组织设计的作用

施工组织设计是施工准备工作的重要组成部分，又是做好施工准备工作的主要依据和重要保证。施工组织设计是对施工过程实行科学管理的重要手段，是编制施工预算和施工计划的主要依据，是建筑企业合理组织施工和加强项目管理的重要措施。

施工组织设计是检查工程施工进度、质量、投资（成本）三大目标的依据，是建设单位与施工单位之间履行合同、处理关系的主要依据。

因此，编好施工组织设计，对于按科学规律组织施工，建立正常的施工程序，有计划地开展各项施工过程；对于及时做好各项施工准备工作，保证劳动力和各种资源的供应与使用；对于协调各施工单位之间、各工种之间、各种资源之间以及空间布置与时间安排之间的关系；对于保证施工顺利进行，按期、按质、按量完成施工任务，取得更好的施工经济效益等，都将起到重要的、积极的作用。

3. 施工组织设计的任务

施工组织设计的具体任务是：确定开工前必须完成的各项准备工作；在具体工程项目施工中，正确贯彻国家的方针、政策、法规、规程和规范；从施工的全局出发，做好施工部署，确定施工方案，选择施工方法和施工机械；合理安排施工程序和顺序，确定施工进度计划，确保工程按要求工期完成；合理计算资源需用量，以便及时组织供应，降低施工成本；综合考虑并合理规划和布置施工现场平面图；提出切实可行的技术、质量和安全保证措施。

1.4.2　施工组织设计的分类

1. 按编制时间分类

按建筑工程施工组织设计的编制时间不同，可将施工组织设计分为两类：一类是投标前编制的施工组织设计，简称"标前设计"；另一类是中标后、施工前编制的施工组织设计，简称"标后设计"。

1）标前设计

投标前的施工组织设计是为满足编制投标书和签订合同的需要编制的，它必须对投标书所要求的内容进行筹划和决策,并附入投标文件中。它的作用除了指导工程投标与签订承包合同及作为投标书的内容以外,还是总包单位进行分包招标和分包单位编制投标书的重要依据,同时也是建设单位与承包单位进行合同谈判、提出要约和进行承诺的依据,是拟定合同文本中相关条款的基础资料。

标前设计的主要内容包括:工程概况;施工方案;施工进度计划;主要技术组织措施;其他有关投标所要求的内容。

2)标后设计

中标后编制的施工组织设计是为满足施工项目准备和实施的需要编制的。具体地说,是指导施工前一次性准备和各阶段施工准备工作,指导施工全过程活动,提出工程施工中进度控制、质量控制、成本控制、安全控制、现场管理、各项生产要素管理的目标及技术组织措施,以达到提高综合效益的目的。

标后设计的主要内容包括:工程概况;施工部署;施工方案;施工技术组织措施;施工进度计划;各项资源需要量计划;施工现场平面图;施工准备计划;技术经济指标。

2. 按编制对象分类

按建筑工程施工组织设计的编制对象不同,可将施工组织设计分为三类:施工组织总设计、单位工程施工组织设计及分部分项工程施工设计。

1)施工组织总设计

施工组织总设计是以一个建设项目或建筑群为编制对象,规划其施工全过程各项活动的技术、经济的全局性、控制性文件。它是整个建设项目施工的战略部署,涉及范围较广,内容比较概括。它一般是在初步设计或扩大初步设计批准后,由总承包单位的总工程师负责,会同建设、设计和分包单位的工程师共同编制的,它也是施工单位编制年度施工计划和单位工程施工组织设计的依据。

施工组织总设计的主要内容包括:工程概况;施工部署与施工方案;施工总进度计划;施工准备工作及各项资源需要量计划;施工现场总平面图;主要技术组织措施及主要技术经济指标等。

2)单位工程施工组织设计

单位工程施工组织设计是以单位工程(一个建筑物或一个交竣工工程)为编制对象,用来指导其施工全过程各项活动的技术、经济的局部性、指导性文件。它是拟建工程施工的战术安排,是施工单位年度施工计划和施工组织总设计的具体化,内容更详细。它是在施工图会审后,由工程项目主管工程师负责编制的,可作为编制季度、月度计划和分部分项工程施工设计的依据。对于工程规模小、结构简单的工程,其单位工程施工组织设计可采用简化形式——"施工方案"。

单位工程施工组织设计的主要内容包括:工程概况;施工方案与施工方法;施工进度计划;施工准备工作及各项资源需要量计划;施工现场平面图;主要技术组织措施及主要技术经济指标等。

3)分部分项工程施工设计

分部分项工程施工设计是以施工难度较大或技术较复杂的分部分项工程为编制对象,用来指导其施工活动的技术、经济文件。它结合施工单位的月、旬作业计划,把单位工程施工组织设计进一步具体化,是专业工程的具体施工设计。一般在单位工程施工组织设计确定了施工方案后,由施工队技术队长负责编制。

分部分项工程施工设计的主要内容包括:工程概况;施工方案;施工进度表;施工平面图及技术组织措施等。

1.5 施工组织与管理的原则及内容

1.5.1 施工组织与管理的主要原则

在我国,施工组织与管理应遵循社会化生产条件下管理的根本原则和企业组织的一般原则,最大限度地节约人力、物力、财力,确保工程质量、合理缩短施工周期、全面完成施工任务。

(1)认真贯彻党和国家对基本建设的各项方针与政策。

严格控制固定资产投资规模,确保国家重点建设;对基本建设项目必须实行严格的审批制度;严格按照基本建设程序办事;按照国家规定履行报批手续;严格执行建筑施工程序及国家颁布的技术标准、操作规程,把好工程质量关。

(2)严格遵守国家和合同规定的工程竣工及交付使用期限。

严格控制工程建设各阶段中的工作内容、工作顺序、持续时间及工作之间的相互搭接关系,在计划实施过程中经常检查实际进度是否按计划进行,一旦发现偏差,应在分析偏差的基础上采取有效措施排除障碍或调整,确保工程项目按预定的时间交付使用。

(3)合理安排施工顺序,科学地组织施工。

施工程序反映了工序之间先后顺序的客观规律的要求,交叉搭接关系则体现争取时间的主观努力。在组织施工时,必须合理地安排施工程序和顺序,避免不必要的重复工作,加快施工速度,缩短工期。

(4)尽量采用先进的施工方法,科学地确定施工方案。

先进的施工方法是提高劳动生产率、改善工程质量、加快施工进度、降低工程成本的主要途径。科学地确定施工方案体现在新材料、新设备、新工艺和新技术的运用上,当然,先进适用性和经济合理性要紧密结合,防止单纯追求先进而忽视经济效益的做法;同时还要满足施工验收规范、操作规程及防火、环保等规定。

(5)组织流水施工,以保证施工连续地、均衡地、有节奏地施工。

在编制计划时,应从实际出发组织流水施工,采用网络技术编制施工计划,做好人力、物力的综合平衡,提高施工的连续性和均衡性。

(6)减少暂设工程和临时性设施,合理布置施工平面图,节约施工用地。

尽量利用正式工程、原有或就近已有设施;尽量利用当地资源,减少物资运输量,避免二次搬运;精心进行施工平面图的设计,最大限度节约施工用地。

(7)贯彻工厂预制和现场预制结合的方针,提高建筑工业化程度。

根据地区条件和构件性质,通过技术经济比较,恰当地选用预制方案或浇筑方案。确定预制方案时应考虑有利于提高建筑工业化程度。

(8)充分利用现有机械设备,扩大机械化施工范围。

恰当选择自有装备、租赁机械或机械化分包施工等方式逐步扩大机械化施工范围,提高劳动生产率,减轻劳动强度。

(9) 尽量降低工程成本,提高工程经济效益。

严格控制机械设备的闲置、暂设工程的建造;制定节约能源和材料措施;尽量减少运输量;合理安排人力、物力,使建设项目投资控制在批准的投资限额以内。

(10) 安全生产,质量第一。

尽量采用先进的科学技术和管理方法,提高工程质量,严格履行施工单位的质量责任和义务;遵守国家规定的工程质量保修制度,建造满足用户要求的合格工程。要贯彻"安全为了生产,生产必须安全"的方针,建立、健全各项安全管理制度,落实安全施工措施,并检查监督。

1.5.2　施工组织与管理的主要方法和内容

施工组织与管理的方法和内容是多方面的,本章仅就与建筑产品全面效益紧密相关的工程质量、施工工期、工程成本和文明施工与安全管理的主要内容综述如下。

1. 工程质量管理

建筑产品质量管理是指建(构)筑物能符合交工验收规范要求,能满足人们的使用需要,具备适用、坚固、安全、耐久、经济、美观等特征的活动过程。建筑安装施工质量是确保建筑产品质量的重要因素。此外,勘察设计质量、建筑材料、构配件质量、维护使用都是影响建筑产品质量的因素。为了确保工程质量,必须加强质量观念,建立从建设前期工作到竣工验收的质量保证体系。在施工中做到:

(1) 制定切实可行的、保证工程质量的技术组织措施,并付诸实施;

(2) 使用符合标准的建筑材料、构配件等;

(3) 认真保养、维护施工机具、设备;

(4) 按图施工,严格执行施工操作规程;

(5) 注意创造良好的施工操作条件,加强成品保护;

(6) 认真执行"自检、互检和交接检"制度,出现差错及时纠正;

(7) 加强专业检查,完善检测手段;

(8) 做好各项质量内部管理工作,用好的工作质量保证好的工程质量。

2. 施工工期管理

工期管理是施工管理的一项主要工作内容,也是实现建筑施工整体效益的一个重要组成部分。在工期管理中为了按期完成施工任务,施工单位应在可能条件下主动积极地在施工准备工作中组织与勘察设计、工程建设前期准备阶段有关的工作适当交叉,为施工工期的缩短创造有利的条件。

对于施工工期的管理也同其他管理一样,通过计划—实施—检查—调整四个阶段反复循环才能有效地实现预期管理目标。

3. 单位工程成本管理

建筑工程成本,是完成一定数量(如一个单位工程或分部分项)建筑安装施工任务所耗费的生产费用的总和。工程成本中的大部分费用开支与工程量、工程施工时间的长短有关。所以,降低物资损耗,减少支出,缩短工期和确保工程质量,避免发生质量、安全事故,都能节约实际成本的支出,从而提高工程的经济效益。

4. 文明施工与安全管理

确保文明施工是施工组织与管理的重要内容。加强劳动保护,改善劳动条件,是我国宪法以国家最高法律形式固定下来的生产原则。施工组织管理者的职责,就是在建筑施工中创造安全操作的环境,制定各种防止安全事故发生的有效措施,认真贯彻执行,使现场施工人员能够放心操作,充满信心地在不断提高劳动生产率的基础上全面完成施工任务。

复习思考题

1-1 试述建筑施工组织课程的研究对象和任务。

1-2 什么叫基本建设?一个建设项目由哪些工程内容组成?

1-3 试述基本建设程序的主要内容。

1-4 什么是建筑施工程序?它分哪几个阶段?

1-5 试述建筑产品的特点以及建筑施工的特点。

1-6 试述施工组织设计的重要作用。

1-7 施工组织设计按工程对象可分为哪几类?它们各包括哪些主要内容?

1-8 编制施工组织设计应遵循哪些基本原则?

第 2 章

施工准备工作

2.1 施工准备工作概述

2.1.1 施工准备工作的意义

施工准备工作是指从组织、技术、经济、劳动力、物资等各方面为了保证建筑工程施工能够顺利进行,事先应做好的各项工作。施工准备工作是保证施工生产顺利完成的战略措施和重要前提,它不仅存在于开工之前,而且贯穿于施工的全过程。现代的建筑施工是一项十分复杂的生产活动,它不但需要耗用大量的材料、使用许多机具设备、组织安排各种工人进行生产劳动,而且还要处理各种复杂的技术问题、协调各种协作配合关系,可以说涉及面广、情况复杂、千头万绪。如果事先缺乏统筹安排和准备,势必会形成某种混乱,使工程施工无法正常进行。而事先全面细致地做好施工准备工作,则对调动各方面的积极因素,合理组织人力、物力,加快施工进度,提高工程质量,节约资金和材料,提高经济效益,都会起到重要的作用。

大量实践经验已证明,凡是重视和做好施工准备工作,能够事先细致周到地为施工创造一切必要的条件,则该工程的施工任务就能够顺利完成;反之,如果违背施工程序,忽视施工准备工作,工程仓促上马,则虽有加快工程施工进度的良好愿望,也往往造成事与愿违的实际效果。因此,严格遵守施工程序,按照客观规律组织施工,做好各项准备工作,是施工顺利进行和工程圆满完成的重要保证,一方面可以保证拟建工程施工能够连续地、均衡地、有节奏地、安全地进行,并在规定的工期内交付使用;另一方面在保证工程质量的条件下能够做到提高劳动生产率和降低工程成本。

2.1.2 施工准备工作的分类与内容

1. 施工准备工作的分类

施工准备工作的分类方式有多种,常见的分类方式有如下两种。

1) 按准备工作范围分

(1) 全场性施工准备。它是以一个建筑工地为对象而进行的各项施工准备,目的是为全场性施工服务,也是兼顾单位工程施工条件的准备。

（2）单位工程施工条件准备。它是以一个建筑物为对象而进行的施工准备，目的是为该单位工程施工服务，也是兼顾分部分项工程施工作业条件的准备。

（3）分部分项工程作业准备。它是以一个分部分项工程或冬、雨季施工工程内容为对象而进行的作业条件准备。

2）按工程所处施工阶段分

（1）开工前的施工准备。它是在拟建工程正式开工前所进行的一切施工准备，目的是为正式开工创造必要的施工条件。

（2）开工后的施工准备。它是在拟建工程开工后各个施工阶段正式施工之前所进行的施工准备，目的仍是为施工生产活动创造必要的施工条件。

2. 施工准备工作的内容

施工准备工作的内容一般可以归纳为以下五个方面：

（1）调查研究；

（2）技术经济资料的准备；

（3）施工现场的准备；

（4）施工队伍及物资的准备；

（5）季节施工的准备。

2.1.3　施工准备工作的要求

为了做好施工准备工作，应注意以下几方面的具体措施。

（1）编制施工准备工作计划。

要编制详细的计划，列出施工准备工作的内容，要求完成的时间、责任人等。由于各项准备工作之间有相互依存的关系，单纯的计划难以表达清楚，还可以编制施工准备工作网络计划，明确关系并找出关键工作。利用网络图进行施工准备期的调整，尽量缩短时间。

施工准备工作计划，应当在施工组织设计中予以安排，作为施工组织设计的基本内容之一，同时注重施工过程中的统筹安排。

（2）建立严格的施工准备工作责任制与检查制度。

由于施工准备工作项目多、范围广，有时施工准备工作的期限比正式施工期限还要长，因此必须有严格的责任制。要按计划将责任明确到有关部门甚至个人，以保证按计划要求的内容及完成时间进行工作。同时明确各级技术负责人在施工准备工作中应负的领导责任，以便推动和促使各级领导认真做好施工准备工作。

（3）施工准备工作应取得建设单位、设计单位及各有关协作配合单位的大力支持。

将建设、设计、施工三方面结合在一起，并组织土建、专业协作配合单位，统一步调，分工协作，以便共同做好施工准备工作。

（4）施工准备工作应做好以下四个结合。

① 设计与施工相结合。

设计与施工两方面的积极配合，对加速施工准备是非常重要的。双方应互通情况，通力协作，为准备工作快速、准确创造有利条件。

设计单位出图时,尽可能按施工程序出图。对规模较大的工程和特殊工程,首先提供建筑总平面图、单项工程平面图、基础图,以利于及早规划施工现场,提前进行现场准备。对于地下管道多的工程,先设计出主要的管网图及交通道路的施工图,以利于现场尽快实现"三通一平",便于材料进场和其他准备工作。

② 室内准备与室外准备相结合。

室内准备与室外准备应同时并举,相互创造条件。室内准备工作主要抓熟悉施工图纸和图纸会审,编制施工组织设计、设计概算、施工图预算等。室外准备工作要加紧对建设地区的自然条件和技术经济条件进行调查分析,尽快为室内准备工作提供充分的技术资料。同时要做好现场准备工作、现场平面布置及临时设施等,施工组织设计确定一项,准备一项,以争取时间。

③ 土建工程与专业工程相结合。

施工准备工作必须注意土建工程与专业工程相结合。在明确施工任务,拟定出施工准备工作的初步规划以后,应及时通知水电设备安装等专业施工单位及材料运输等部门,组织他们研究初步规划,协调各方面的行动。使准备工作规划更切合实际,各有关单位都能做到心中有数,并及时做好必要准备,以利于互相配合。

④ 前期准备与后期准备相结合。

由于施工准备工作周期长,有一些是开工前所做的,有一些是在开工后交叉进行的。因此,既要立足于前期的准备工作,又要着眼于后期的准备工作。要统筹安排好前、后期的准备工作,把握时机,及时做好近期的施工准备工作。

2.2 调查研究

2.2.1 调查研究的目的

由于建筑工程施工涉及的单位多、内容广、情况多变、问题复杂,其地区特征、技术经济条件各异,原始资料上的某些差错往往会导致严重的后果。此外,只有使用正确的原始资料,才能够做好施工方案、合理确定施工进度,才能正确地作出各项资源计划和施工现场的安排。因此,为了编制出一个符合实际情况、切实可行、质量较高的施工组织设计,必须首先通过实地勘察与调查研究,掌握正确的原始资料,并对这些原始资料进行细致认真的分析研究,以便为解决各项施工组织问题提供正确的依据。

调查工作开始之前,应拟订调查提纲,使之有目的、有计划地进行。调查范围的大小,应根据拟建工程的规模、复杂性和对当地情况的熟悉程度的不同而定。对新开辟地区应调查得全面些,对熟悉地区或掌握了大量情况的部分,则可酌情从略。

2.2.2 调查研究的主要内容

调查研究与收集资料就是对工程建设情况以及有关的技术经济条件作出全面的了解,掌握有关的原始资料而进行的准备工作。其主要内容有以下三个方面。

1. 工程建设情况和有关设计概况的调查

工程建设情况和有关设计概况的调查是向建设单位与勘察设计单位进行的调查

工作。

工程建设情况和有关设计概况的调查内容和目的见表 2-1。

表 2-1　建设单位与设计单位调查表

序号	调查单位	调查内容	调查目的
1	建设单位	1. 建设项目设计任务书、有关文件 2. 建设项目的性质、规模、生产能力 3. 生产工艺流程、主要工艺设备名称及来源、供应时间、分批和全部到货时间 4. 建设期限、开工时间、交工先后顺序、竣工投产时间 5. 总概算投资、年度建设计划 6. 施工准备工作内容、安排、工作进度	1. 施工依据 2. 项目建设部署 3. 主要工程施工方案 4. 规划施工总进度 5. 安排年度施工计划 6. 规划施工总平面 7. 占地范围
2	设计单位	1. 建设项目总平面规划 2. 工程地质勘察资料 3. 水文勘察资料 4. 项目建筑规模、建筑、结构、装修概况、总建筑面积、占地面积 5. 单项（单位）工程个数 6. 设计进度安排 7. 生产工艺设计、特点 8. 地形测量图	1. 施工总平面图规划 2. 生产施工区、生活区规划 3. 大型暂设工程安排 4. 概算劳动力、主要材料用量、选择主要施工机械 5. 规划施工总进度 6. 计算平整场地土石方量 7. 地基、基础施工方案

2. 工程所在地自然条件的调查

工程所在地的自然条件调查就是对工程所在地区的自然条件进行的调查工作，如对当地的气候、地址、地貌等条件的调查。工程所在地自然条件的调查内容和目的见表 2-2。

表 2-2　工程所在地自然条件调查表

序号	调查单位	调查内容	调查目的
1	气温	1. 年平均、最高、最低、最冷、最热月逐日平均温度 2. 冬季室外计算温度 3. $\leqslant -3℃$、$0℃$、$5℃$ 的天数、起止时间	1. 确定防暑降温的措施 2. 确定冬季施工措施 3. 估计混凝土、砂浆强度
2	雨（雪）	1. 雨季起止时间 2. 月平均降雨（雪）量、最大降雨（雪）量、一昼夜最大降雨（雪）量 3. 全年雷暴天数	1. 确定雨期施工措施 2. 确定工地排水、防洪方案 3. 确定工地防雷设施
3	风	1. 主导风向及频率（风玫瑰图） 2. $\geqslant 8$ 级风的全年天数	1. 确定临时设施的布置方案 2. 确定高空作业及吊装的技术安全措施
4	地形	1. 区域地形图：$1/10000 \sim 1/25000$ 2. 工程位置地形图：$1/1000 \sim 1/2000$ 3. 该地区城市规划图 4. 经纬坐标桩、水准基桩位置	1. 选择施工用地 2. 布置施工总平面图 3. 场地平整及土方量计算 4. 了解障碍物及其数量

续表

序号	调查单位	调查内容	调查目的
5	地质	1. 钻孔布置图 2. 地质剖面图,土层类别、厚度 3. 物理力学指标：天然含水率、空隙比、塑性指标、渗透系数、压缩试验及地基土强度 4. 地层的稳定性：断层滑块、流砂 5. 最大冻结深度 6. 地基土破坏情况,钻井、古墓、防空洞及地下构筑物	1. 土方施工方法的选择 2. 地基土的处理方法 3. 基础施工方法 4. 复核地基基础设计 5. 拟定障碍物拆除方案
6	地震	地震等级、地震烈度	确定对基础的影响、注意事项
7	地下水	1. 最高、最低水位及时间 2. 水的流速、流向、流量 3. 水质分析；水的化学成分 4. 抽水试验	1. 基础施工方案的选择 2. 降低地下水的方法 3. 拟定防止侵蚀性介质的措施
8	地面水	1. 临近江河湖泊距工地的距离 2. 洪水、平水、枯水期的水位、流量及航道深度 3. 水质分析 4. 最大、最小冻结深度及结冰时间	1. 确定临时给水方案 2. 确定施工运输方式 3. 确定水利工程施工方案

3. 工程所在地技术经济条件的调查

工程所在地技术经济条件的调查,就是对工程所在地的有关资源、经济、运输、供应、生活等方面技术经济条件进行全面的了解,使企业能够根据这些技术经济条件来合理安排施工生产和职工生活。

工程所在地技术经济条件的调查内容包括以下几个方面。

1) 建设地区的能源调查

能源一般指水源、电源、蒸汽等。能源资料可向当地城建、电力、电话(报)局及建设单位等进行调查,主要用作选择施工用临时供水、供电和供汽的方式,提供经济分析比较的依据。

建设地区能源的调查内容和目的见表2-3。

表2-3　水、电、蒸汽等条件调查表

序号	调查单位	调查内容	调查目的
1	供排水	1. 工地用水当地现有水源连接的可能性、接管地点、管径、材料、埋深、水压、水质及水费；至工地距离,沿途地形、地物状况 2. 自选临江河水源的水质、水量、取水方式、至工地距离,沿途地形、地物状况；自选临时水井的位置、深度、管径、出水量和水质 3. 利用永久性排水设施的可能性,施工排水的去向、距离和坡度；有无洪水影响,防洪设施状况	1. 确定施工及生活供水方案 2. 确定工地排水方案和防洪设施 3. 拟定供排水设施的施工进度计划

续表

序号	调查单位	调查内容	调查目的
2	供电与电信	1. 当地电源位置,引入的可能性,可供电的容量、电源、导线截面和电费;引入方向,接线地点及其至工地距离;沿途地形、地物状况 2. 建设单位和施工单位自有的发、变电设备的型号、台数和容量 3. 利用邻近电信设施的可能性,电话、电报局等至工地的距离,可能增设电信设备、线路的情况	1. 确定施工供电方案 2. 确定施工通信方案 3. 拟定供电、通信设施的施工进度计划
3	蒸汽	1. 蒸汽来源、可供蒸汽量、接管地点、管径、埋深、至工地距离,沿途地形、地物状况,蒸汽价格 2. 建设、施工单位自有锅炉的型号、台数和能力,所需燃料和水质标准 3. 当地或建设单位可能提供的压缩空气、氧气的能力,至工地距离	1. 确定施工及生活用汽的方案 2. 确定压缩空气、氧气的供应计划

2)建设地区交通条件的调查

交通运输一般包括铁路、公路、水路、航空等多种运输方式。交通资料可向当地铁路、交通运输和民航等管理单位的业务部门进行调查,主要用作组织施工运输业务、选择运输方式、提供经济分析比较的依据。

建设地区交通条件的调查内容和目的见表 2-4。

表 2-4　建设地区交通条件调查表

序号	项目	调查内容	调查目的
1	铁路运输	1. 邻近铁路专用线、车站至工地的距离及沿途运输条件 2. 站场卸货长度,起重能力和储存能力 3. 装卸单个货物的最大尺寸、重量的限制 4. 运费、装卸费和装卸力量	
2	公路运输	1. 主要材料产地至工地的公路等级,路面构造宽度及完好情况,允许最大载重量 2. 当地专业运输机构附近村镇能够提供的装卸、运输能力,运输工具的数量及效率、运费、装卸费 3. 当地有无汽车修配厂,修配能力和至工地距离	1. 选择施工运输方式 2. 拟定施工运输计划
3	水路运输	1. 货源、工地至邻近河流、码头渡口的距离,道路情况 2. 洪水、平水、枯水期时,通航的最大船只及吨位,取得船只的可能性 3. 码头装卸能力,最大起重量,增设码头的可能性 4. 渡口的渡船能力;同时可载汽车数量,能为施工提供的能力;运费、渡口费、装卸费	
4	航空运输	1. 航空运输的班次,运输能力 2. 运费、手续费、机场建设费	

3）主要材料等调查

主要材料调查的内容包括水泥、钢材、木材、特殊材料和主要设备。这些资料一般向当地计划、经济等部门进行调查，可用作确定材料供应、储存和设备订货、租赁的依据。

主要材料等调查内容和目的见表2-5。

表 2-5 主要材料调查表

序号	项目	调查内容	调查目的
1	三大材料	1. 钢材订货的规格、钢号、数量和到货的时间 2. 木材订货的规格、等级、数量和到货的时间 3. 水泥订货的品种、强度等级、数量和到货的时间	1. 确定临时设施和堆放场地 2. 确定木材加工计划 3. 确定水泥储存方式和地点
2	特殊材料	1. 需要的品种、规格、数量 2. 试剂、加工和供应情况	1. 制定供应计划 2. 确定储存方式
3	主要设备	1. 主要工艺设备名称、规格、数量和供货单位 2. 分批和全部到货时间	1. 确定临时设施和堆放场地 2. 拟定防雨措施

4）地方资源和地方建筑施工企业的调查

地方资源和地方建筑施工企业的基本情况，一般向当地计划、经济及建设行政主管部门进行调查，可用作确定材料、构配件、制品等货源的加工供应方式、运输计划和规划临时设施等。

地方资源的调查内容见表2-6。表中材料名称栏按砂、块石、碎石、砾石、砖、石灰、工业废料（包括矿渣、炉渣、粉煤灰）等填写。

表 2-6 地方资源的调查表

序号	材料名称	产地	储藏量	质量	开采量	出厂价	开发费	运距	单位运价
1									
2									
…									

地方建筑施工企业和构件生产企业的调查内容见表2-7。表中企业名称及产品名称栏可按木材厂、构件厂、金属构件加工厂、建筑设备厂、砖瓦厂、石灰厂等进行填写。

表 2-7 地方建筑施工企业和构件生产企业的调查表

序号	企业名称	产品名称	规格质量	单位	生产能力	生产方式	出厂价格	运距	运输方式	单位运价	供应能力
1											
2											
…											

5）建设地区社会劳动力和生活设施的调查

建设地区社会劳动力和生活设施的调查就是了解当地的社会劳动力、生活条件和房屋建设情况。这些资料一般可向当地劳动管理部门、商业部门、文教管理部门进行了解。

建设地区社会劳动力和生活设施的调查内容和目的见表2-8。

表 2-8　建设地区社会劳动力和生活设施调查表

序号	项目	调查内容	调查目的
1	社会劳动力	1. 当地能支援施工的劳动力数量、技术水平和来源 2. 少数民族地区的风俗、民情、习惯 3. 上述劳动力的生活安排、居住远近	1. 教育职工队伍，做好劳动力的准备 2. 确定生产、生活临时设施 3. 决策后勤服务准备工作 4. 拟定劳动力计划
2	房屋设施	1. 能作为施工用的现有房屋数量、面积、结构特征、位置、距工地的距离；水、暖、电、卫生设备情况 2. 上述建筑物的适用情况，能否作为宿舍、食堂、办公室、生产设施等 3. 须达到工地居住的人数和必需的户数	
3	生活条件	1. 当地主、副食品商店，日常生活用品供应，文化、教育设施，消防、治安等机构情况；供应或满足需要的能力 2. 邻近医疗单位距工地的距离，可能提供服务的情况 3. 周围有无有害气体污染企业和地方的疾病	

4. 参加施工的各单位能力调查

对同一工程，若是多个施工单位共同参与施工的，应了解参加施工的各单位能力，以便做到心中有数。这些资料一般可向当地建设行政主管单位了解。

参加施工的各单位能力调查的内容和目的见表 2-9。

表 2-9　参加施工的各单位能力调查表

序号	调查单位	调查内容	调查目的
1	工人	1. 工人的总数、各专业工种的人数、能投入本工程的人数 2. 专业分工及一专多能情况 3. 定额完成情况	1. 了解总、分包单位的技术、管理水平 2. 选择分包单位 3. 为编制施工组织设计提供依据
2	管理人员	1. 管理人员总数、各种人员比例及其人数 2. 工程技术人员的人数、专业构成情况	
3	施工机械	1. 名称、型号、规格、台数及其新旧程度 2. 总装配程度、技术装备率和动力装备率 3. 拟增购的施工机械明细表	
4	施工经验	1. 历史上曾经施工过的主要工程项目 2. 习惯采用的施工方法，曾采用过的先进施工方法 3. 科研成果和技术更新情况	
5	主要指标	1. 劳动生产率指标，产值、产量，全员劳动生产率 2. 质量指标：产品优良率和合格率 3. 安全指标：安全事故频率 4. 利润成本指标：产值、资金利润率、成本计划实际降低率 5. 机械化、工厂化施工程度 6. 机械设备完好率、利用率和效率	

2.2.3　参考资料的收集

在编制施工组织设计时，还可能借助一些相关的参考资料作为编制依据。这些参考资料可利用现有的施工定额、施工手册、相关施工组织设计的实例或通过平时的施工实践活动来取得。下列资料可在编制施工组织设计和施工准备时作为参考。

1. 气象、雨期及冬期参考资料

气象、雨期及冬期参考资料一般向当地气象部门进行了解,可作为确定冬雨季施工的依据。全国部分地区气象、雨期及冬期的参考资料见表2-10～表2-12。

表2-10 全国部分地区气象参考资料表

城市名称	温度/℃				最大风速 /(m/s)	日最大降雨量/mm	最大冻土深度/cm	最大积雪深度/cm
	月平均		极端					
	最冷	最热	最冷	最热				
北 京	−3.4	25.1	40.6	−27.4	21.5	212.2	69	18
上 海	4.4	26.3	38.2	−9.1	20.0	204.4	8	14
哈尔滨	−17.2	21.2	35.4	−38.1	20.0	94.8	194	13
长 春	−14.4	21.5	36.4	−36.5	34.2	126.8	169	40
沈 阳	−10.03	23.3	35.7	−30.5	25.2	118.9	139	20
大 连	−3.5	22.1	34.4	−21.1	34.0	149.4	93	37
石家庄	−1.4	25.9	42.7	−19.8	20.0	200.2	52	15
太 原	−4.9	22.3	38.4	−24.6	25.0	183.5	74	13
郑 州	1.1	26.8	43.0	−15.8	—	112.8	18	—
汉 口	4.3	27.6	38.7	−17.3	20.0	261.7	—	12
青 岛	−1.03	23.7	36.9	−17.2	18.0	234.1	42	13
徐 州	1.1	26.4	39.5	−22.6	16.0	127.9	24	25
南 京	3.3	26.9	40.5	−13.0	19.8	160.6	—	14
广 州	14.03	27.09	37.6	0.1	22.0	253.6	—	—
南 昌	6.2	28.2	40.6	−7.6	19.0	188.1	—	16
南 宁	13.7	27.9	39.0	−1.0	16.0	127.5	—	—
长 沙	6.2	28.0	39.8	−9.5	20.0	192.5	4	10
重 庆	8.7	27.4	40.4	−0.9	22.9	109.3	—	—
贵 州	6.03	22.9	35.4	−7.8	16.0	113.5	—	8
昆 明	8.3	19.4	31.2	−5.1	18.0	87.8	—	6
西 安	0.5	25.9	41.7	−18.7	19.1	69.8	24	12
兰 州	−5.2	21.03	36.7	−21.7	10.0	50.0	103	10

表2-11 全国部分地区全年雨期参考资料表

地 区	雨期起止日期	月 数
长沙、株洲、湘潭	2月1日—8月31日	7
南昌	2月1日—7月31日	6
汉口	4月1日—8月15日	4.5
上海、成都、昆明	5月1日—10月31日	6
重庆、宜宾	6月1日—8月31日	3
长春、哈尔滨、佳木斯、牡丹江、开远	7月1日—7月31日	1
大同、侯马	7月1日—8月31日	2
包头、新乡	8月1日—8月31日	1
沈阳、葫芦岛、北京、天津、大连、长治	7月1日—8月31日	2
西安、洛阳、郑州、齐齐哈尔、宝鸡、绵阳、德阳、太原	7月1日—9月15日	2.5

表 2-12　全年冬期天数参考资料表

分　　区	平均温度	冬期起止日期	天　　数
第一区	−1℃以内	12月1日—2月16日 12月28日—3月1日	74～80
第二区	−4℃以内	11月10日—2月28日 11月25日—3月21日	96～127
第三区	−7℃以内	11月1日—3月20日 11月10日—2月21日	131～151
第四区	−10℃以内	10月20日—3月25日 11月1日—4月5日	141～168
第五区	−14℃以内	10月15日—4月5日 10月15日—4月15日	173～183

2. 机械台班产量参考指标

常见的土方施工机械、混凝土机械、起重机械及装修施工机械等,其台班产量指标见表 2-13～表 2-16。

表 2-13　土方施工机械台班产量参考指标

序号	机械名称	型号	主　要　性　能				理论生产率		常用台班产量	
							单位	数量	单位	数量
1	单斗挖土机 蟹斗式 履带式 轮胎式 履带式 履带式 履带式 履带式	 W-301 W₂-30 W₁-50 W₁-60 W₂-100 W₁-100 	斗容量/m³ 0.2 0.3 0.3 0.5 0.6 1.0 1.0	反铲时最大挖深/m 2.6(基坑),4(沟) 4 5.56 5.2 5.0 6.5 			m³/h m³/h m³/h m³/h m³/h m³/h m³/h	 72 63 120 120 240 180	m³ m³ m³ m³ m³ m³ m³	80～120 150～250 200～300 250～350 300～400 400～600 350～550
2	拖式铲运机	 2.25 C₆-2.5 C₈-6 6-8 C₄-7	斗容量/m³ 2.25 2.5 6 6 7	铲土宽/m 1.86 1.9 2.6 2.6 2.7	铲土深/cm 15 15 15 30 30	铺土厚/cm 20 30 38 38 40	22～28 (运距 m³/h 100m) m³/h m³/h m³/h m³/h		(运距200～300m时) m³ m³ m³ m³ m³	80～120 100～150 250～350 300～400 250～350
3	推土机	 T₁-54 T₂-60 东方红-75 T₁-100 移山80 移山80 (湿地) T₂-100 T₂-120	功率/马力① 54 75 75 90 90 90 90 120	铲刀宽/m 2.28 2.28 2.28 3.03 3.10 3.69 可在水深40～80cm处堆土 3.80 3.76	铲刀高/cm 78 78 78 110 110 96 86 100	切土深/cm 15 29 26.8 18 18 65 30	(运距50m) 28 30 m³/h 60～65 45 m³/h 40～80 m³/h m³/h m³/h 75～80 80	m³/h m³/h m³/h m³/h m³/h m³/h m³/h m³	(运距15～25m) 150～200 200～300 250～400 300～500 300～500 300～500 400～600	

① 1 马力=745.6999W

表 2-14 混凝土机械台班产量参考指标

序号	机械名称	型号	主要性能	理论生产率		常用台班产量	
				单位	数量	单位	数量
1	混凝土搅拌机	J_1-250	装料容量 0.25m³	m³/h	3～5	m³	80～120
		J_1-400	装料容量 0.4m³	m³/h	6～12	m³	25～50
		J_4-375	装料容量 0.375m³	m³/h	12.5		
		J_4-1500	装料容量 1.5m³	m³/h	30		
2	混凝土搅拌机组	HL_1-20	0.75m³ 双锥式搅拌机组	m³/h	20		
		HL_1-90	1.6m³ 双锥式搅拌机组 3 台	m³/h	72～90		
3	混凝土喷射机 混凝土输送泵		最大骨料 /mm　最大水平距离 /m　最大垂直距离 /m				
		HP_1-4	25　200　40	m³/h	4		
		HP_1-5	25　240　240	m³/h	4～5		
		ZH_{05}	50　250　40	m³/h	6～8		
		HB_8 型	40　200　30	m³/h	3		

表 2-15 起重机械台班产量参考指标

序号	机械名称	工作内容	常用台班产量	
			单位	数量
1	履带式起重机	构件综合吊装,按每吨起重能力计	t	5～10
2	轮胎式起重机	构件综合吊装,按每吨起重能力计	t	7～14
3	汽车式起重机	构件综合吊装,按每吨起重能力计	t	8～18
4	塔式起重机	构件综合吊装	吊次	80～120
5	平台式起重机	构件提升	t	15～20
6	卷扬机	构件提升,按每吨牵引力计	t	30～50
7	卷扬机	构件提升,按提升次数计(四、五楼)	次	60～100

表 2-16 装修施工机械台班产量参考指标

序号	机械名称	型号	主要性能	理论生产率		常用台班产量	
				单位	数量	单位	数量
1	喷灰机		墙顶棚喷涂灰浆			m²	400～600
2	混凝土抹光机	HM-66	大面积混凝土表面抹光	m²/班	320～450		
	混凝土抹光机	69-1	大面积混凝土表面抹光	m²/班	100～300		
3	水磨石机	MS-1	磨盘径 29cm	m²/h	3.5～4.5		
4	灰浆泵		垂直距离/m　水平距离/m				
	直接作用式	FIB6-3	40　150	m³/h	3		
	直接作用式	HP-013	40　150	m³/h	3		
	隔膜式	HB6-3	40　100	m³/h	3		
	灰气联合式	HK-3.5-74	25　150	m³/h	3.5		
5	木地板刨光机		电动机功率　1.4kW	m²/h	17～20		
6	木地板磨光机		电动机功率　1.4kW	m²/h	20～30		

3．建筑工程施工工期参考指标

建筑工程施工工期是指建筑物(或构筑物)从开工到竣工的全部施工天数。施工工期指标一般用来作为确定工期、编制施工计划的依据。

2.3　技术经济资料的准备

技术经济资料的准备也就是通常所说的内业技术工作,其准备工作的内容一般包括熟悉与会审施工图纸、编制施工组织设计、编制施工图预算和施工预算。

1．熟悉与会审施工图纸

一个建筑物或构筑物的施工依据就是施工图纸。要"按图施工",就必须在施工前熟悉施工图纸中各项设计的技术要求所在。在熟悉施工图纸的基础上,由建设、施工、设计单位共同对施工图纸组织会审。一般先由设计人员对设计施工图纸的技术要求和有关问题先作介绍和交底,在此基础上,对施工图纸中可能出现的错误或不明确的地方作出必要的修改或补充说明。

1) 熟悉施工图纸的要点

(1) 基础部分

核对建筑、结构、设备施工图中关于基础留洞的位置及标高,地下室排水方向,变形缝及人防出口做法,防水体系的包圈及收头要求等。

(2) 主体结构部分

各层所用的砂浆、混凝土强度等级,墙柱与轴线的关系,梁、柱的配筋及节点做法,钢筋的锚固要求,楼梯间的构造,设备施工图和土建施工图上洞口尺寸及位置的关系。

(3) 屋面及装修部分

屋面防水节点做法,结构施工时应为装修施工提供的预埋件和预留洞,内、外墙和地面等材料及做法。

在熟悉图纸的过程中,对发现的问题应做好标记和记录,以便在图纸会审时提出。

2) 施工图纸会审的要点

(1) 有无越级设计或无证设计的现象,图纸是否经设计单位正式签署;

(2) 设计是否符合城市规划的要求;

(3) 地质勘探资料是否齐全,是否需要进行补充勘探;

(4) 建筑结构、水、暖、电、卫、设备安装设计之间有无矛盾;

(5) 图纸是否齐全,图纸与图纸之间、图纸与说明之间有无矛盾和不清楚的地方,如建筑图、结构图中的标高、尺寸、轴线、坐标、预留孔洞、钢筋、预埋件、混凝土强度等级、构件数量等有无"错、漏、碰、缺"等现象;

(6) 设计图纸与所选用的标准图有无矛盾;

(7) 设计是否与现行规范一致,在技术上和经济上是否可行,特别是新技术的应用是否可行和必要;

(8) 某些结构在施工过程中有无足够的强度和稳定性,如钢筋混凝土构件吊装时的强度和稳定性;

(9) 设计是否考虑了施工技术的条件,能否按图施工,保证工程质量;

（10）设计图纸中所选用的材料在市场上能否采购到；

（11）设计是否考虑了安全施工的需要，能否保证施工的安全；

（12）设计图纸的要求和施工单位的能力是否吻合。

图纸会审后，应将会审中提出的问题、修改意见等用会审纪要的形式加以明确，必要时由设计单位另出修改图纸。会审纪要由参加会审的建设单位、设计单位、施工单位等三方签字后下发，它同施工图纸一样具有同等的效力，是组织施工、编制施工图预算的重要依据。

2. 编制施工组织设计

施工组织设计是规划和指导拟建工程施工全过程的一个综合性的技术经济文件，编制施工组织设计本身就是一项重要的施工准备工作。有关施工组织设计的内容详见第5章。

3. 编制施工图预算和施工预算

在签订施工合同并进行了图纸会审的基础上，施工单位就应结合施工组织设计和施工合同编制施工图预算和施工预算，以确定人工、材料和机械费用并制定各种计划。有关内容详见施工预算课程。

2.4 施工现场准备

施工现场准备就是一般所说的室外准备工作，它包括建立测量控制网及测量放线、拆除障碍物、"五通一平"工作、临时设施的搭设等工作内容。

1. 建立测量控制网及测量放线

为了使建筑物的平面位置和高程严格符合设计要求，施工前应按总平面图的要求测出占地面积，并按一定的距离布点，组成测量控制网，以利施工时按总平面图准确地定出各建筑物的位置。控制网一般采用方格网，建筑方格网多由边长为 100~200m 的正方形或矩形组成。如果土方工程需要，还应测绘地形图。通常，这一工作由专业测量队完成，但施工单位还需根据施工的具体需要做一些加密网点和进行建筑物的测量放线工作。

2. 拆除障碍物

这一工作通常由建设单位完成，但有时也委托施工单位完成。拆除时，一定要摸清情况，尤其是原有障碍物复杂或资料不全时，应采取相应措施，防止发生事故。

架空电线、埋地电缆、自来水管、污水管道、煤气管道等的拆除，都应与有关部门取得联系并办好手续后，方可进行。场内的树木需报请有关部门批准后方可砍伐。房屋只要在水源、电源、气源等截断后即可进行拆除。

3. "五通一平"工作

"五通一平"是指在施工现场范围内平整场地，接通施工用水、用电和用气及通信线路，修通施工道路等工作。"五通一平"工作一般是在施工组织设计的规划下进行的。一个新建工地，如果完全等到整个工地的"五通一平"工作做完，再进行施工往往是不可能的。所以，全场性的"五通一平"工作是有计划、分阶段进行的。

4. 临时设施的搭设

施工现场的临时设施是满足施工生产和职工生活所需的临时建筑物，它包括现场办公室、职工宿舍、食堂、材料仓库、钢筋棚、木材加工棚等。

临时设施的搭设，应尽量利用原有的建筑物，或先修建一部分永久性建筑加以利用，不足部分修建临时建筑。尽量减少临时设施的搭设数量,以节约费用。

2.5　施工队伍及物资准备

建筑施工生产需要消耗大量的劳动力和物资,根据准备工作计划,应积极地做好施工队伍及物资的准备工作。

2.5.1　施工队伍的准备

建筑施工生产需要消耗大量的劳动力,施工队伍的准备就是要为正常施工生产活动创造条件,做好各类管理人员、各工种操作人员的准备。

1)施工现场管理人员的配备

现场管理人员是施工生产活动的直接组织者和管理者,其人员数量和素质应根据施工项目组织机构的需要,结合工程规模和实际情况而进行配备。一般规模的单位工程,设项目经理一名,施工员(即工长)一名,技术员、材料员、预算员各一名即可。对于大中型施工项目工程,则需配备完整的领导班子,包括各类管理人员。

2)基本施工队伍的准备

基本施工队伍的准备应根据工程规模、特点,选择合理的劳动组织形式。对于土建工程施工来说,一般以混合班组的形式比较合适,其特点是:班组人员较少,工人提倡"一专多能",以某一专业工种为主,兼会其他专业工种,工序之间搭接比较紧凑,劳动效率较高。如:砖混结构的主体工程,可以瓦工为主,适当配备一定数量的架子工、木工、钢筋工、混凝土工及普通工人;装修阶段则以抹灰工为主,辅之适当数量的架子工、木工及普通工人。对于装配式结构工程,则以结构吊装工为主,其他工种为辅;对于全现浇的框剪结构,则以混凝土工、木工和钢筋工为主。

3)专业施工队伍的准备

对于大型工程项目,一般来说,其专业技术要求都比较高,应由专业的施工队伍来负责施工。如大型施工项目中机电设备安装、消防、空调、通信等系统,一般可由生产厂家负责安装和调试,而大型土石方工程、吊装工程等则可以由专业施工企业负责施工。这些都应在准备工作计划中加以落实。

4)外包施工队伍的准备

由于建筑市场的开放,对于一些大型施工项目来说,光靠自身的施工队伍来完成施工任务已不能满足生产的需要,因而往往需要组织一些外包施工队伍来共同承担施工任务。利用外包施工队伍大致有以下三种方式:独立承担某单位工程的施工、承担某分部分项工程的施工、以劳务形式参与本施工单位的班组施工。

以上各类人员均应通过员工培训持证上岗,逐步完善管理人员资格认证及专业工种资格认证制度。

2.5.2　施工物资的准备

建筑工程项目的施工需耗用大量的各种物资,为保证施工生产的顺利进行,必须根据物资需用量计划及时组织好货源,办理有关的订购手续,落实有关的运输和储备,及早做好物资的准备工作。

(1) 根据物资需用量计划,安排好货源。

施工物资准备的依据是物资需用量计划,物资需用量计划又是根据建筑物的规模、特征、建筑面积等通过计算而得到有关数据。对于使用量大的各种材料(如：钢材、水泥、木材、砂、石、砌块、砖等)应尽早落实有关货源、办理有关的订购手续,并落实有关的运输条件和运输工具。各种材料入场后应进行品种、规格、数量、质量等的检查和验收,并按指定的地点进行堆放和入库。

(2) 各种预制构件、钢构件、木门窗以及加工铁件的准备。

各种钢筋混凝土预制构件、钢构件、木门窗以及加工铁件等,都需要及时提出品种、规格及数量的加工申请,委托有关加工单位或部门进行加工,并及时组织运输到现场,以免影响正常的施工生产。

(3) 施工机械和机具的准备。

此项工作应根据施工机械和机具需用量计划进行准备。施工生产所需的各种施工机械和机具,可以采取订购、租赁和自行制造等方式来进行,但无论采取哪种方式都应以满足生产要求为依据。

(4) 工业生产设备的订货与加工。

对于一些需要安装工业用生产设备的建设项目,应尽早做好有关工业生产设备的落实、运输、存放以及保管等工作。对于非标准的生产设备,应组织有关部门进行加工;对于引进的国外生产设备,则需要组织人员进行技术资料的翻译和学习,并对进口设备、材料等进行检验和核对。此项工作一般由建设单位自行负责完成。

2.6　季节施工准备

季节施工准备是指在冬季、雨季这些特殊季节所做的各种准备工作。

2.6.1　冬季施工的准备工作

冬季施工应做好以下准备工作。

(1) 做好冬季施工项目的综合安排。

由于冬季气温低、施工条件差、技术要求高,很可能增加施工费用。因此,应尽量安排增加费用少、受自然条件影响小的施工项目在冬季施工,如结构吊装、打桩、室内装修等。对有可能增加费用较多且又不能保证施工质量的项目,如外装修、屋面等则应避免在冬季施工。

(2) 落实各种热源的供应工作。

各种热源设备和保温材料应做好必要的供应与储存,相关工种的人员(如锅炉工人)应进行必要的培训,以保证冬季施工的顺利进行。

(3) 做好冬季的测温工作。

冬季昼夜温差大,为了保证工程施工质量,应时常观测气温的变化,防止砂浆、混凝土等在凝结硬化前受到冰冻而被破坏。

(4) 做好室内施工项目的保温工作。

在冬季到来之前,应完成供热系统、安装好门窗玻璃等工作,以保证室内其他施工项目能顺利施工。

（5）做好临时设施的保温防冻工作。

应做到室内外给排水管道的保温，防止管道冻裂；要防止道路积水结冰，应及时清除积雪，以保证运输顺利。

（6）做好材料的必要库存。

为了节约冬季费用，在冬季到来之前，应做好材料的必要库存，储备足够数量的材料。

（7）做好完工部位的保护工作。

如基础完成后，及时回填土方至基础顶面同一高度；砌完一层墙体后及时将楼板安装到位；室内装修一层一室一次完成；室外装修力求一次完成。

（8）加强安全教育，树立安全意识。

在冬季应教育职工树立安全意识，要有相应的防火、防滑措施，严防火灾和其他事故发生。

2.6.2　雨季施工的准备工作

雨季施工应做好以下准备工作。

（1）做好雨季施工项目的综合安排。

为了避免雨季出现窝工浪费，应将一些受雨季影响大的施工项目（如土方、基础、室外及屋面）尽量安排在雨季到来之前多施工，留出受雨季影响小的项目在雨季施工。

（2）做好防洪排涝和现场排水工作。

应了解施工现场的实际情况，做好防洪排涝的有关措施；在施工现场，应修建各种排水沟渠，准备好抽水设备，防止现场积水。

（3）做好运输道路的维护。

在雨季到来之前，应检查道路边坡的排水，适当提高路面，防止路面凹陷，保证运输道路的畅通。

（4）做好材料的必要库存。

为了节约施工费用，在雨季到来之前，应做好材料的必要库存，储备足够数量的材料。

（5）做好机具设备的保护。

对施工现场的各种机具、电器应加强检查，尤其是脚手架、塔吊、井架等地方，要采取措施，防止倒塌、雷击、漏电等现象的发生。

（6）加强安全教育，树立安全意识。

在雨季要教育职工树立安全意识，防止各种事故的发生。

复习思考题

2-1　试述施工准备工作的意义。

2-2　简述施工准备工作的主要内容。

2-3　施工准备工作的要求有哪些？

2-4　为什么要做好原始资料的调查工作和收集必要的参考资料？

2-5　原始资料的调查包括哪些方面？各方面的主要内容是什么？

2-6 在编制施工组织设计前主要收集哪些参考资料？

2-7 技术资料准备工作包括哪些内容？

2-8 为什么要会审施工图纸？会审施工图纸包括哪些内容？

2-9 施工现场的准备工作包括哪些内容？

2-10 什么叫"五通一平"？应怎样做好"五通一平"工作？

2-11 冬季施工准备工作应如何进行？

2-12 雨季施工准备工作应如何进行？

第 **3** 章

建筑流水施工

建筑工程的"流水施工"来源于工业生产中的"流水作业",实践证明它也是项目施工的最有效的科学组织方法。但是,由于施工项目产品及其施工的特点不同,流水施工的概念、特点和效果与其他产品的流水作业也有所不同。工业生产中各个工件在流水线上从前一道工序向后一道工序流动,生产者是固定的;而在建筑施工活动中各个施工对象是固定的,专业施工队伍则由前一个施工段向后一个施工段流动,即生产者是移动的。本章主要介绍建筑工程流水施工的基本概念、主要参数、基本方法和具体应用。

3.1 流水施工的基本概念

任何一个建筑工程都是由许多施工过程组成的,而每一个施工过程可以组织一个或多个施工班组来进行施工。如何组织各施工班组的先后顺序或平行搭接施工,是组织施工中的一个最基本的问题。

3.1.1 组织施工的三种方式

例如,现有四幢相同的砖混结构房屋的基础工程,其施工过程包括基槽挖土、混凝土垫层、砖砌基础、基槽回填土,其基本数据如表 3-1 所示。

表 3-1 每幢房屋基础工程的施工过程基本数据

施 工 过 程	施工天数	班组人数	班 组 工 种
基槽挖土	2	15	普工
混凝土垫层	1	25	普工、混凝土工
砖砌基础	3	30	普工、瓦工
基槽回填土	1	10	普工

组织施工时一般可采用依次施工、平行施工和流水施工三种方式,现就三种方式的施工特点和效果分析如下。

1. 依次施工

依次施工也称顺序施工,是各施工段或施工过程按照一定的施工顺序依次开工、依次完成的一种施工组织方式。施工时通常有以下两种安排。

1) 按幢(或施工段)依次施工

这种方式是在一幢房屋各施工过程完成后,再依次完成其他各幢房屋施工过程的组织方式,其施工进度安排如图3-1所示。图中进度表下的曲线是劳动力消耗动态图,其纵坐标为每天施工人数,横坐标为施工进度(天)。

若用 t_i 表示完成一幢房屋内某施工过程所需的时间,则完成该幢房屋各施工过程所需时间为 Σt_i,完成 m 幢房屋所需总时间为

$$T = m\Sigma t_i \qquad\qquad (3\text{-}1)$$

式中,m——房屋幢数(或施工段数);

t_i——完成一幢房屋内某施工过程所需时间;

Σt_i——完成一幢房屋各施工过程所需时间;

T——完成 m 幢房屋所需总时间。

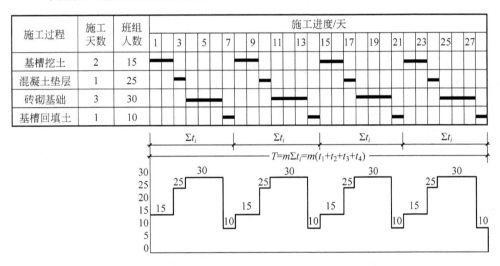

图 3-1　按幢(或施工段)依次施工

2) 按施工过程依次施工

这种方式是在依次完成每幢房屋的第一个施工过程后,再开始第二个施工过程的施工,直至完成最后一个施工过程的组织方式,其施工进度安排如图3-2所示。这种方式完成 m 幢房屋所需总时间与前一种方式相同,但每天所需的劳动力消耗不同。

从图3-1和图3-2中可以看出:依次施工的最大优点是每天投入的劳动力较少,机具、设备使用不很集中,材料供应较单一,施工现场管理简单,便于组织和安排。当工程规模较小,施工工作面又有限时,依次施工是适用的,也是常见的。

依次施工的缺点也很明显:按幢(施工段)依次施工虽然能较早地完成一幢房屋的基础施工,为上部结构施工创造了工作面,但各班组施工及材料供应无法保持连续和均衡,工人有窝工的情况;按施工过程依次施工时,各班组虽能连续施工,但不能充分利用工作面,完成每幢房屋基础施工的时间较长。由此可见,采用依次施工不但工期拖得较长,而且在组织安排上也不尽合理,这是其最大的缺点。

2. 平行施工

平行施工是全部工程任务的各施工过程同时开工、同时完成的一种施工组织方式。

施工过程
施工天数
班组人数
施工进度/天
1 3 5 7 9 11 13 15 17 19 21 23 25 27
基槽挖土 2 15
混凝土垫层 1 25
砖砌基础 3 30
基槽回填土 1 10
Σt_i Σt_i Σt_i Σt_i
$T=m\Sigma t_i=m(t_1+t_2+t_3+t_4)$
30 25 20 15 10 5 0
15
25
30
10

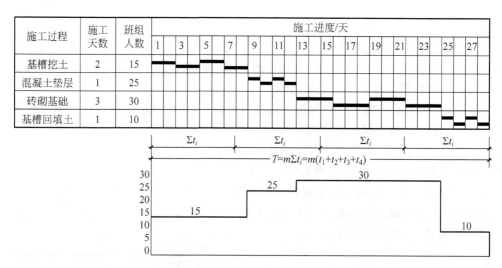

图 3-2 按施工过程依次施工

将上述四幢房屋的基础工程组织平行施工，其施工进度安排如图 3-3 所示。

施工过程
施工天数
班组人数
施工进度/天
1 3 5 7
基槽挖土 2 15
混凝土垫层 1 25
砖砌基础 3 30
基槽回填土 1 10

图 3-3 平行施工

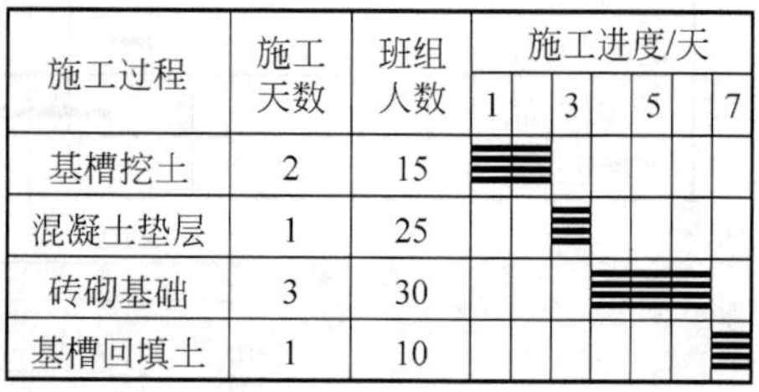

从图 3-3 中可知，完成四幢房屋基础所需的时间等于完成一幢房屋基础所需的时间，即

$$T = \Sigma t_i \tag{3-2}$$

式中符号含义同式(3-1)。

平行施工的优点是能充分利用工作面，完成工程任务的时间最短，即施工工期最短。但由于施工班组数成倍增加(即投入施工的人数增多)，机具设备相应增加，材料供应集中，临时设施、仓库和堆场面积亦要增加，从而造成组织安排和施工管理困难，增加施工管理费用。如果工期要求不紧，工程结束后又没有更多的工程任务，各施工班组在短期内完成施工任务后，就可能出现工人窝工现象。因此，平行施工一般适用于工期要求紧、大规模的建筑群(如城市的住宅区建设)及分期分批组织施工的工程任务，这种方式只有在各方面的资源供应有保障的前提下才是合理的。

3. 流水施工

流水施工是指所有施工过程按一定的时间间隔依次投入施工，各个施工过程陆续开工、竣工，使同一施工过程的施工班组保持连续、均衡施工，不同的施工过程尽可能平行搭接施工的组织方式。图 3-4 所示为上例四幢房屋基础工程流水施工的进度安排。

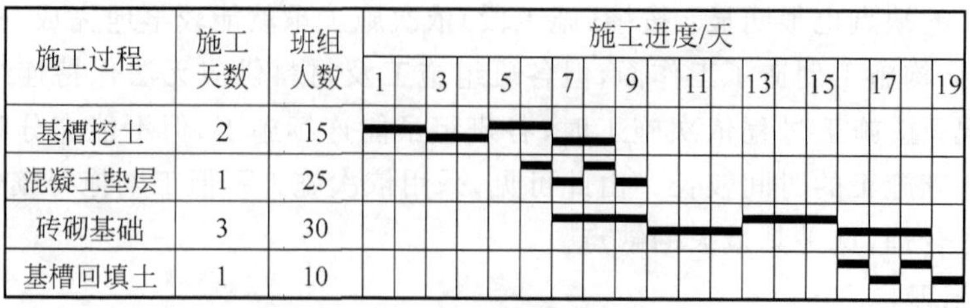

施工过程
施工天数
班组人数
施工进度/天
1 3 5 7 9 11 13 15 17 19
基槽挖土 2 15
混凝土垫层 1 25
砖砌基础 3 30
基槽回填土 1 10

图 3-4 流水施工(全部连续)

从图 3-4 中可知：流水施工所需总时间比依次施工短,各施工过程投入的劳动力比平行施工少,各施工班组能连续地、均衡地施工,前后施工过程尽可能平行搭接施工,比较充分地利用了施工工作面。

为了更充分地利用工作面,对图 3-4 所示的流水施工还可以重新安排,如图 3-5 所示。

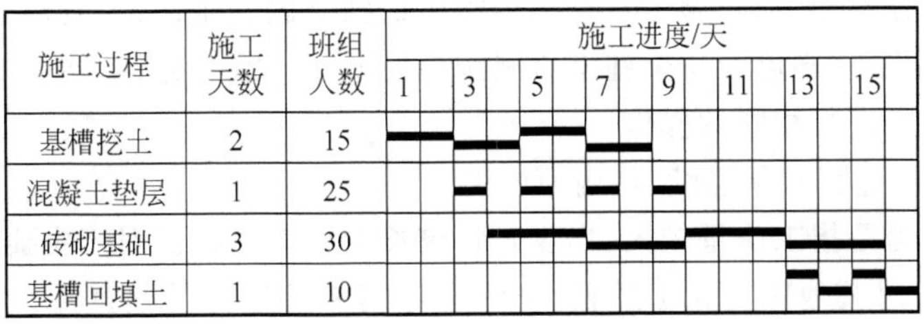

施工过程	施工天数	班组人数	施工进度/天								
			1	3	5	7	9	11	13	15	
基槽挖土	2	15									
混凝土垫层	1	25									
砖砌基础	3	30									
基槽回填土	1	10									

图 3-5　流水施工(部分间断)

这样工期又缩短了三天,但混凝土垫层的施工显然是间断的。在本例中,主要施工过程是基槽挖土和砖砌基础(工程量大、施工延续时间长),而混凝土垫层和基槽回填土则是非主要施工过程。对于一个分部工程来说,只要安排好主要施工过程的连续均衡施工,对其他施工过程,根据有利于缩短工期的要求,在不能实现连续施工的情况下可以安排间断施工。这样的施工组织方式也可以认为是流水施工。

3.1.2　流水施工的优点和组织条件

流水施工是一种以分工为基础的协作,是成批生产建筑产品的一种优越的施工方式。它是在分工大量出现之后,在依次施工和平行施工的基础上产生的。它既克服了依次施工和平行施工方式的缺点,又具有它们两者的优点。

1. 流水施工的优点

(1)流水施工能合理、充分地利用工作面,争取时间,加速工程的施工进度,从而有利于缩短施工工期;

(2)流水施工能保持各施工过程的连续性、均衡性,从而有利于提高施工管理水平和技术经济效益;

(3)流水施工能使各施工班组在一定时期内保持相同的施工操作和连续、均衡的施工,从而有利于提高劳动生产率。

2. 组织流水施工的条件

(1)划分分部分项工程。

首先将拟建工程根据工程特点及施工要求划分为若干个分部工程;其次按照工艺要求、工程量大小和施工班组情况,将各分部工程划分为若干个施工过程(即分项工程)。划分施工过程的目的,是为了对施工对象的建造过程进行分解,以便于逐一实现局部对象的施工,从而使施工对象整体得以实现。也只有这种合理的解剖,才能组织专业化施工和有效协作。

(2)划分施工段。

根据组织流水施工的需要,将拟建工程尽可能地划分为劳动量大致相等的若干个施工段(区),也可称为流水段。

建筑工程组织流水施工的关键是将建筑单件产品变成多件产品,以便成批生产。由于建筑产品体形庞大,通过划分施工段(区)就可将单件产品变成"批量"的多件产品,从而形成流水作业前提。没有"批量"就不可能也就没有必要组织任何流水作业。每一个段(区)就是一个假定"产品"。

(3)每个施工过程组织独立的施工班组。

在一个流水分部中,每个施工过程尽可能组织独立的施工班组,其形式可以是专业班组也可以是混合班组,这样可使每个施工班组按施工顺序,依次、连续、均衡地从一个施工段转移到另一个施工段进行相同的操作。

(4)主要施工过程必须连续、均衡地施工。

主要施工过程是指工作量较大、作业时间较长的施工过程。对于主要施工过程,必须连续、均衡地施工;对其他次要施工过程,可考虑与相邻的施工过程合并。如不能合并,为缩短工期,可安排间断施工。

(5)不同施工过程尽可能组织平行搭接施工。

不同施工过程之间的关系,关键是工作时间上有搭接和工作空间上有搭接。在有工作面的条件下,除必要的技术和组织间歇时间外,应尽可能组织平行搭接施工。

3. 流水施工的表达形式

1)横道图

流水施工的横道图表达形式如图 3-4 所示,其左边列出各施工过程的名称,右边用水平线段在时间坐标下画出施工进度。

2)斜线图

在斜线图中,左边列出各施工段,右边用斜线在时间坐标下画出施工进度。图 3-4 的斜线图表达形式如图 3-6 所示。

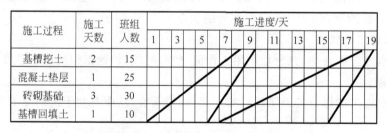

图 3-6　斜线图(与图 3-4 对应)

3)网络图

网络图的表达形式详见第 4 章。

3.1.3　流水施工的分类

为了进一步提高流水施工的管理水平和技术经济效益,有必要对流水施工进行分类,以便根据拟建工程的具体情况即工程的特征和规模、组织施工的要求和方式、施工计划的性质和作用,采用相应的流水施工组织方式。

流水施工的分类是组织流水施工的基础,其方法可按不同的流水施工特征来划分。

1. 按流水施工的组织范围分类

1)细部流水

细部流水是指组织一个施工过程的流水施工。例如:砌砖墙施工过程的施工班组在各施工段上连续完成砌墙工作的流水施工；现浇钢筋混凝土施工过程的安装模板(木工)、绑扎钢筋(钢筋工)、浇筑混凝土(混凝土工)等多工种组成的流水施工。细部流水是组织工程流水施工中范围最小的流水施工。

2) 分部工程流水

分部工程流水是指为完成分部工程而组建起来的全部细部流水的总和,即若干个专业班组依次连续不断地在各施工段上重复完成各自的工作,在前一个专业班组完成前一个施工过程之后,接着后一个专业班组来完成下一个施工过程,依此类推,直至所有专业班组都经过各施工段,完成分部工程为止。如某现浇钢筋混凝土工程是由安装模板、绑扎钢筋、浇筑混凝土三个细部流水所组成。

3) 单位工程流水

单位工程流水是指为完成单位工程组织起来的全部分部工程流水的总和,即所有专业班组依次在一个施工对象的各施工段中连续施工,直至完成单位工程为止。例如,多层框架结构房屋,是由基础分部工程流水、主体分部工程流水以及装修分部工程流水所组成,单位工程流水就是分部工程流水的总和。

4) 群体工程流水

群体工程流水是指组织多幢建筑物或构筑物的大流水施工。如一个住宅小区建设、一个工业厂区建设等所组织的流水施工。群体工程流水是建立在单位工程流水基础上的。

2. 按流水施工的节奏特征分类

根据组织流水施工的节奏特征,流水施工分为有节奏流水和无节奏流水,有节奏流水又可分为等节奏流水和异节奏流水。

3.2　流水施工的主要参数

在组织拟建工程项目流水施工时,用以表达流水施工在工艺流程、空间布置和时间安排等方面开展状态的参数称为流水参数。流水参数主要包括工艺参数、空间参数和时间参数三种。

3.2.1　工艺参数

工艺参数是指参与流水施工的施工过程数目,一般用 n 表示。一幢房屋的建造过程通常由许多施工过程所组成。施工过程可以是一道工序,如绑扎钢筋;也可以是一个分项或分部工程。

施工过程划分的数目多少、粗细程度与下列几个因素有关。

(1) 施工进度计划的作用不同,施工过程数目也不同。

当编制控制性施工进度计划时,施工过程划分可粗一些,一般只列出分部工程名称,如基础工程、主体结构工程、装修工程、屋面工程等。当编制实施性施工进度计划时,施工过程划分可细一些,将分部工程再分解为若干个分项工程,如将基础工程分解为挖土、垫层、钢筋混凝土基础、回填土等。

(2) 施工方案不同,施工过程数目也不同。

不同的施工方案,其施工顺序和施工方法也不相同,如框架主体结构采用钢模的施工顺序为:柱筋→柱模→柱混凝土→梁板模→梁板筋→梁板混凝土,共有 6 个施工过程;而采用木模的施工顺序为：柱筋→柱梁板模→柱混凝土→梁板筋→梁板混凝土，共有 5 个施工过程。

（3）劳动量大小不同，施工过程数目也不同。

当劳动量小的施工过程组织流水施工有困难时，可与其他施工过程合并。例如，垫层劳动量较小时，可与挖土合并为一个综合性的施工过程，这将使计划简单明了。

（4）劳动内容和范围不同，施工过程数目也不同。

施工过程的划分与其劳动内容和范围有关。如直接在施工现场与工程对象上进行的劳动过程，可以划入流水施工过程，而场外劳动内容（如预制加工、运输等）可以不划入流水施工过程。

3.2.2　空间参数

在组织流水施工时，用来表达流水施工在空间布置上所处状态的参数称为空间参数，主要包括施工段和施工层两种。

1. 施工段（流水段）

组织流水施工时，人为地把拟建工程项目在平面上划分为若干个劳动量大致相等的施工区段称为施工段，或者称为流水段。施工段的数目一般用 m 表示。每个施工段在某一段时间内只供一个施工过程的工作队使用。

划分施工段的目的，是为了组织流水施工，保证不同的施工班组在不同的施工段上同时进行施工，并使各个施工班组能按一定的时间间隔转移到另一个施工段进行连续施工，既消除等待、停歇现象，又互不干扰。

2. 施工层

施工层是指为满足竖向流水施工的需要，在建筑物垂直方向上划分的施工区段。施工层的划分视工程对象的具体情况而定，一般以建筑物的结构层作为施工层。例如：一个 18 层的全现浇剪力墙结构的房屋，其结构层数就是施工层数。如果该房屋每层划分为三个施工段，那么其总的施工段数

$$m = 18 层 \times 3 段/层 = 54 段$$

3. 划分施工段的基本要求

（1）施工段的数目要适宜。施工段数过多势必要减少人数，工作面不能充分利用，拖长施工期；施工段数过少则会引起劳动力、机械和材料供应过分集中，有时还会造成"断流"的现象。

施工段的多少一般没有具体的量性规定，划分一幢房屋施工段时，可按基础、主体、装修等分部工程的不同情况分别划分施工段。基础工程可根据便于挖土或便于施工的需要来划分施工段，一般划分为 2～3 段。主体工程应根据楼层平面的布置，以方便混凝土的浇筑为原则来划分施工段，可与基础工程的段数划分相同，也可以不同。一般每层可划分为 2～4 段。装修工程常以层为段，即一层楼为一个施工段，对于工作面很长的楼层也可一层分为两个施工段。

（2）施工段的分界线与施工对象的结构界限或幢号相一致，以便保证施工质量。如温度缝、沉降缝、高低层交界线、单元分隔线等。

（3）各施工段的劳动量（或工程量）尽可能大致相等，以保证各施工班组连续、均衡地施工。（相差不宜超过 15%。）

（4）为了充分发挥主导机械和工人的效率，每个施工段要有足够的工作面，使其所容纳的劳动力人数或机械台数能满足合理劳动组织的要求。

（5）当组织楼层结构的流水施工时，为使各施工班组能连续施工，上一层的施工必须在下一层对应部位完成后才能开始，即各施工班组做完第一段后，能立即转入第二段；做完第一层的最后一段后，能立即转入第二层的第一段。因此，每一层的施工段数 m_0 必须大于或等于其施工过程数 n，即

$$m_0 \geqslant n \tag{3-3}$$

例如：某三层砖混结构房屋的主体工程，在组织流水施工时将主体工程划分为两个施工过程，即砌筑砖墙和安装楼板，其中安装楼板包括现浇钢筋混凝土圈梁、楼板灌缝、弹线等。设每个施工过程在各个施工段上施工所需时间均为 3 天，现分析如下：

① 当 $m_0 = n$ 时，即每层分两个施工段组织流水施工时，其进度安排如图 3-7 所示。

图 3-7　$m_0 = n$ 的进度安排

从图 3-7 可以看出：各施工班组均能保持连续施工，每一施工段上均有施工班组，工作面能充分利用，无停歇现象，也不会产生工人窝工现象，这是比较理想的。

② 当 $m_0 > n$ 时，即每层分三个施工段组织流水施工时，其进度安排如图 3-8 所示。从图中可以看出：施工班组的施工是连续的，但安装楼板后不能立即投入上一层的砌筑砖墙，显然工作面未被充分利用，有轮流停歇的现象。这时，工作面的停歇并不一定有害，有时还是必要的，如可以利用停歇的时间做养护、备料、弹线等工作。但当施工段数目过多时，必然使工作面减小，从而减少施工班组的人数，势必延长工期。

图 3-8　$m_0 > n$ 的进度安排

③ 当 $m_0 < n$ 时，即每层为一个施工段，其进度安排如图 3-9 所示。从图中可以看出：第一层的砌筑砖墙完成后不能马上进行第二层的砌筑，砌墙的施工班组产生窝工，同样安装楼板也是如此。两个施工班组均无法保持连续施工，轮流出现窝工现象。这对一个建筑物组织流水施工是不适宜的。但有若干幢同类型建筑物时，以一个建筑物为一个施工段，可组织幢号大流水施工。

4. 施工段划分的一般部位

施工段划分的部位要有利于结构的整体性，应考虑到施工工程对象的轮廓形状、平面组

图 3-9 $m_0 < n$ 的进度安排

成及结构构造上的特点。在满足施工段划分基本要求的前提下,可按下述几种情况划分施工段的部位:

(1) 设置有伸缩缝、沉降缝的建筑工程,可按此缝为界划分施工段;

(2) 单元式的住宅工程,可按单元为界分段,必要时以半个单元处为界分段;

(3) 道路、管线等按长度方向延伸的工程,可按一定长度作为一个施工段;

(4) 多幢同类型建筑,可以一幢房屋作为一个施工段。

3.2.3 时间参数

在组织流水施工时,用以表达流水施工在时间安排上所处状态的参数称为时间参数,一般有流水节拍、流水步距和流水工期等。

1. 流水节拍

流水节拍是指在组织流水施工时,各个专业班组在每个施工段上完成施工任务所需要的工作持续时间,一般用 t_i 表示。

1) 流水节拍的确定

流水节拍数值的大小与项目施工时所采取的施工方案、每个施工段上发生的工程量、各个施工段投入的劳动人数或施工机械的数量及工作班数有关,决定着施工的速度和施工的节奏。因此,合理确定流水节拍具有重要意义。流水节拍的确定方法一般有:定额计算法、工期计算法和经验估算法。

(1) 定额计算法

计算公式为

$$t_i = \frac{Q_i}{S_i R_i b_i} = \frac{P_i}{R_i b_i} \tag{3-4}$$

或

$$t_i = \frac{Q_i H_i}{R_i b_i} = \frac{P_i}{R_i b_i} \tag{3-5}$$

式中,t_i——某专业班组在第 i 施工段上的流水节拍;

P_i——某专业班组在第 i 施工段上需要的劳动量(工日数)或机械台班数量(台班数);

R_i——某专业班组的人数或机械台数;

b_i——某专业班组的每天工作班数;

Q_i——某专业班组在第 i 施工段上需要完成的工程量;

S_i——某专业班组的计划产量定额(如:m³/工日);

H_i——某专业班组的计划时间定额(如:工日/m³)。

（2）工期计算法

对某些施工任务在规定日期内必须完成的工程项目，往往采用倒排进度法。具体步骤如下：

① 根据工期按经验估算出各分部所需的施工时间。

② 根据各分部工程估算出的时间确定各施工过程时间，然后根据式（3-4）或式（3-5）求出各施工过程所需的人数或机械台数。但在这种情况下，必须检查劳动力和工作面以及机械供应的可能性，否则就需采用增加工作班次来调整解决。

（3）经验估算法

经验估算法是根据以往的施工经验进行估算。一般为了提高其准确程度，往往先估算出该流水节拍的最长、最短和正常（即最可能）三种时间值，然后据此求出期望时间值作为某专业工作队在某施工段上的流水节拍。一般按下面公式进行计算：

$$t_i = \frac{a + 4c + b}{6} \tag{3-6}$$

式中，t_i——某施工过程在某施工段上的流水节拍；

a——某施工过程在某施工段上的最短估算时间；

b——某施工过程在某施工段上的最长估算时间；

c——某施工过程在某施工段上的正常估算时间。

这种方法适用于没有定额可循的工程。

2）确定流水节拍的要点

（1）施工班组人数应符合该施工过程最少劳动组合人数的要求。例如：现浇钢筋混凝土施工过程，它包括上料、搅拌、运输、浇捣等施工操作环节，如果人数太少，是无法组织施工的。

（2）要考虑工作面的大小或某种条件的限制，施工班组人数也不能太多，每个工人的工作面要符合最小工作面的要求；否则，就不能发挥正常的施工效率或不利于安全生产。主要工种的最小工作面可参考表 3-2 的有关数据。

表 3-2 主要工种工作面参考数据表

工 作 项 目	每个技工的工作面	单位	说 明
砖基础	7.6	m/人	以 $1\frac{1}{2}$ 砖计，2 砖乘以 0.8，3 砖乘以 0.55
砌砖墙	8.5	m/人	以 1 砖计，$1\frac{1}{2}$ 砖乘以 0.71，2 砖乘以 0.57
混凝土柱、墙基础	8	m³/人	
混凝土设备基础	7	m³/人	
现浇钢筋混凝土柱	3	m³/人	机拌、机捣
现浇钢筋混凝土梁	3.5	m³/人	机拌、机捣
现浇钢筋混凝土墙	5	m³/人	
现浇钢筋混凝土楼板	5	m³/人	
预制钢筋混凝土柱	4	m³/人	机拌、机捣
预制钢筋混凝土梁	4.5	m³/人	机拌、机捣
预制钢筋混凝土屋架	3	m³/人	机拌、机捣
混凝土地坪及面层	40	m³/人	机拌、机捣
外墙抹灰	16	m²/人	机拌、机捣
内墙抹灰	18.5	m²/人	机拌、机捣
卷材屋面	18.5	m²/人	机拌、机捣
防水水泥砂浆屋面	16	m²/人	

（3）要考虑各种机械台班的效率（吊装次数）或机械台班产量的大小。

（4）要考虑各种材料、构件等施工现场堆放量、供应能力及其他有关条件的制约。

（5）要考虑施工及技术条件的要求。例如不能留施工缝必须连续浇筑的钢筋混凝土工程，有时要按三班制工作的条件决定流水节拍，以确保工程质量。

（6）确定一个分部工程各施工过程的流水节拍时，首先应考虑主要的、工程量大的施工过程的节拍（它的节拍值最大，对工程起主要作用），其次确定其他施工过程的节拍值。

（7）流水节拍的数值一般取整数，必要时可取半天。

2. 流水步距

在组织流水施工时，相邻的两个施工专业班组先后进入同一施工段开始施工的间隔时间，称为流水步距。通常以 $K_{i,i+1}$ 表示（i 表示某一个施工过程，$i+1$ 表示其紧后一个施工过程）。

流水步距的大小对工期有着较大的影响。一般来说，在施工段不变的条件下，流水步距越大，工期越长；流水步距越小，则工期越短。流水步距还与前后两个相邻施工过程流水节拍的大小、施工工艺的技术要求、是否有技术和组织间歇时间、施工段数目、流水施工的组织方式等有关。

流水步距的数目等于（$n-1$）个参加流水施工的施工过程数。确定流水步距的基本要求是：

（1）应保证相邻两个施工过程之间工艺上有合理的顺序，不发生某一个施工过程尚未全部完成，而紧后的一个施工过程便提前介入的现象。有时为了缩短时间，在工艺技术条件许可的情况下，某些次要专业队也可以搭接施工。

（2）应使各个施工过程的专业工作队连续施工，不发生停工现象。

（3）应考虑各个施工过程之间必需的技术间歇时间和组织间歇时间。

3. 流水工期

工期是指完成一项过程任务或一个流水组施工所需的时间，一般可采用下式计算：

$$T = \sum K_{i,i+1} + T_N \tag{3-7}$$

式中，$\sum K_{i,i+1}$——流水施工中各流水步距之和；

T_N——流水施工中最后一个施工过程的持续时间。

3.3　组织流水施工的基本方式

流水施工方式根据流水施工节拍特征的不同，可分为有节奏流水和无节奏流水。有节奏流水又可分为全等节拍流水、成倍节拍流水和不等节拍流水。

3.3.1　有节奏流水施工

1. 全等节拍流水施工

全等节拍流水施工是指各个施工过程的流水节拍均为常数的一种流水施工方式。即同一施工过程在各施工段上的流水节拍都相等，并且不同施工过程之间的流水节拍也相等的一种流水方式。根据流水步距的不同又可分为等节拍等步距流水施工和等节拍不等步距流水施工。

1）等节拍等步距流水施工

等节拍等步距流水施工即各流水步距值均相等，且等于流水节拍值。各个施工过程之间没有技术和组织间歇时间（$t_j = 0$），也不安排相邻施工过程在同一施工段上搭接施工（$t_d = 0$）。

等节拍等步距流水施工的工期计算公式为

$$T = \sum K_{i,i+1} + T_N$$

因为

$$\sum K_{i,i+1} = (n-1)t, \quad T_N = mt$$

所以

$$T = (n-1)t + mt = (n+m-1)t \tag{3-8}$$

例 3-1 某分部工程划分为 A、B、C、D 4 个施工过程，每个施工过程分为 5 个施工段，流水节拍均为 3 天，试组织全等节拍流水施工。

解：（1）计算流水施工工期

$$T = (n+m-1)t = (4+5-1) \times 3 = 24（天）$$

（2）用横道图绘制流水施工进度计划，如图 3-10 所示。

图 3-10　某工程等节拍等步距流水施工

2）等节拍不等步距流水施工

等节拍不等步距流水施工即各施工过程的流水节拍值全部相等，但各流水步距值不相等（有的步距等于节拍，有的步距不等于节拍）。这是由于各个施工过程之间，有的需要技术和组织间歇时间，有的可以安排相邻施工过程搭接施工所致。

等节拍不等步距流水施工的工期计算公式为

因为

$$t_i = t, K_{i,i+1} = t + t_j - t_d$$

所以

$$\sum K_{i,i+1} = (n-1)t + \Sigma t_j - \Sigma t_d$$

$$T = \sum K_{i,i+1} + T_N = (n-1)t + \Sigma t_j - \Sigma t_d + mt$$

$$= (n+m-1)t + \Sigma t_j - \Sigma t_d \tag{3-9}$$

式中，Σt_j——所有间歇时间总和；

Σt_d——所有搭接时间总和。

例 3-2　某分部工程划分为 A、B、C、D 4 个施工过程,每个施工过程分为 4 个施工段,流水节拍均为 3 天。其中,施工过程 A 与 B 之间有 2 天间歇时间,施工过程 D 与 C 之间搭接 1 天。试组织全等节拍流水施工。

解:(1)计算流水施工工期

$$T = (n + m - 1)t + \Sigma t_j - \Sigma t_d = (4 + 4 - 1) \times 3 + 2 - 1 = 22(天)$$

(2)用横道图绘制流水施工进度计划,如图 3-11 所示。

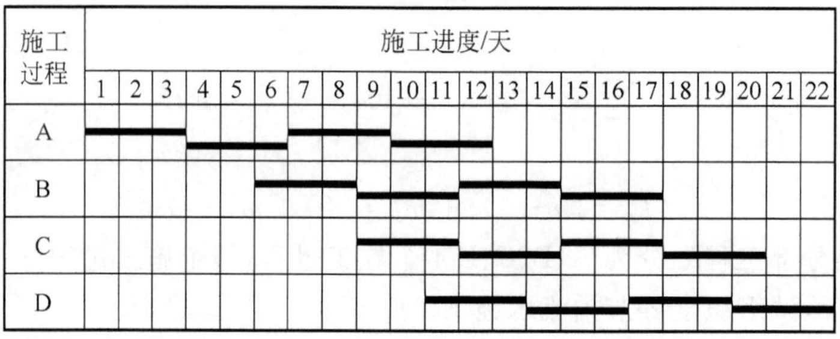

施工过程	施工进度/天																					
	1	2	3	4	5	6	7	8	9	10	11	12	13	14	15	16	17	18	19	20	21	22
A																						
B																						
C																						
D																						

图 3-11　某工程等节拍不等步距流水施工

全等节拍流水施工是一种比较理想的流水施工方式,它能保证专业班组的工作连续,工作面充分利用,实现均衡施工;但它要求划分的各分部、分项工程都采用相同的流水节拍,一般适用于工程规模较小、建筑结构比较简单、施工过程不多的房屋或某些构筑物。常用于组织一个分部工程的流水施工。

全等节拍流水施工的组织方法是:首先划分施工过程,应将劳动量小的施工过程合并到相邻施工过程中去,以使各流水节拍相等;其次确定主要施工过程的施工班组人数,计算其流水节拍;最后根据已定的流水节拍,确定其他施工过程的施工班组人数及其组成。

2. 成倍节拍流水施工

成倍节拍流水施工是指同一施工过程在各个施工段的流水节拍相等,不同施工过程之间流水节拍不完全相等,但各施工过程的流水节拍均为其中最小流水节拍的整数倍的流水施工方式。

成倍节拍流水施工的组织方式是:首先根据工程对象和施工要求划分若干个施工过程;其次根据各施工过程的内容、要求及其工程量,计算每个施工过程在每个施工段所需的劳动量;接着根据施工班组人数及组成,确定劳动量最少的施工过程的流水节拍;最后确定其他劳动量较大的施工过程的流水节拍,用调整施工班组人数或其他技术组织措施的方法,使它们的节拍值分别等于最小节拍值的整数倍。

为充分利用工作面,加快施工进度,流水节拍大的施工过程应相应增加班组数,每个施工过程所需施工班组数可由下式确定:

$$b_i = \frac{t_i}{t_{min}} \tag{3-10}$$

式中,b_i——某施工过程所需施工班组数;

t_i——某施工过程的流水节拍;

t_{min}——所有流水节拍中的最小流水节拍。

对于成倍节拍流水施工,任何两个相邻施工班组间的流水步距,均等于所有流水节拍中的最小流水节拍,即

$$K = t_{\min} \tag{3-11}$$

成倍节拍流水施工的工期可按下式计算：

$$T = (m + n' - 1)t \tag{3-12}$$

式中，n'——施工班组总数目，$n' = \Sigma b_i$。

例 3-3　某分部工程划分为 A、B、C 3 个施工过程（见图 3-12），每个施工过程分为 6 个施工段，各施工过程的流水节拍分别为 $t_1 = 2$ 天，$t_2 = 6$ 天，$t_3 = 4$ 天，试组织成倍节拍流水施工。

根据所确定的流水参数绘制施工进度表如图 3-12 所示。

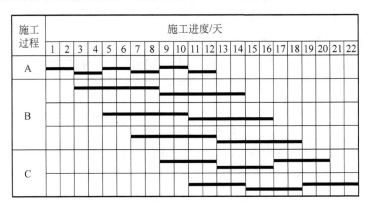

图 3-12　某工程成倍节拍流水施工

解：因为 $t_{\min} = 2$ 天，则

$$b_1 = \frac{t_1}{t_{\min}} = \frac{2}{2} = 1（个）$$

$$b_2 = \frac{t_2}{t_{\min}} = \frac{6}{2} = 3（个）$$

$$b_3 = \frac{t_3}{t_{\min}} = \frac{4}{2} = 2（个）$$

施工班组总数为

$$n' = \Sigma b_i = b_1 + b_2 + b_3 = 1 + 3 + 2 = 6（个）$$

该工程流水步距为

$$K = t_{\min} = 2 天$$

该工程的工期为

$$T = (m + n' - 1)t$$
$$= (6 + 6 - 1) \times 2 = 22（天）$$

成倍节拍流水施工实质上是一种不等节拍等步距的流水施工，这种方式适用于一般房屋建筑工程的施工，也适用于线型工程（如道路、管道等）的施工。

3. 不等节拍流水施工

有时由于各施工过程之间的工程量相差很大，各施工班组的施工人数又有所不同，使得不同施工过程在各施工段上的流水节拍无规律性。这时，若组织全等节拍流水施工或成倍节拍流水施工均有困难，则可组织不等节拍流水施工。

不等节拍流水施工是指同一施工过程在各个施工段的流水节拍相等，不同施工过程之间的流水节拍既不相等也不成倍的流水施工方式。组织不等节拍流水施工的基本要求是：各施工班组尽可能依次在各施工段上连续施工，允许有些施工段出现空闲，但不允许多个施工班组在同一施工段交叉作业，更不允许发生工艺顺序颠倒的现象。

在流水施工中，如果同一施工过程在各个施工段的流水节拍相等，则各相邻施工过程之间的流水步距可按下式计算：

$$K_{i,i+1} = \begin{cases} t_i + (t_j - t_d), & t_i \leqslant t_{i+1} \\ Mt_i - (M-1)t_{i+1} + (t_j - t_d), & t_i > t_{i+1} \end{cases} \tag{3-13}$$

式中，t_i——第 i 个施工过程的流水节拍；

t_{i+1}——第 $i+1$ 个施工过程的流水节拍；

t_j——第 i 个施工过程与第 $i+1$ 个施工过程之间的技术与组织间歇时间；

t_d——第 i 个施工过程与第 $i+1$ 个施工过程之间的搭接时间。

流水工期为

$$T = \sum K_{i,i+1} + T_N$$

例 3-4   某分部工程划分为 A、B、C、D 4 个施工过程，如图 3-13 所示，每个施工过程分为 4 个施工段，各施工过程的流水节拍分别为 $t_A = 3$ 天，$t_B = 4$ 天，$t_C = 5$ 天，$t_D = 2$ 天；施工过程 B 完成后需有 2 天的技术与组织间歇时间，试组织流水施工，计算各施工过程之间的流水步距及该工程的工期，绘制施工进度计划表。

解：因为 $t_A = 3$ 天 $< t_B = 4$ 天，$t_j = 0$，$t_d = 0$，所以

$$K_{AB} = t_A + (t_j - t_d) = 3 + 0 = 3(天)$$

因为 $t_B = 4$ 天 $< t_C = 5$ 天，$t_j = 2$ 天，$t_d = 0$，所以

$$K_{BC} = t_B + (t_j - t_d) = 4 + (2 + 0) = 6(天)$$

因为 $t_C = 5$ 天 $> t_D = 2$ 天，$t_j = 0$，$t_d = 0$，所以

$$K_{CD} = mt_C - (m-1)t_d + (t_j - t_d) = 4 \times 5 - (4-1) \times 2 + 0 = 14(天)$$

该工程的工期为

$$\begin{aligned} T &= \sum K_{i,i+1} + T_N \\ &= K_{AB} + K_{BC} + K_{CD} + mt_D \\ &= 3 + 6 + 14 + 4 \times 2 = 31(天) \end{aligned}$$

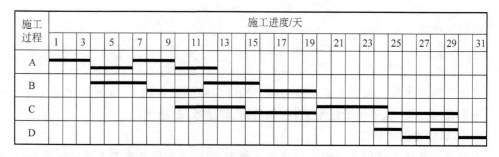

图 3-13   某工程不等节拍流水施工

不等节拍流水施工实质上是一种不等节拍不等步距的流水施工，允许不同施工过程采用不同的流水节拍，这种方式适用于施工段大小相等的分部工程或单位工程施工组织，在进

度安排上比全等节拍流水施工灵活,实际应用范围较广泛。

3.3.2　无节奏流水施工

无节奏流水施工是指同一施工过程在各施工段上的流水节拍不完全相等的一种流水施工方式。

在实际工作中,有节奏流水,尤其是全等节拍流水和成倍节拍流水往往是难以组织的,而无节奏流水则较为常见。组织无节奏流水的基本要求与不等节拍流水相同,即保证各施工过程的工艺顺序合理和各施工班组尽可能依次在各施工段上连续施工。

无节奏流水施工的流水步距的计算采用"累加斜减取大差法",即

第一步:将每个施工过程的流水节拍逐段累加;

第二步:错位相减,即从前一个施工班组由加入流水起到完成该段工作止的持续时间和减去后一个施工班组由加入流水起到完成前一个施工段止的持续时间和(即相邻斜减),得到一组差值;

第三步:取上一步斜减差数中的最大值作为流水步距。

例 3-5　某分部工程的流水节拍如表 3-3 所示,试计算流水步距和工期,绘制流水施工进度表。

表 3-3　某工程的流水节拍值

施工过程 ＼ 施工段	I	II	III	IV
A	2	4	3	2
B	2	3	3	2
C	3	3	4	3
D	2	3	4	2

解:(1)计算流水步距

① 求 K_{AB}

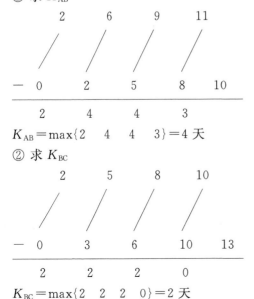

$$K_{AB} = \max\{2 \quad 4 \quad 4 \quad 3\} = 4 \text{ 天}$$

② 求 K_{BC}

$$K_{BC} = \max\{2 \quad 2 \quad 2 \quad 0\} = 2 \text{ 天}$$

③ 求 K_{CD}

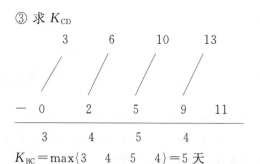

$K_{BC} = \max\{3\quad4\quad5\quad4\} = 5$ 天

（2）确定计划工期

$$T = \sum K_{i,i+1} + T_N = 4 + 2 + 5 + (2 + 3 + 4 + 2) = 22（天）$$

（3）绘制流水施工进度横道图（见图3-14）。

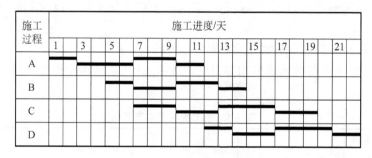

图 3-14　某工程无节奏流水施工

无节奏流水不像有节奏流水那样有一定的时间约束，在进度安排上比较灵活、自由，适用于各种不同结构性质和规模的工程施工组织，实际应用比较广泛。

在上述各种流水施工的基本方式中，全等节拍流水和成倍节拍流水通常在一个分部或分项工程中，组织流水施工比较容易做到，即比较适用于组织专业流水或细部流水。但对一个单位工程，特别是一个大型的建筑群来说，要求所划分的各分部、分项工程都采用相同的流水参数（施工过程数、施工段数、流水节拍和流水步距等）组织流水施工往往十分困难，也不容易达到。这时，常采用分别流水法组织流水施工，以便能较好地适应建筑工程施工中千变万化的要求。

所谓分别流水法，就是将若干个分别组织的专业流水（分部工程流水），按施工工艺顺序和要求搭接起来，组织成一个单位工程或建筑群的流水施工。

分别流水法的组织方法是：首先，将拟建工程对象按建筑、结构特征和施工工艺要求划分为若干个分部工程；每个分部工程再根据施工要求，划分为若干个分项工程。其次，分别组织每个分部工程的流水施工，可采用有节奏流水、无节奏流水施工的各种方式，各个不同的分部工程流水施工所采用的流水参数可以互不相同。最后，将若干个分别组织的分部工程流水按照施工工艺顺序和工艺要求搭接起来，组织成一个单位工程或一个建筑群的流水施工。

由于分别流水法是以一个分部工程流水（专业流水）为基础，而且一个单位工程中的各施工过程不受施工段数、流水节拍和流水步距的固定约束，因此分别流水法比较自由、方便、灵活,广泛应用于各种不同结构性质和规模的建筑工程施工组织中,是流水施工中应用较多的一种流水施工组织方法。

3.4 流水施工的具体应用

流水施工是一种科学组织施工的方法,编制施工进度计划时应尽量采用流水施工方法,以保证施工有较为鲜明的节奏性、均衡性和连续性。下面通过一砖混结构房屋工程施工实例来阐述流水施工的具体应用。

图 3-15 为某五层三单元砖混结构房屋的平、剖面示意图,建筑面积为 $3075m^2$。钢筋混凝土条形基础,上砌基础墙(内含防潮层)。主体工程为砖墙承重,预制空心楼板、预制楼梯;为增加结构的整体性,每层设有现浇钢筋混凝土圈梁。钢窗、木门(阳台门为钢门),门上设预制钢筋混凝土过梁。屋面工程为屋面板上做细石混凝土屋面防水层和贴一毡二油分仓缝。楼地面工程为空心楼板及地坪三合土上做细石混凝土地面。外墙用水泥混合砂浆、内墙用石灰砂浆抹灰。其工程量一览表见表 3-4。

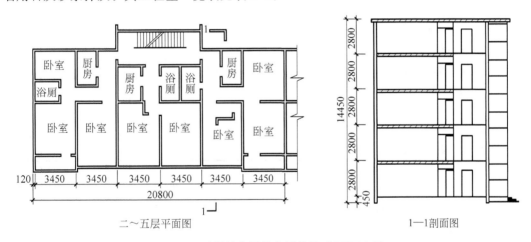

图 3-15 砖混结构居住房屋的平、剖面示意图

表 3-4 一幢五层三单元砖混结构居住房屋工程量一览表

顺序	工程名称	单位	工程量	需要的劳动量(工日)或台班
1	基槽挖土	m³	432	12台班,12×3=36(工日)
2	混凝土垫层	m³	22.5	14
3	基础绑扎钢筋	kg	5475	11
4	基础混凝土	m³	109.5	70
5	砌基础墙	m³	81.6	60
6	回填土	m³	399	76
7	砌砖墙	m³	1026	985
8	圈梁安装横板	m³	635	63
9	圈梁绑扎钢筋	kg	10000	67
10	圈梁浇筑混凝土	m³	78	100

续表

顺序	工 程 名 称	单位	工程量	需要的劳动量(工日)或台班
11	安装楼板	块	1320	14.9台班
12	安装楼梯	座	3	14.9×14=209(工日)
13	楼板灌缝	m	4200	49
14	屋面第二次灌缝	m	840	10
15	细石混凝土面层	m²	639	32
16	贴分仓缝	m	160.5	16
17	安装吊篮架子	根	54	54
18	拆除吊篮架子	根	54	32
19	安装钢门窗	m²	318	127
20	外墙抹灰	m²	1782	213
21	楼地面和楼梯抹灰	m²	2500,120	128,50
22	室内地坪三合土	m³	408	60
23	天棚抹灰	m²	2658	325
24	内墙抹灰	m²	3051	268
25	安装木门	扇	210	21
26	安装玻璃	m²	318	23
27	油漆门窗	m²	738	78
28	其他			15%(劳动量)
29	卫生设备安装工程			
30	电气安装工程			

对于砖混结构多层房屋的流水施工组织,一般先考虑分部工程的流水施工,然后再考虑各分部工程之间的相互搭接施工。本例中组织施工的方法如下所述。

1. 基础工程

基础工程包括基槽挖土、浇筑混凝土垫层、绑扎钢筋、浇筑混凝土、砌筑基础墙和回填土6个施工过程。当这个分部工程全部采用手工操作时,其主要施工过程是浇筑混凝土。若土方工程由专门的施工队采用机械开挖时,通常将机械挖土与其他手工操作的施工过程分开考虑。

本工程基槽挖土采用斗容量为 0.2m^3 的蟹斗式挖土机进行施工,则共需 $\frac{432}{36}=12$ 台班和36个工日。如果采用一台机械两班制施工,则基槽挖土6天就可完成。

浇筑混凝土垫层工程量不大,用一个10人的施工班组1.5天即可完成。为了不影响其他施工过程的流水施工,可以将其紧接在挖土施工过程完成之后安排,工作一天后,再进行其他施工过程。

基础工程中其余4个施工过程($n_1=4$)组织全等节拍流水。根据划分施工段的原则和其结构特点,以房屋的一个单元作为一个施工段,即在房屋平面上划分成3个施工段($m_1=3$)。主导施工过程是浇筑基础混凝土,共需70工日,采用一个12人的施工班组一班制施工,则每一施工段浇筑混凝土这一施工过程的持续时间为 $\dfrac{70}{3\times 1\times 12}\approx 2$ 天。为使各施工过程能相互紧凑搭接,其他施工过程在每个段上的施工持续时间也采用 2 天($t_1=2$)。则基础工程的施工持续时间计算如下:

$$T_1 = 6+1+(m_1+n_1-1)t_1 = 6+1+(3+4-1)\times 2 = 19(天)$$

2. 主体工程

主体工程包括砌筑砖墙、现浇钢筋混凝土圈梁(包括支模、扎筋、浇混凝土)、安装楼板、安装楼梯、楼板灌缝 5 个施工过程。其中主导施工过程为砌筑砖墙。为组织主导施工过程进行流水施工,在平面上也划分为 3 个施工段。每个楼层划分为两个施工层,每一施工段上每一施工层的砌筑砖墙时间为 1 天,则每一施工段砌筑砖墙的持续时间为 2 天($t_2=2$)。由于现浇钢筋混凝土圈梁工程量较小,故组织混合施工班组进行施工,安装楼板、绑扎钢筋、浇筑混凝土共 1 天,第二天为圈梁养护。这样,现浇圈梁在每一施工段上的持续时间仍为 2 天($t_2=2$)。安装一个施工段的楼板和楼梯所需时间为一个台班(即 1 天),第二天进行灌缝,这样两者合并为一个施工过程,它在每一施工段上的持续时间仍为 2 天($t_2=2$)。因此主体工程的施工持续时间可计算如下:

$$T_2 = (m_2+n_2-1)t_2 = (5\times 3+3-1)\times 2 = 34(天)$$

3. 屋面工程

屋面工程包括屋面板第二次灌缝、细石混凝土屋面防水层、贴分仓缝。由于屋面工程通常耗费劳动量较少,且其顺序与装修工程相互制约,因此考虑工艺要求,与装修工程平行施工即可。

4. 装修工程

装修工程包括安装门窗、室内外抹灰、油漆门窗、楼地面抹灰等 11 个施工过程。其中抹灰是主导施工过程。由于安装木门和安装玻璃可以同时进行,安装和拆除吊篮架子、地坪三合土三个施工过程可与其他施工过程平行施工,不占绝对工期,因此,在计算装修工程的施工持续时间时,施工过程数 $n_4=11-1-3=7$。

装修工程采用自上而下的施工顺序。结合装修工程的特点,把房屋的每层作为一个施工段($m_4=5$)。考虑到内部抹灰工艺上的要求,在每一施工段上的持续时间最少需 3~5 天,本例中,取 $t_4=3$。考虑装修工程内部各工程搭配所需的间歇时间为 9 天,则装修工程的施工持续时间为

$$T_4 = (m_4+n_4-1)t_4 + \Sigma t_j = (5+7-1)\times 3+9 = 42(天)$$

本例中,主体砌筑砖墙是在基础工程的回填土为其创造了足够的工作面后才开始,即,在第一施工段上土方回填后开始砌筑砖墙,因此基础工程与主体工程两个分部工程相互搭接 4 天。同样,装修工程与主体工程两个分部工程考虑 2 天搭接时间。屋面工程与装修工程平行施工,不占工期。因此,总工期可用下式计算:

$$T = T_1+T_2+T_4-\Sigma d = 19+34+42-(4+2) = 89(天)$$

该工程流水施工进度计划安排如图 3-16 所示。

序号	分部分项工程名称	工程量 单位	工程量 数量	产量定额	劳动量 需要	劳动量 采用	需用机械 名称	需用机械 台班数	工作持续天数	每天工作班数	每班人数	混工作组成或专业组
一	基础工程											
1	基槽挖土	m³	432	36	36	36	蟹斗式挖土机	12	6	2	6	3
2	混凝土垫层	m³	23	1.63	14	15			1.5	1	10	10
3	基础钢筋绑扎	kg	5457	480	11	12			6	1	2	2
4	基础混凝土	m³	110	1.58	70	72	混凝土搅拌机		6	1	12	12
5	砌基础墙	m³	82	1.36	60	60			6	1	10	10
6	回填土	m³	399	5.3	76	72			6	1	12	6
二	主体工程											
7	砌砖墙	m³	1026	1.04	985	960	井架		30	1	32	16
8	圈梁 绑扎钢筋	kg	10000	10	150				15		15	15
	浇筑混凝土	m³	78	0.78	230	225	混凝土搅拌机		15			
9	安装楼板和楼梯	块/座	1320/3	167/1.6	209	210	台灵架挺杆	15	15	1	14	14
10	楼板灌缝	m	4200	85	49	45			15	1	3	3
三	屋面工程											
11	屋面第二次灌缝	m²	840	85	10	10			1	1	10	10
12	细石混凝土面层	m²	639	19.8	32	32			1	2	16	16
13	贴分仓缝	m	161	1.6	10	15			3	1	5	5
四	装饰工程											
14	安装钢门窗	只	318	2.5	127	120			15	1	8	8
15	室内地坪三合土	m²	408	0.68	60	60			4	1	15	15
16	楼地面及楼梯抹面	m²	2550/120	19.8/2.4	178	180			15	1	12	12
17	安装吊篮架子	只	54	2	27	27	卷扬机		3	1	9	9
18	外墙抹灰	m²	1782	8.4	213	210	灰浆搅拌机		15	1	14	14
19	拆除吊篮架子	只	54	3	18	18	卷扬机		2	1	9	9
20	天棚抹灰	m²	2658	8.2	326	315	灰浆搅拌机		15	1	21	21
21	内墙抹灰	m²	3051	11.4	268	270	灰浆搅拌机		15	1	18	18
22	安装木门	扇	210	7	30	30			15	1	2	2
23	安装玻璃	m²	318	10	32	30			15	1	5	5
24	油漆门窗	m²	738	9.6	77	75			15	1	5	5
25	其他		约15%			451						
26	卫生技术安装工程											
27	电气安装工程											

技术经济指标

工期	89天
总工日数	3460工日
每天平均人数	39人
每天最大人数	66人

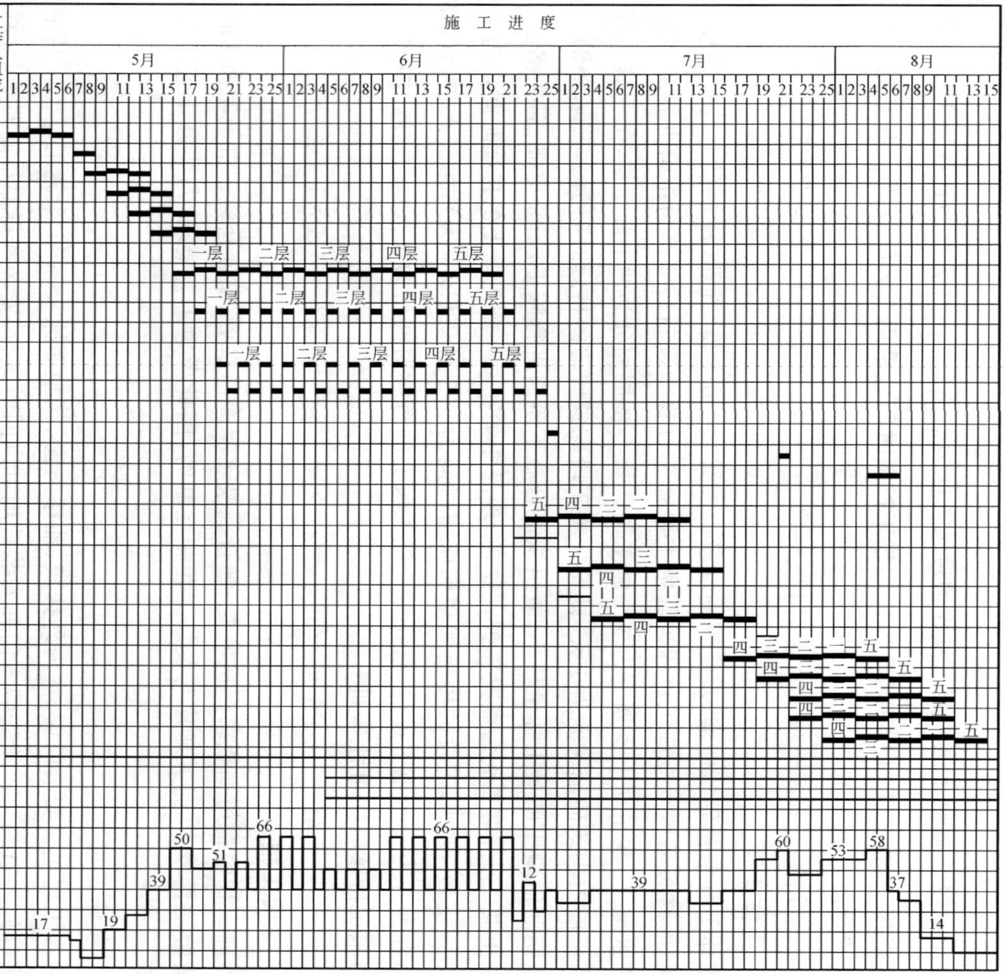

图 3-16　五层三单元砖混结构居住房屋施工进度计划

复习思考题

3-1 组织施工有哪几种方式? 各自有哪些优缺点? 适用范围是什么?

3-2 组织流水施工的要点和条件有哪些?

3-3 流水施工组织中,主要参数有哪些? 试分别叙述它们的含义。

3-4 施工过程的划分与哪些因素有关?

3-5 施工段划分的基本要求是什么? 如何正确划分施工段?

3-6 当组织楼层结构流水施工时,施工段数与施工过程数应满足什么条件? 为什么?

3-7 什么叫流水节拍与流水步距? 确定流水节拍时要考虑哪些因素?

3-8 流水施工的时间参数如何计算确定?

3-9 流水施工按节奏特征不同可分为哪几种方式? 各有什么特点?

习题

3-1 某工程有 A、B、C 3 个施工过程,每个施工过程均划分为 4 个施工段。设 $t_A = 2$ 天,$t_B = 4$ 天,$t_C = 3$ 天。试分别计算依次施工、平行施工及流水施工的工期,并绘出各自的施工进度计划。

3-2 某工程有 A、B、C、D、E 5 个施工过程,每个施工过程均划分为 6 个施工段。设 $t_A = 4$ 天,$t_B = 3$ 天,$t_C = 5$,$t_D = 4$ 天,$t_E = 2$ 天。(1)试计算各相邻施工过程之间的流水步距;(2)计算总工期;(3)绘制流水施工进度表。

3-3 已知某工程任务划分为 6 个施工过程,分 5 段组织流水施工,流水节拍均为 4 天。在第二个施工过程结束后有 2 天技术和组织间歇时间,试计算其工期并绘制进度计划。

3-4 某工程 A、B、C、D 4 个施工过程,分 12 个施工段,$t_A = 4$ 天,$t_B = 6$ 天,$t_C = 2$,$t_D = 4$ 天,试组织成倍节拍流水施工,计算工期并绘制进度表。

3-5 试根据下表数据,(1)计算各流水步距和工期;(2)绘制流水施工进度表。

施工过程 \ 施工段	I	II	III	IV	V	VI
A	2	4	3	4	3	4
B	2	3	2	4	3	3
C	4	3	5	4	5	3
D	3	2	3	4	4	3
E	4	5	3	4	4	4

第 **4** 章

网络计划基本知识

为了适应生产发展和科技进步的要求,自 20 世纪 50 年代中期开始,国外陆续出现了一些用网络图形表达的计划管理新方法,如关键线路法(CPM)、计划评审技术(PERT)等。由于这些方法都建立在网络图的基础上,因此统称为网络计划方法。我国从 20 世纪 60 年代中期开始引进这种方法,经过多年的实践与应用,至今得到了不断推广和发展。为了使网络计划在计划管理中遵循统一的技术标准,做到概念一致、计算原则和表达方式统一,以保证计划管理的科学性,提高企业管理水平和经济效益,建设部于 1992 年颁发了《工程网络计划技术规程》(JGJ/T 1001—1991)。本章主要叙述网络计划的基本概念、基本方法和具体应用。

4.1 网络计划的基本概念

网络计划方法的基本原理是:首先绘制工程施工网络图,以此表达计划中各施工过程先后顺序的逻辑关系;然后分析各施工过程在网络图中的地位,通过计算找出关键的线路及施工过程;接着按选定目标不断改善计划安排,选择优化方案,并付诸实施;最后在执行过程中进行有效的控制和监督。

在建筑施工中,网络计划方法主要用来编制建筑企业的生产计划和工程施工的进度计划,并对计划进行优化、调整和控制,以达到缩短工期、提高工效、降低成本、增加经济效益的目的。

4.1.1 横道计划与网络计划的特点分析

某分部工程有 A、B、C 3 个施工过程,每个施工过程划分 3 个施工段,其流水节拍分别为 $t_A=3$ 天、$t_B=2$ 天和 $t_C=1$ 天。该分部工程用横道图表示的进度计划(横道计划)如图 4-1 所示;用网络图表示的网络计划如图 4-2 所示。

从图 4-1 和图 4-2 中可以看出:横道计划是结合时间坐标线,用一系列水平线段分别表示各施工过程的施工起止时间及其先后顺序;而网络计划是由一系列箭线和节点所组成的网状图形来表示各施工过程先后顺序的逻辑关系。

1. 横道计划的优缺点

横道计划具有编制比较容易,绘图比较简便,排列整齐有序,表达形象直观,便于统计劳动力、材料及机具的需要量等优点。这种方法已为建筑企业的施工管理人员所熟悉和掌握,目前仍被广泛采用,但它存在如下缺点:

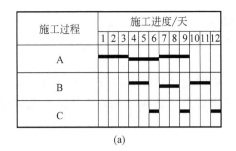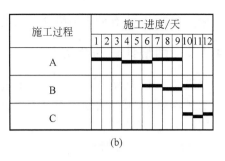

图 4-1　横道计划

(a) 部分施工过程间断施工；(b) 各施工过程连续施工

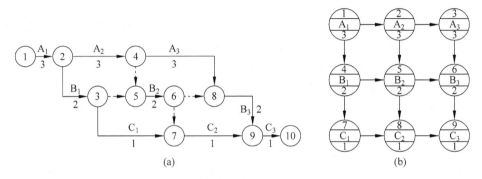

图 4-2　网络计划

(a) 双代号网络计划；(b) 单代号网络计划

(1) 不能反映各施工过程之间的相互制约、相互联系、相互依赖的逻辑关系；

(2) 不能明确指出哪些施工过程是关键的，哪些不是关键的，即不能明确表明某个施工过程的推迟或提前完成对整个工程任务完成的影响程度；

(3) 不能计算每个施工过程的各项时间指标，既不能指出在总施工期限不变的情况下某些施工过程存在的机动时间，也不能指出计划安排的潜力有多大；

(4) 不能应用电子计算机进行计算，更不能对计划进行科学的调整与优化。

2. 网络计划的优缺点

网络计划与横道计划相比，具有以下一些优点：

(1) 能明确地反映各个施工过程之间的逻辑关系，使各个施工过程组成一个有机的整体；

(2) 由于施工过程之间的逻辑关系明确，便于进行各种时间参数计算，有助于进行定量分析；

(3) 能在错综复杂的计划中找出影响整个工程进度的关键施工过程，便于管理人员集中精力抓施工中的主要矛盾，确保按期竣工，避免盲目抢工；

(4) 可以利用计算得出的某些施工过程的机动时间，更好地利用和调配人力、物力，达到降低成本的目的；

(5) 可以用电子计算机对复杂的计划进行计算、调整与优化，实现计划管理的科学化。

网络计划虽然具有以上的优点，但也存在一些缺点，如表达计划不直观、不易看懂、不能反映出流水施工的特点、不易显示资源平衡情况等。采用流水网络计划和时标网络计划，有助于克服这些缺点,也有助于网络计划的推广应用。

4.1.2　网络计划的分类

在建筑施工中,网络计划是表现施工进度计划的一种较好形式,它能明确反映各施工过程之间的逻辑关系,可以编制各种建筑物或建筑群的施工进度计划。为了适应施工进度计划的不同用途,网络计划有以下几种分类方法。

1. 按网络计划的工程对象划分

根据网络计划的工程对象不同和使用范围大小,网络计划可分为局部网络计划、单位工程网络计划和总体网络计划。

1）局部网络计划

局部网络计划是以建筑物的某一分部或某一施工阶段为对象编制的分部工程（或施工阶段）网络计划。例如:可以按基础、主体、装修等不同施工阶段分别编制;也可以按土建施工、设备安装、材料供应等不同专业分别编制。

2）单位工程网络计划

单位工程网络计划是以一个单位工程为对象编制的网络计划,如一幢教学楼、办公楼或住宅楼的施工网络计划。

3）总体网络计划

总体网络计划是以整个建设项目为对象编制的网络计划,如一个建筑群体或新建工厂等大中型项目的施工网络计划。

2. 按网络计划的性质和作用划分

根据网络计划的性质和作用不同,网络计划可分为实施性网络计划和控制性网络计划。

1）实施性网络计划

实施性网络计划的编制对象为分部、分项工程,以局部网络计划的形式编制,其中施工过程划分较细,计划期较短。它是管理人员在现场具体指导施工的计划,是控制性网络计划的基础。较简单的单位工程也可编制实施性网络计划。

2）控制性网络计划

控制性网络计划以单位工程网络计划和总体网络计划的形式编制,它是上级管理机构指导工作、检查和控制进度计划的依据,也是编制实施性网络计划的依据。

3. 按网络计划的时间表达划分

根据网络计划的时间表达方法不同,网络计划可分为无时标网络计划和时标网络计划。

1）无时标网络计划

无时标网络计划的各施工过程的持续时间,用数字写在箭线的下面,箭线的长短与时间的长短无关。

2）时标网络计划

时标网络计划是以横坐标为时间坐标,箭线的长度受时标的限制,箭线在时间坐标上的投影长度可直接反映施工过程的持续时间。

4. 按网络计划的图形表达划分

根据网络计划的图形表达方法不同,网络计划可分为双代号网络计划、单代号网络计划、流水网络计划和时标网络计划等。

4.2 双代号网络计划

4.2.1 双代号网络图

用一个箭线表示一个施工过程,施工过程名称写在箭线上面,施工持续时间写在箭线下面,箭尾表示施工过程开始,箭头表示施工过程结束。在箭线的两端分别画一个圆圈作为节点,并在节点内进行编号,用箭尾节点号码 i 和箭头节点号码 j 作为这个施工过程的代号,如图 4-3 所示。由于各施工过程均用两个代号表示,所以叫做双代号表示方法。用这种表示方法把一项计划中的所有施工过程按先后顺序及其相互之间的逻辑关系从左到右绘制成的网状图形就叫做双代号网络图,如图 4-2(a)所示。用这种网络图表示的计划叫做双代号网络计划。

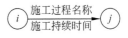

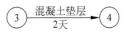

图 4-3 双代号表示方法

4.2.2 双代号网络图的组成

双代号网络图由箭线、节点和线路三个要素所组成,现将其含义和特性叙述如下。

1. 箭线

(1) 一个箭线表示一个施工过程(或一件工作)。箭线表示的施工过程可大可小:在总体(或控制性)网络计划中,箭线可表示一个单位工程或一个工程项目;在单位工程网络计划中,一个箭线可表示一个分部工程(如基础工程、主体工程、装修工程等);在实施性网络计划中,一个箭线可表示一个分项工程(如挖土、垫层、浇筑混凝土等)。

(2) 每个施工过程的完成都要消耗一定的时间及资源。只消耗时间不消耗资源的混凝土养护、砂浆找平层干燥等技术间歇,如单独考虑时,也应作为一个施工过程来对待。各施工过程均用实箭线来表示。

(3) 在双代号网络图中,为了正确表达施工过程的逻辑关系,有时必须使用一种虚箭线(一端带箭头的虚线),如图 4-2(a)中的④-- ►⑤。虚箭线是既不消耗时间,也不消耗资源的一个人为虚设的施工过程(称虚工作),一般不标注名称,持续时间为零。它在双代号网络图中起施工过程之间逻辑连接或逻辑断路的作用。

(4) 箭线的长短一般不表示持续时间的长短(时标网络例外)。箭线的方向表示施工过程的进行方向,应保持自左向右的总方向。为使图形整齐,表示施工过程的箭线宜画成水平箭线或由水平线段和竖直线段组成的折线箭线。虚工作可画成水平的或竖直的虚箭线,也可画成折线形虚箭线。

(5) 网络图中,凡是紧接于某施工过程箭线箭尾端的各过程,叫做该过程的"紧前过程";紧接于某施工过程箭头端的各过程,叫做该过程的"紧后过程"。例如图 4-2(a)中,施工过程 A_1 为过程 B_1、A_2 的紧前过程,施工过程 B_1、A_2 为过程 A_1 的紧后过程。

2. 节点

在双代号网络图中,用圆圈表示的各箭线之间的连接点称为节点。节点表示前面施工过程结束和后面施工过程开始的瞬间。节点不需要消耗时间和资源。

1）节点的分类

网络图的节点有起点节点、终点节点、中间节点等。网络图的第一个节点为起点节点，它表示一项计划（或工程）的开始。网络图的最后一个节点称为终点节点，它表示一项计划（或工程）的结束。其余节点都称为中间节点。任何一个中间节点既是其紧前各施工过程的结束节点，又是其紧后各施工过程的开始节点，如图 4-4 所示。

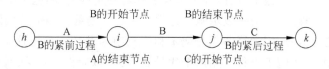

图 4-4　开始节点与结束节点

2）节点的编号

网络图中的每一个节点都要编号。编号的顺序是：从起点节点开始，依次向终点节点进行。编号的原则是：每一个箭线的箭尾节点代号 i 必须小于箭头节点代号 j（即 $i<j$）；所有节点的代号不能重复出现。

3．线路

从网络图的起点节点到终点节点，沿着箭线方向顺序通过一系列箭线与节点的通路称为线路。网络图中的线路可依次用该线路上的节点代号来记述。网络图可有多条线路，每条不同的线路所需的时间之和往往各不相等，其中时间之和最大者称为关键线路，其余的线路为非关键线路。位于关键线路上的施工过程称为关键施工过程，这些施工过程的持续时间长短直接影响整个计划完成的时间。关键施工过程在网络图中通常用粗箭线或双箭线或彩色箭线表示。有时，在一个网络图中也可能出现几条关键线路，即这几条关键线路的施工持续时间相等。

关键线路不是一成不变的。在一定条件下，关键线路和非关键线路可以互相转换。例如，当关键施工过程的时间缩短或非关键施工过程的时间延长时，就有可能使关键线路转移。

如图 4-2(a) 所示的网络图，其线路数目和线路持续时间如下：

第一条线路：①→②→④→⑧→⑨→⑩＝3＋3＋3＋2＋1＝12（天）

第二条线路：①→②→④→⑤→⑧→⑨→⑩＝3＋3＋2＋2＋1＝11（天）

第三条线路：①→②→④→⑤→⑥→⑦→⑩＝3＋3＋2＋1＋1＝10（天）

第四条线路：①→②→⑤→⑥→⑧→⑨→⑩＝3＋2＋2＋2＋1＝10（天）

第五条线路：①→②→⑤→⑧→⑨→⑩＝3＋2＋2＋1＋1＝9（天）

第六条线路：①→②→③→⑦→⑨→⑩＝3＋2＋1＋1＋1＝8（天）

由上述分析可知，第一条线路的持续时间最长，即为关键线路。它决定着该项工程的计算工期，如果该线路的完成时间提前或拖延，则整个工程的完成时间将发生变化。

前述第一条线路的持续时间为 12 天，而其余各条线路的持续时间均小于 12 天，都是非关键线路。其中第二条线路的时间为 11 天，称为次关键线路。非关键线路都有若干天的机动时间。例如第六条线路的持续时间为 8 天，即在不影响计划工期的前提下，第六条线路可有 4 天的机动时间，这就是时差。非关键施工过程可以在时差允许范围内放慢施工进度，将部分人力、物力转移到关键施工过程上去，以加快关键施工过程的进行；或者在时差允许范围内改变施工过程开始和结束时间，以达到均衡施工的目的。

4.2.3 网络图的逻辑关系及其正确表示

网络图的绘制是网络计划方法应用的关键。要正确绘制网络图,必须正确反映逻辑关系,遵守绘图的基本规则。

1. 逻辑关系

逻辑关系是指网络计划中所表示的各个施工过程之间的先后顺序关系。这种顺序关系可划分为两大类:一类是施工工艺的关系,称为工艺逻辑;另一类是施工组织的关系,称为组织逻辑。

1) 工艺逻辑

工艺逻辑是由施工工艺所决定的各个施工过程之间客观上存在的先后顺序关系。对于一个具体的分部工程来说,当确定了施工方法以后,则该分部工程的各个施工过程的先后顺序一般是固定的,有的是绝对不能颠倒的。

2) 组织逻辑

组织逻辑是施工组织安排中,考虑劳动力、机具、材料或工期等影响,在各施工过程之间主观上安排的先后顺序关系。这种关系不受施工工艺的限制,不是工程性质本身决定的,而是在保证施工质量、安全和工期等前提下,可以人为安排的顺序关系。

2. 逻辑关系的正确表示

在网络图中,各施工过程之间有多种逻辑关系。在绘制网络图时,必须正确反映各施工过程之间的逻辑关系。

(1) 如果施工过程 A、B、C 依次完成,其逻辑关系如图 4-5 所示,即施工过程 A 的后面为 B,B 的后面为 C。

(2) 如果施工过程 B、C 在 A 完成后才能开始,其逻辑关系如图 4-6 所示。即施工过程 A 的结束节点为 B、C 的开始节点。

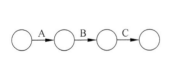

图 4-5 A、B、C 依次施工的
逻辑关系

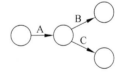

图 4-6 A 完成后 B、C 才能开始
的逻辑关系

(3) 如果施工过程 C、D 在 A、B 完成后即开始,其逻辑关系如图 4-7 所示,即施工过程 A、B 的结束节点为 C、D 的开始节点。

(4) 如果施工过程 C 在 A、B 完成后才能开始,而施工过程 D 则在 B 完成后就可开始,即 C 受控于 A 和 B,而 D 与 A 无关。此时必须引进虚箭线,使 B、C 两个施工过程连接起来,如图 4-8 所示。这里,虚箭线起到了逻辑连接作用。

(5) 如果施工过程 C 随 A 后、E 随 B 后,而施工过程 A、B 完成后 D 才开始,即 D 受控于 A、B,而 C 与 B 无关,E 与 A 无关,此时应分别引入虚箭线连接 A、D 和 B、D,才

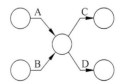

图 4-7 A、B 完成后 C、D 才能
开始的逻辑关系

能正确反映它们的逻辑关系,如图 4-9 所示。

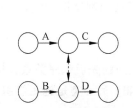

图 4-8　虚箭线的逻辑连接(一)

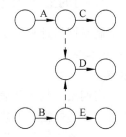

图 4-9　虚箭线的逻辑连接(二)

　　(6)用网络图表示流水施工时,在两个没有关系的施工过程之间有时会产生有联系的错误。此时,必须用虚箭线切断不合理的联系,消除逻辑上的错误。

　　例如,某主体工程有砌墙、浇筑圈梁、吊装楼板三个施工过程,分三个施工段组织流水施工。如画成图 4-10 所示的网络图,则是错误的。因为吊板 1 与砌墙 2、吊板 2 与砌墙 3 之间本来没有逻辑关系,而该图却表明有联系。

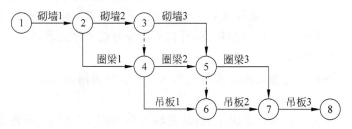

图 4-10　逻辑关系错误的画法

　　消除这种错误的方法,是用虚箭线切断错误的联系,其正确的网络图如图 4-11 所示。这里增加了③- - ▸⑤和⑥- - ▸⑧两个虚箭线,起到了逻辑间断的作用。

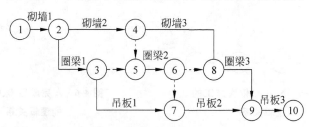

图 4-11　逻辑关系正确的画法

　　常见的逻辑关系表达示例见表 4-1。

表 4-1　双代号网络逻辑关系表达示例

序号	各活动之间的逻辑关系	用双代号网络图的表达方式
1	A 完成后,进行 B 和 C	① — A → ② ⟨ B → ③ / C → ④ ⟩

续表

序号	各活动之间的逻辑关系	用双代号网络图的表达方式
2	A、B 完成后,进行 C 和 D	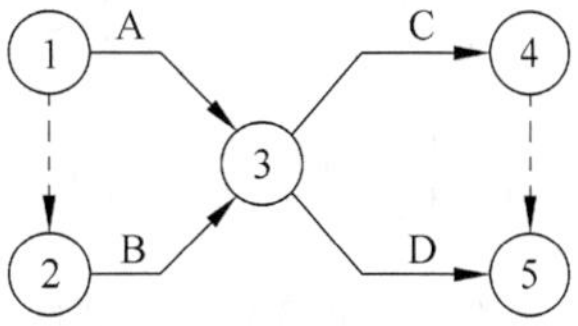
3	A、B 完成后,进行 C	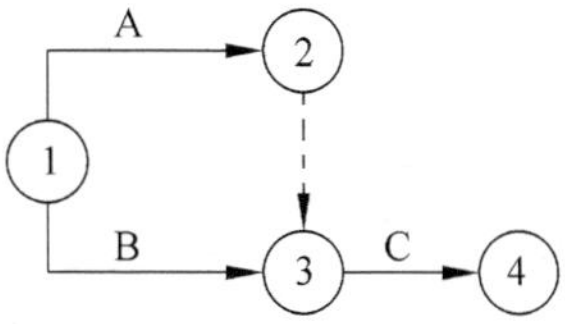
4	A 完成后,进行 C; A、B 完成后,进行 D	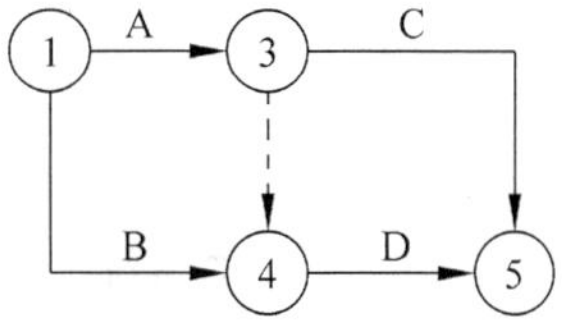
5	A、B 完成后,进行 D; A、B、C 完成后,进行 E; D、E 完成后,进行 F	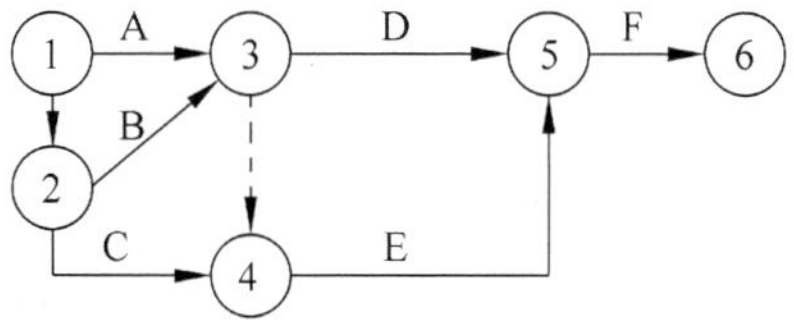
6	A、B 活动分成三个施工段; A₁ 完成后,进行 A₂、B₁; A₂ 完成后,进行 A₃; A₂ 及 B₁ 完成后,进行 B₂; A₃ 及 B₂ 完成后,进行 B₃	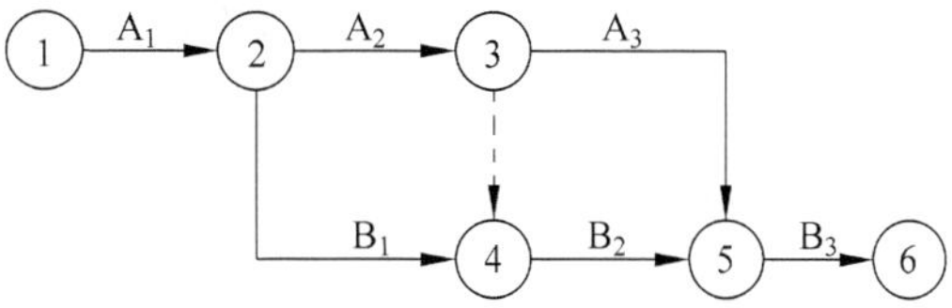
7	A 完成后,进行 B; B、C 完成后,进行 D	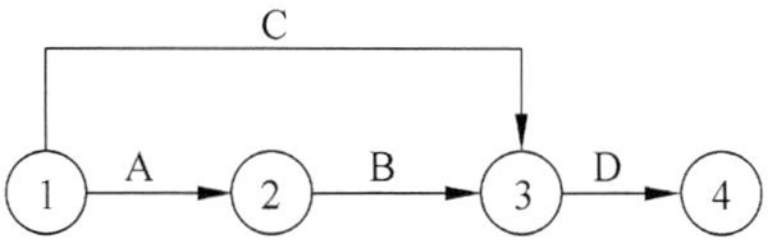

4.2.4 网络图绘制的基本规则及其要求

1. 绘图规则

(1) 在一个网络图中,只允许有一个起点节点和一个终点节点。图 4-12 中,出现①、②两个起点节点是错误的,出现⑦、⑧两个终点节点也是错误的。

(2) 在网络图中,不允许出现循环回路,即不允许从一个节点出发,沿箭线方向再返回到原来的节点。在图 4-13 中,②→③→⑤→②就组成了循环回路,导致违背逻辑关系的错误。

(3) 在一个网络图中,不允许出现同样编号的节点或箭线。在图 4-14(a)中,A、B、C 三个施工过程均用①→②代号表示是错误的,正确的表达应如图 4-14(b)或(c)所示。

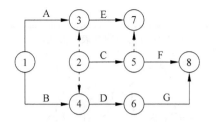

图 4-12　只允许有一个起点节点(或终点节点)

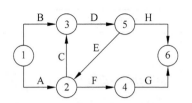

图 4-13　不允许出现循环回路

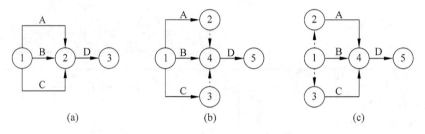

图 4-14　不允许出现相同编号的节点或箭线

(a) 错误；(b)、(c) 正确

(4) 在一个网络图中,不允许出现一个代号代表一个施工过程。如图 4-15(a)中,施工过程 D 与 A 的表达是错误的,正确的表达应如图 4-15(b)所示。

(5) 在网络图中,不允许出现无指向箭头或有双向箭头的连线。在图 4-16 中③→⑤线连无箭头,②→⑤连线有双向箭头,均是错误的。

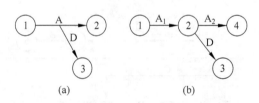

图 4-15　不允许出现一个代号代表一项工作

(a) 错误；(b) 正确

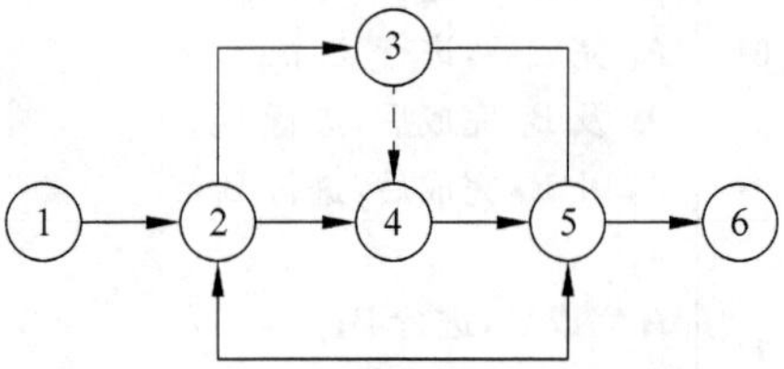

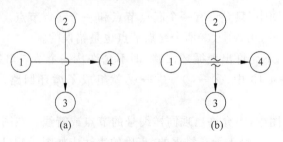

图 4-16　不允许出现双向箭头及无箭头

(6) 在网络图中,应尽量减少交叉箭线,当无法避免时,应采用过桥法或断线法表示。图 4-17(a)为过桥法形式,图 4-17(b)为断线法表示。

图 4-17　箭杆交叉的处理方法

(a) 过桥法；(b) 断线法

（7）在网络图中，不允许出现没有箭尾节点的箭线和没有箭头节点的箭线。

（8）网络图必须按已定的逻辑关系绘制。

2. 绘制步骤

（1）绘草图——绘出一张符合逻辑关系的网络图草图。其步骤是：首先画出从起点节点出发的所有箭线；接着从左至右依次绘出紧接其后的箭线，直至终点节点；最后检查网络图中各施工过程的逻辑关系。

（2）整理网络图——使网络图条理清楚、层次分明。

3. 绘制要求

遵循网络图的绘图规则，是保证网络图绘制正确的前提。但为了使图面布置合理、层次分明、重点突出，在绘图时还应注意网络图的构图形式。

（1）通常网络图的箭线应以水平线为主，竖线和斜线为辅，如图 4-18(a)所示。不应画成曲线，如图 4-18(b)所示②→⑦。

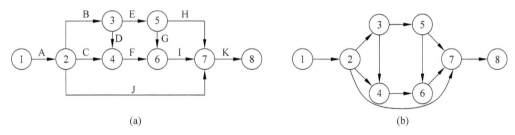

(a)   (b)

图 4-18 绘制要求（一）

(a) 较好；(b) 较乱

（2）在网络图中，箭线应保持自左向右的方向，尽量避免"反向箭线"。如在图 4-19(a)中，正确的画法应如图 4-19(b)所示。

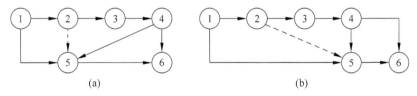

(a)   (b)

图 4-19 绘制要求（二）

(a) 较差；(b) 较好

4. 绘图示例

根据表 4-2 中某工程各施工过程的逻辑关系绘制双代号网络图。

表 4-2 某工程各施工过程的逻辑关系

施工过程	A	B	C	D	E	F	G	H	I	J	K
紧前过程	无	A	A	B	B	E	A	D、C	E	F、G、H	I、J
紧后过程	B、C、G	D、E	H	H	F、I	J	J	J	K	K	无

该网络图的绘制步骤如下：

（1）从 A 出发绘出其紧后过程 B、C、G；

（2）从 B 出发绘出其紧后过程 D、E；

（3）从 C、D 出发绘出其紧后过程 H；

（4）从 E 出发绘出其紧后过程 F、I；

（5）从 F、G、H 出发绘出其紧后过程 J；

（6）从 I、J 出发绘出其紧后过程 K。

根据以上步骤绘出草图后，再检查每个施工过程之间的逻辑关系是否正确，最后绘成网络图，如图 4-20 所示。

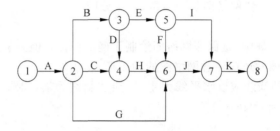

图 4-20   网络图的绘制步骤

4.2.5   网络图的排列方法、合并、连接和详略组合

1. 网络图的排列方法

在网络计划的实际应用中，要求网络图按一定的次序组织排列，做到条理清楚、层次分明、形象直观。

1）按施工过程排列

这种方法是根据施工顺序把各施工过程按垂直方向排列，施工段按水平方向排列。

例如，某基础工程有挖土、垫层、砌砖基础、回填土等施工过程，分 3 个施工段组织流水施工，其按施工过程排列的网络图形式如图 4-21 所示。

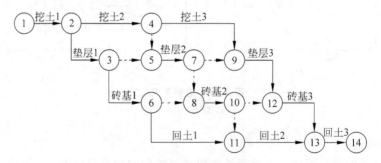

图 4-21   按施工过程排列

2）按施工段排列

这种方法是把同一施工段上的有关施工过程按水平方向排列，施工段按垂直方向排列。上例按施工段排列的形式，如图 4-22 所示。

3）按楼层排列

如图 4-23 所示，这是一个五层内装修分 4 个施工过程按自上而下顺序组织施工的网络计划。当有若干个施工过程沿着房屋的楼层按一定顺序组织施工时，其网络计划一般都可以按此方法排列。

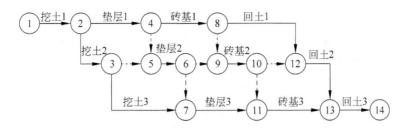

图 4-22　按施工段排列

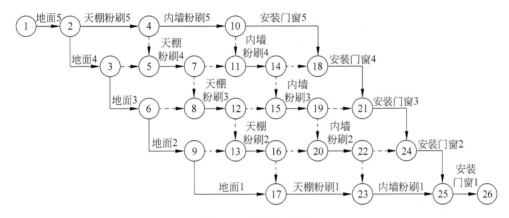

图 4-23　按楼层排列

4) 按工程幢号排列

如图 4-24 所示的排列方法一般用于多幢房屋的群体工程施工网络计划。它是将每幢房屋划分为若干个分部工程并将它们按水平方向排列,幢号按垂直方向排列。

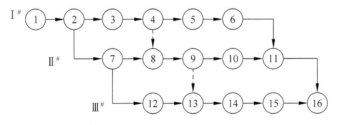

图 4-24　按工程幢号排列

网络计划的排列方法还有许多种。在具体指导施工时,可以根据不同的工程性质和施工组织要求,采用各种各样有规律、有层次的排列方法。

2. 网络图的合并

为了简化网络图,可以将某些相对独立的局部网络合并为少量的箭线。如图 4-25(a)的图形,合并后如图 4-25(b)所示。合并后箭线⑥→⑨的持续时间应以图 4-25(a)中最长的线路计算。又如图 4-26(a)中,节点⑦、⑪是两个与外部施工过程相联系的节点,在合并中必须保留这两个节点。其合并后各箭线所表示的持续时间均应等于合并前网络图中相应最长线路时间。

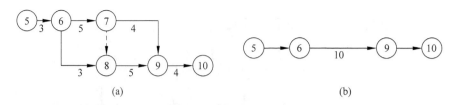

图 4-25　网络图的合并（一）

（a）合并前；（b）合并后

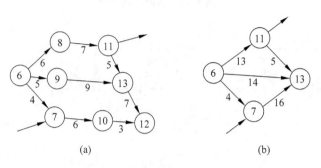

图 4-26　网络图的合并（二）

（a）合并前；（b）合并后

3．网络图的连接

在编制一个工程规模比较复杂或有多幢房屋工程的网络计划时，一般先按不同的分部工程编制局部网络图，然后根据其相互之间的逻辑关系进行连接，形成一个总体网络图。图 4-27 所示为由分别绘制的基础、主体和装修三个分部工程局部网络图连接而成的总体网络图。

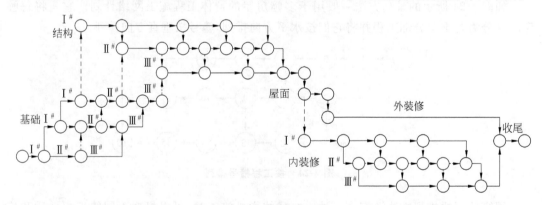

图 4-27　网络图的连接

为了便于把分别编绘的局部网络图连接起来，绘制局部网络图时要考虑好彼此之间的联系，相关节点的编号要一致；也可采取连接后再编号的办法。

4．网络图的详略组合

在一个施工计划的网络图中，应以"局部详细，整体粗略"的方式来突出重点，说明计划中的主要问题；或者采用某阶段详细、其他相同阶段粗略的方法使图形简化。这种方式在标准层施工中最为常用。

例如多层或高层住宅中上下若干层一般是统一的标准设计，各层的施工过程及工程量大致相同。所以,在编制其施工网络计划时,只要详细绘制一个标准层的网络图,其他相同层就可以简略绘制。如图 4-28 所示为一个五层的房屋工程,其二层至五层相同。绘制网络图时,先画一个二层的标准层网络图,其他三层至五层的情况,因为与二层相同,故用一条箭线表示即可,其持续时间分别为 T。

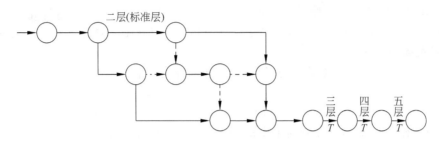

图 4-28　网络图的详略组合

4.3　双代号网络图的时间参数

如果在网络图中将各个工作的持续时间加上,就成为网络计划。在掌握网络图绘制以后,就要对网络计划中的时间参数进行计算。计算时间参数的目的就在于确定网络计划上各项工作和节点的时间参数,为网络计划的优化、执行和控制提供明确的时间概念。网络计划的时间参数主要包括:

(1) 各个节点的最早时间和最迟时间;

(2) 各项工作的最早可能开始时间、最早可能结束时间、最迟必须开始时间和最迟必须结束时间;

(3) 各项工作的有关时差等。

网络计划时间参数的计算方法一般常用图上计算法、表上计算法、矩阵计算法和电算法等。下面主要介绍时间参数的图上计算法。

图上计算法是直接在已绘制好的网络计划上进行计算,简单直观,应用广泛。双代号网络计划时间参数的计算方法有节点计算法和工作计算法两种。

下面介绍时间参数的符号表达方法。

1. 节点参数

ET_i——i 节点的最早时间;

ET_j——j 节点的最早时间;

LT_i——i 节点的最迟时间;

LT_j——j 节点的最迟时间。

2. 工作参数

D_{i-j}——$i-j$ 工作持续时间;

ES_{i-j}——$i-j$ 工作的最早开始时间;

LS_{i-j}——$i-j$ 工作的最迟开始时间;

EF_{i-j}——$i-j$ 工作的最早完成时间;

LF_{i-j}——$i-j$ 工作的最迟完成时间;

TF_{i-j}——$i-j$ 工作的总时差；

FF_{i-j}——$i-j$ 工作的自由时差。

3. 时间参数的图上标注形式（见图 4-29）

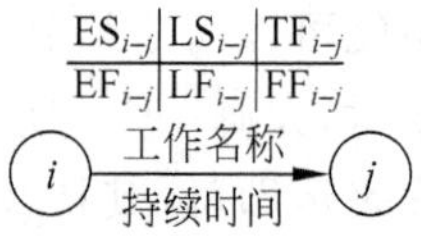

4. 时间参数的计算方法和步骤（按工作计算法计算时间参数）

（1）计算工作的最早开始时间 ES_{i-j}。

工作的最早开始时间 ES_{i-j} 应从网络计划的起点节点开始顺着箭线方向依次逐项计算。

① 以起点节点 i 为箭尾节点的工作 $i-j$，如未规定最早开始时间 ES_{i-j} 时，其值应等于零。即

$$\mathrm{ES}_{i-j}=0, \quad i=1$$

② 当工作 $i-j$ 只有一项紧前工作 $h-i$ 时，其最早开始时间 ES_{i-j} 应为：

$$\mathrm{ES}_{i-j}=\mathrm{ES}_{h-i}+\mathrm{D}_{h-i}$$

③ 当工作 $i-j$ 有多个紧前工作时，其最早开始时间 ES_{i-j} 应为：

$$\mathrm{ES}_{i-j}=\max\{\mathrm{ES}_{h-i}+\mathrm{D}_{h-i}\}$$

以上步骤②和③，可以概括为："顺箭头方向相加，箭头相碰取大值。"

（2）工作 $i-j$ 的最早完成时间为 $\mathrm{EF}_{i-j}=\mathrm{ES}_{i-j}+\mathrm{D}_{i-j}$。

（3）网络计划的计算工期为 $T_c=\max\{\mathrm{EF}_{i-n}\}$。

（4）网络计划的计划工期 T_p 的计算应按下列情况分别确定：

① 当已规定了要求工期 T_r 时，$T_p \leqslant T_r$；

② 当未规定要求工期 T_r 时，$T_p \leqslant T_c$。

（5）计算工作的最迟完成时间 LF_{i-j}。

① 工作 $i-j$ 的最迟完成时间 LF_{i-j} 应从网络计划的终点节点开始，逆着箭线的方向依次逐项计算。

② 终点节点$(j=n)$为箭头节点的工作的最迟完成时间 LF_{i-j} 应按网络计划的计划工期 T_p 确定，即

$$\mathrm{LF}_{i-j}=T_p$$

③ 其他工作的最迟完成时间 LF_{i-j} 应为

$$\mathrm{LF}_{i-j}=\min\{\mathrm{LF}_{j-k}-\mathrm{D}_{j-k}\}$$

可以概括为："逆箭头方向相减，箭尾相碰取小值。"

（6）工作 $i-j$ 的最迟开始时间应按下式计算：

$$\mathrm{LS}_{i-j}=\mathrm{LF}_{i-j}-\mathrm{D}_{i-j}$$

（7）工作 $i-j$ 的总时差的计算。

工作的总时差是在不影响总工期的前提下，本工作可以利用的机动时间。其值按下式计算：

$$\mathrm{TF}_{i-j}=\mathrm{LS}_{i-j}-\mathrm{ES}_{i-j}$$

$$\mathrm{TF}_{i-j}=\mathrm{LF}_{i-j}-\mathrm{EF}_{i-j}$$

（8）工作 $i-j$ 的自由时差的计算。

工作的自由时差是在不影响其紧后工作最早开始时间的前提下，本工作可以利用的机动时间。其值按下式计算：

$$\mathrm{FF}_{i-j}=\mathrm{ES}_{j-k}-\mathrm{ES}_{i-j}-\mathrm{D}_{i-j} \quad 或 \quad \mathrm{FF}_{i-j}=\mathrm{ES}_{j-k}-\mathrm{EF}_{i-j}$$

网络图时间参数计算如图 4-30 所示。$T_c=47$ 天，关键线路为：1→2→3→5→7→8。

图 4-29 时间参数标注方法

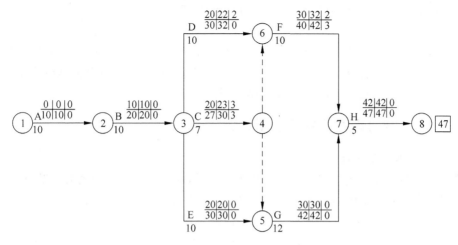

图 4-30　无时标网络计划

4.4　单代号网络计划

单代号网络图由节点、箭线和线路 3 个基本要素组成,见图 4-31。与双代号网络图相比,它具有绘图简单、逻辑关系明确和易于修改等优点。

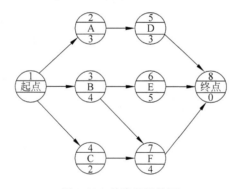

图 4-31　单代号网络图

4.4.1　单代号网络计划的组成

1. 节点

单代号网络图中节点表示工作(工序、活动),每一个节点表示一项工作,用圆圈或矩形表示,节点内应标明节点编号、工作名称和工作持续时间三项内容,见图 4-32。节点编号要求箭尾编号应小于箭头节点的编号,可以连续也可以间断,但不能重复,一个编号代表一项工作。

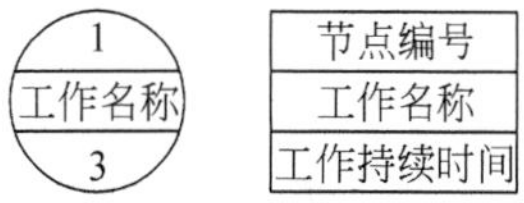

2. 箭线

单代号网络图中箭线表示各项工作之间的逻辑关系,既不消耗时间,也不消耗资源。相对于箭头和箭尾来说,箭尾节点是紧前工作,箭头节点是紧后工作。箭线应画出水平直线、折线或

1	节点编号
工作名称	工作名称
3	工作持续时间

图 4-32　单代号网络图中
节点的表示方法

斜线,箭线的水平投影方向应自左向右,表示工作的进展方向。

3. 线路

单代号网络图中线路含义与双代号网络图的完全一样,是指从网络图起点节点沿箭线方向,顺序通过一系列箭线和中间节点,到达终点节点的通路。它也分关键线路和非关键线路,其性质和线路时间计算方法与双代号网络图相同。

4.4.2 单代号网络计划的绘制方法

1. 单代号网络图的绘图规则

单代号网络图和双代号网络图的表达内容一样,均为工作之间的逻辑关系,只是采用的符号不同。双代号网络图的绘图规则在单代号网络图的绘制中都适用。

(1) 单代号网络图必须正确表达已定的逻辑关系。

(2) 单代号网络图中不允许出现双向箭头或无箭头连线。

(3) 单代号网络图中不允许出现没有箭头节点的箭线和没有箭尾节点的箭线。

(4) 单代号网络图中不允许出现循环线路。

(5) 绘制单代号网络图时,应避免箭线出现交叉,当交叉不可避免时,可采用过桥法或指向法。

(6) 单代号网络图中不允许出现相同编号的节点。

(7) 在单代号网络图中,只允许有一个起点节点和终点节点。当网络图中出现多项无内向节点的工作或多项无外向节点的工作时,应在网络图的最左端或最右端设一项虚工作,作为该网络计划的起点节点和终点节点。其他再没有虚工作,见图4-31。

2. 单代号网络图的绘制

单代号网络图的绘制应自左向右逐个处理各工作的逻辑关系,只有紧前工作都处理完成后,才能处理本工作,并使工作与紧前工作相连,由起点节点开始至终点节点结束。绘制完成后要认真检查图中的逻辑关系表达是否正确、是否符合绘图的基本规则,发现问题及时解决。此外,单代号网络图在布图方法和排列方法上同双代号网络图基本一致,尽量使图面布局合理,层次清晰,重点突出。

例:某混凝土工程,由支模板、绑扎钢筋和浇筑混凝土3个施工过程组成。各施工过程在每个施工段的持续时间分别为:支模4日、扎筋3日、浇筑4日。绘制单代号网络图,结果见图4-33。

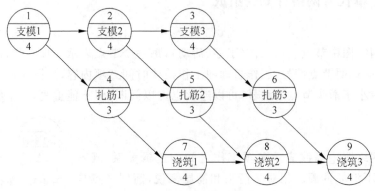

图4-33 单代号网络图

4.4.3　单代号网络计划的时间参数计算

单代号网络图的计算原理与双代号网络图的基本相同,只是自由时差的计算略有不同。

1. 工作最早开始时间的计算

1) 工作最早开始时间(ES_i)的计算

工作最早开始时间(ES_i)的计算应符合下列规定。

(1) 工作 i 最早开始时间(ES_i)应从网络计划的起点节点开始,沿着箭线方向依次逐项计算。

(2) 以起点节点 1 为箭尾节点的工作,当没有规定其最早开始时间(ES_i)时,其值应为 0,即

$$ES_i = 0, \quad i = 1$$

(3) 其他工作 i 的最早开始时间 ES_i 应为

$$ES_i = \max\{ES_h + D_h\}$$

式中,ES_h——工作 i 的紧前工作 h 的最早开始时间;

D_h——工作 i 的紧前工作 h 的工作持续时间。

2) 工作最早完成时间(EF_i)的计算

工作最早完成时间(EF_i)按下式计算:

$$EF_i = ES_i + D_i$$

2. 网络计划工期的计算

(1) 网络计划计算工期 T_c 根据时间参数计算得到的工期,可按下式计算:

$$T_c = EF_n$$

式中,EF_n——终点节点($i=n$)的工作 n 的最早完成时间。

(2) 网络计划工期 T_p 同双代号网络计划工期有关规定。

3. 工作最迟完成时间的计算

1) 工作最迟完成时间(LF_i)的计算

工作最迟完成时间(LF_i)计算应符合下列规定。

(1) 工作 i 最迟完成时间(LF_i)应从网络计划的终点节点开始,逆箭线方向依次逐项计算。

(2) 以终点节点 n 为箭头节点的工作最迟完成时间(LF_n)应按照网络计划的计划工期 T_p 确定,即

$$LF_n = T_p$$

(3) 其他工作 i 的最迟完成时间 LF_i 应为

$$LF_i = \min\{LS_j\}$$

式中,LS_j——工作 i 的紧后工作 j 的最迟开始时间。

2) 工作最迟开始时间(LS_i)的计算

工作最迟开始时间(LS_i)按下式计算:

$$LS_i = LF_i - D_i$$

4. 工作总时差的计算

工作总时差是指在不影响计划工期的前提下,本工作可以利用的机动时间,按下式计算:

$$TF_i = LS_i - ES_i$$

或

$$TF_i = LF_i - EF_i$$

5. 时间间隔（LAG$_{i-j}$）的计算

时间间隔（LAG$_{i-j}$）是指相邻两工作 i 与工作 j 之间的时间间隔，计算应符合下列规定。

（1）当终点节点是虚拟节点时，其时间间隔（LAG$_{i-j}$）为

$$LAG_{i-j} = T_p - EF_i$$

（2）其他节点之间的时间间隔（LAG$_{i-j}$）为

$$LAG_{i-j} = ES_j - EF_i$$

6. 工作自由时差的计算

工作自由时差（FF$_i$）的计算如下。

（1）终点节点代表的工作 n 的自由时差 FF$_n$ 按网络计划的计划工期 T_p 确定，即

$$FF_n = T_p - EF_n$$

当工作 $i-j$ 有紧后工作 $j-k$ 后时，其自由时差为

$$FF_{i-j} = ES_{j-k} - ES_{i-j} - D_{i-j}$$

或

$$FF_{i-j} = ES_{j-k} - EF_{i-j}$$

（2）其他工作 i 的自由时差按下式计算：

$$FF_i = \min\{LAG_{i-j}\}$$

7. 关键工作和关键线路的确定

总时差为零的工作称为关键工作，全部由关键工作组成的线路或线路上总的工作持续时间最长的线路应为关键线路。

8. 单代号网络计划时间参数的标注

标注方法见图 4-34。

工作编号	工作名称	工作持续时间
ES$_i$	EF$_i$	TF$_i$
LS$_i$	FF$_i$	FF$_i$

图 4-34　单代号网络图的时间参数标注方法

例：计算图 4-33 所示单代号网络图的时间参数。计算结果见图 4-35。

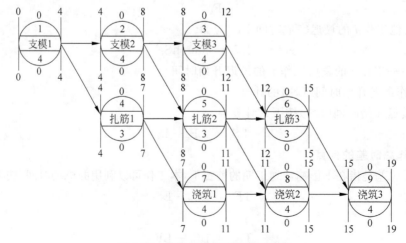

图 4-35　单代号网络图的时间参数

4.5　单代号搭接网络计划

单代号搭接网络计划是综合应用单代号网络计划与搭接施工的原理,使其结合起来的一种网络计划。

4.5.1　单代号搭接网络计划的搭接关系

前面介绍的网络计划,工作之间的逻辑工作是紧前工作完成后紧后工作开始。但在有些情况下,紧后工作开始并不以紧前工作完成为条件,而可以在紧前工作进行中插入紧后工作,进行平行施工,这种关系称为搭接关系。建筑工程实践中,这种搭接关系大量存在。搭接关系有两种,用于表达搭接关系的时距有 4 种,见图 4-36。

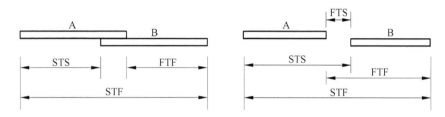

图 4-36　横道图各种搭接关系的表示方法

(1) STS(开始到开始)关系　单代号搭接网络关系表达方式见图 4-37(a)。
(2) STF(开始到结束)关系　单代号搭接网络关系表达方式见图 4-37(b)。
(3) FTS(结束到开始)关系　单代号搭接网络关系表达方式见图 4-37(c)。
(4) FTF(结束到结束)关系　单代号搭接网络关系表达方式见图 4-37(d)。
(5) 混合关系一般同时用 STS 和 FTF 两种关系来表达,当然也可以用其他表达形式,见图 4-37(e)。

编制单代号搭接网络计划时,究竟采用什么时距,要根据计划对象的具体情况来定。

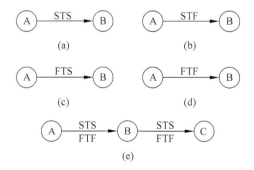

图 4-37　单代号网络图各种搭接关系表示方法

4.5.2　单代号搭接网络计划的计算

单代号搭接网络计划的时间参数计算,应在各项工作的工作持续时间和各项工作之间的时距关系确定之后进行。

（1）工作最早时间的计算。

① 工作最早时间的计算应从起点节点开始，依次进行，只有紧前工作计算完毕，才能计算本工作。

② 工作最早时间的计算应按下列步骤进行。

a. 凡与起点工作相连的工作最早开始时间都为零，即

$$ES_i = 0$$

b. 其他工作的最早开始时间根据时距确定。

相邻时距 STS_{i-j} 时，

$$ES_j = ES_i + STS_{i-j}$$

相邻时距 FTF_{i-j} 时，

$$ES_j = ES_i + D_i + FTF_{i-j} - D_j$$

相邻时距 STF_{i-j} 时，

$$ES_j = ES_i + STF_{i-j} - D_j$$

相邻时距 FTS_{i-j} 时，

$$ES_j = ES_i + D_i + FTS_{i-j}$$

式中，ES_j——工作 i 的紧后工作的最早开始时间；

D_i，D_j——i，j 工作两项工作的持续时间；

STS_{i-j}——i，j 工作两项工作开始到开始的时距；

FTF_{i-j}——i，j 工作两项工作结束到结束的时距；

STF_{i-j}——i，j 工作两项工作开始到结束的时距；

FTS_{i-j}——i，j 工作两项工作结束到开始的时距。

③ 计算工作最早时间为负值时，应将该工作与起点节点用虚线相连，并确定其时距为

$$STS = 0$$

④ 工作 j 的最早完成时间按下式计算：

$$EF_j = ES_j + D_j$$

（2）当有两种以上的时距（两种或两种以上的紧前工作）限制工作时间的逻辑关系时，按前面介绍应分别计算工作最早时间，取它们的最大值。

（3）有最早完成时间的最大值的中间工作应与终点节点用虚线相连接，并确定其时距为

$$FTF = 0$$

（4）搭接网络计划的计算工期 T_c，根据与终点节点相联系工作的最早完成时间的最大值确定。

（5）相邻两项工作 i 和 j 时间间隔 LAG_{i-j} 按如下公式计算：

$$LAG_{i-j} = \min \begin{Bmatrix} ES_j - EF_i - FEF_{i-j} \\ ES_j - ES_i - STS_{i-j} \\ EF_j - EF_i - FTF_{i-j} \\ EF_j - ES_i - STF_{i-j} \end{Bmatrix}$$

（6）此外，单代号搭接网络计划的最迟完成时间 LF_i、最迟开始时间 LS_i、总时差 TF_i、自由时差 FF_i、计划工期 T_p 的确定方法同单代号网络计划完全一致，这里不再赘述。

4.6　双代号时标网络计划

网络计划根据有无时间坐标刻度,分为无时标网络计划和有时标网络计划两种,前面介绍的网络计划都是无时标网络计划,图中箭线的长度与工作的持续时间没有比例关系,如图 4-30 所示。有时标网络计划是在网络图上附有时间刻度(包括日历天数和工作天数),其特点是箭头长度与工作的持续时间成比例进行绘制,如图 4-39 所示。

4.6.1　双代号时标网络计划的有关规定

双代号时标网络计划的工作用实箭线表示,自由时差以波形线表示,当波形线后有垂直部分时,其垂直部分用实线绘出;虚工作用虚箭线表示,有自由时差用波形线表示,末端有垂直部分时用虚线绘制。无论哪种箭线,均应在其末端绘出箭头。

在双代号时标网络计划中,节点均看成一个点,其中心线必须对准相应的时间坐标,在时间坐标的投影长度看作是零。在双代号时标网络计划的时间坐标的单位需要确定,可以是时、日、周、月等。

编制双代号时标网络计划时遵守下列规定:

(1) 节点中心线必须对准时标的刻度线;

(2) 时间长度是以符号在时标图上的水平位置及其水平投影长度表示的,且与其对应的时间值相对应;

(3) 时标网络计划宜按最早时间编制;

(4) 绘制时标网络计划时必须先绘制无时标网络图。

4.6.2　双代号时标网络计划的绘制

1. 间接绘制法

这种方法先计算网络图的时间参数,再绘制时标网络计划。具体步骤如下:

(1) 先绘制一般的双代号网络图,确定时间参数和关键线路。

(2) 在时标图(表)上按最早时间确定每项工作的开始节点(尾节点)的位置。

(3) 用实线绘制相应工作持续时间,用垂直虚线绘制无时差虚工作,用波形线绘制工作和虚工作的自由时差。

2. 直接绘制法

这种方法不需计算,直接按无时标网络图绘制时标网络计划。具体步骤如下:

(1) 将起始节点定位在起始刻度线上。

(2) 按工作持续时间绘制起点的外向箭线。

(3) 工作的箭头(结束节点)必须在所有的内向节点绘出后,定位在这些内向箭线最迟完成的实箭线箭头处。

(4) 某些内向实箭线长度不足以到达该箭头节点时,用波形线补足,如果虚箭线的开始节点和结束节点之间有水平距离,则以波形线补足水平距离,绘制垂直虚箭线。

（5）用上述方法自左向右依次确定其他节点的位置，直至终点节点位置确定，绘制完成。注意：在确定节点位置时，尽量与无时标网络图的布局一致，节点位置相当，以便于检查。

某工程网络计划，如图 4-38 所示，该计划按最早时间绘制的时标网络图，如图 4-39 所示，按最迟时间绘制的时标网络图，如图 4-40 所示。

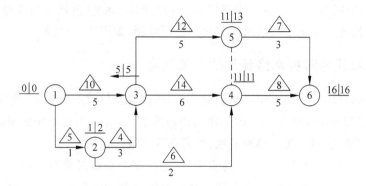

图 4-38　某工程网络计划

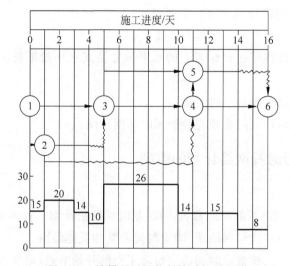

图 4-39　按最早时间绘制的时标网络图

3. 双代号时标网络计划的关键线路的确定

时标网络计划关键线路的确定，应自终点节点逆箭线方向朝起点节点观察，自始至终不出现波形线的线路为关键线路。

时标网络计划的计算工期，应是其终点节点与起点节点所在位置的时标值之差。按最早时间绘制的时标网络计划，每条箭线箭尾和箭头所对应的时标值应为该工作的最早开始时间和最早完成时间。

时标网络计划中工作的自由时差值应为表示该工作的箭线中波形线部分在坐标轴上的水平投影长度。

时标网络计划中工作的总时差的计算应自右向左进行，且符合下列规定。

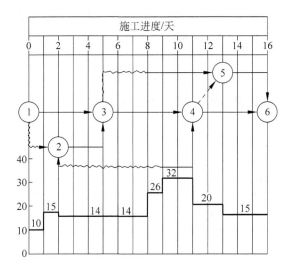

图 4-40　按最迟时间绘制的时标网络图

（1）以终点节点（$j=n$）为箭头节点的工作的总时差 TF_{i-j} 应按网络计划的计划工期 T_{p} 计算确定,即

$$\mathrm{TF}_{i-j} = T_{\mathrm{p}} - \mathrm{EF}_{i-j}$$

（2）其他工作的总时差则为

$$\mathrm{TF}_{i-j} = \max\{\mathrm{TF}_{i-j} - \mathrm{FF}_{i-j}\}$$

时标网络计划中工作的最迟开始时间和最迟完成时间应按下式计算:

$$\mathrm{LS}_{i-j} = \mathrm{ES}_{i-j} + \mathrm{TF}_{i-j}$$

$$\mathrm{LF}_{i-j} = \mathrm{EF}_{i-j} + \mathrm{TF}_{i-j}$$

4.7　网络计划的具体应用

网络计划的编制步骤一般是:首先制订施工方案,确定施工顺序;然后确定工作名称及其内容,计算各项工作的工程量、劳动量或机械台班需要量,确定各项工作的持续时间;最后绘制网络计划图,并进行各项网络计划时间参数的计算和网络计划的优化。

1. 双分部工程网络计划

在每个分部工程中,既要考虑各施工过程之间的工艺关系,又要考虑组织施工中它们之间的组织关系。只有在考虑这些逻辑关系后,才能正确构成施工网络计划。

基础工程、主体结构和装修工程的施工网络计划如图 4-22、图 4-11 和图 4-23 所示。

2. 单位工程网络计划

编制单位工程网络计划时,首先要熟悉图纸,对工程对象进行分析,摸清建设要求和现场施工条件,选择施工方案,确定合理的施工顺序和主要施工方法,根据各施工过程之间的逻辑关系绘制网络图;其次,分析各施工过程在网络图中的地位,通过计算时间参数,确定关键施工过程、关键线路和各施工过程的机动时间;最后,统筹考虑,调整计划,制订出最优的计划方案。

某宿舍楼工程为五层三单元混合结构,建筑面积为 $2770\mathrm{m}^2$,平面形状为一字形。混凝土条形基础。主体结构为砖墙,层层设置钢筋混凝土圈梁,上铺预制空心楼板。室内地面采用无砂石屑面层。外墙采用 1∶1∶6 混合砂浆中级粉刷,内墙为石灰砂浆粉刷。天棚均为水泥纸筋灰底,石灰面层。

本工程的施工安排为:基础划分三个施工段施工,主体结构每层划分三个施工段,外装修自上而下一次完成,内装修按楼层划分施工段自上而下进行。该工程的网络计划如图 4-41 所示。

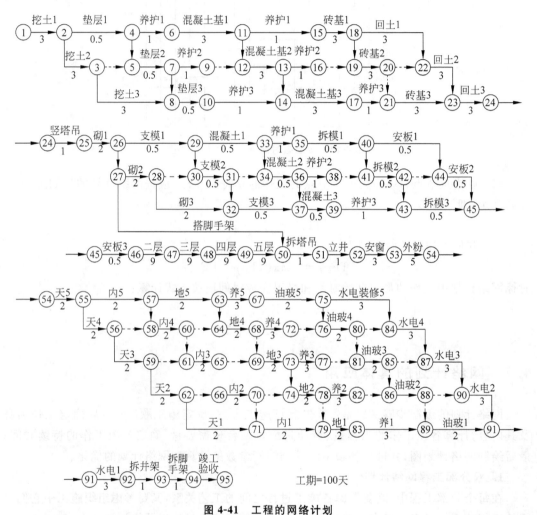

图 4-41   工程的网络计划

4.8   网络计划的优化与控制

网络计划的绘制和时间参数的计算,只是完成网络计划的第一步,得到的只是计划的初始方案,是一种可行方案,但不一定是最优方案。由初始方案形成最优方案,就必须进行网络计划的优化。

网络计划的优化,就是在满足既定约束条件下,按某一目标,通过不断改进网络计划寻求满意方案。

网络计划的优化目标应按计划任务的需要和条件选定,一般有工期目标、费用目标和资源目标等。网络计划优化的内容有:工期优化、费用优化和资源优化。

4.8.1 工期优化

当计算工期不满足要求工期时,可通过压缩关键工作的持续时间满足工期要求。

工期优化的计算,应按下述步骤进行。

(1) 计算并找出初始网络计划的计算工期、关键线路及关键工作。

(2) 按要求工期计算应缩短的时间。

(3) 确定各关键工作能缩短的持续时间。

(4) 选择关键工作重新计算网络计划的计算工期。选择应缩短持续时间的关键工作宜考虑的因素是:缩短持续时间对质量和安全影响不大的工作;有充足备用资源的工作;缩短持续时间所需增加的费用最少的工作。

(5) 当计算工期仍超过要求工期时,则重复以上(1)~(4)款的步骤,直到满足工期要求或工期已不能再缩短为止。

(6) 当所有关键工作的持续时间都已达到其能缩短的权限而工期仍不能满足要求时,应对计划的原技术方案、组织方案进行调整或对要求工期重新审定。

4.8.2 费用优化

进行费用优化,应首先求出不同工期下的最低直接费用,然后考虑相应的间接费的影响和工期变化带来的其他损益,包括效益增量和资金的时间价值等,最后再通过叠加求出最低工程总成本。

费用优化应按下列步骤进行:

(1) 按工作正常持续时间找出关键工作及关键线路;

(2) 计算各项工作的费用率;

(3) 在网络计划中找出费用率(或组合费用率)最低的一项关键工作或一组关键工作,作为缩短持续时间的对象;

(4) 缩短找出的关键工作或一组关键工作的持续时间,其缩短值必须符合不能压缩成非关键工作和缩短后其持续时间不小于最短持续时间的原则;

(5) 计算相应增加的总费用;

(6) 考虑工期变化带来的间接费用及其他损益,在此基础上计算总费用;

(7) 重复步骤(3)~(6),一直计算到总费用最低为止。

4.8.3 资源优化

资源指的是为完成任务所需的人力、材料、机械设备和资金等。在一定的条件下,改变投入的资源,就会影响工程的进度。资源有保证,网络计划就能落实;资源无保证,网络计划便会经常被打乱而失去作用。一般来说,对资源的需求比较均衡时,资源的利用效率相应提高,也会降低成本。对于资源分配的供应部门来说,应根据网络计划的要求,统筹安排资源分配计划,既满足各个目标或工作对资源的要求,又保证各目标在尽可能短的时间内完成。

资源优化一般有两种方法:一种是"资源有限—工期最短";另一种是"工期固定—资

源均衡"。

"资源有限—工期最短"的优化过程是调整计划安排,以满足资源限制条件,并使工期拖延最少的过程。

"工期固定—资源均衡"的优化过程是调整计划安排,在工期保持不变的条件下,使资源需用量尽可能均衡的过程。

网络计划的优化过程是一项非常复杂的过程,计算工作量十分巨大,用手工计算很难实现。随着计算机技术的快速发展,采用计算机专业软件,使网络计划的优化工作变成一件很容易的事情。

4.8.4 施工网络进度计划的控制

1. 施工网络进度计划控制

1)施工网络进度计划控制的概念

施工网络进度计划控制是指在既定的工期内,编制出最优的施工进度计划,在执行该计划的过程中,经常检查施工实际情况,并将其与计划进度相比较,若出现偏差,便分析产生的原因和对工期的影响程度,制定出必要的调整措施,修改原计划,不断地如此循环,直至工程竣工验收。

施工网络进度计划控制应以实现施工合同约定的交工日期为最终目标。施工项目进度控制的总目标是确保施工项目的既定目标工期的实现,或在保证施工质量和不因此而增加施工实际成本的条件下,适当缩短施工工期。施工项目进度控制的总目标应进行层层分解,形成实施进度控制、相互制约的目标体系。目标分解可按单项工程分解为交工分目标,按承包的专业或按施工阶段分解为完工分目标,按年、季、月计划期分解为时间分目标。

2)影响施工项目进度的因素

由于工程项目的施工特点,尤其是较大和复杂的施工项目,工期较长,影响进度因素较多。编制计划、执行和控制施工进度计划时,必须充分认识和估计这些因素,才能克服其影响,使施工进度尽可能按计划进行,当出现偏差时,应考虑有关影响因素,分析产生的原因。其主要影响因素有以下几种。

(1)有关单位的影响

施工项目的主要施工单位对施工进度起到决定性作用,但是建设单位、设计单位、银行信贷单位、材料设备供应部门、运输部门、水电供应部门及政府的有关主管部门等,都可能给施工的某些方面造成困难而影响施工进度。其中设计单位图纸不及时和有错误,以及有关部门对设计方案的变动是经常发生和影响最大的因素;材料和设备不能按期供应,或质量、规格不符合要求,都将使施工停顿;资金不能保证也会使施工进度中断或速度减慢等。

(2)施工条件的变化

施工中工程地质条件和水文地质条件与勘察设计的不符,如地质断层、溶洞、地下障碍物、软弱地基,以及恶劣的气候、暴雨、高温和洪水等,都对施工进度产生影响、造成临时停工。

(3)技术失误

施工单位采用技术措施不当,施工中发生技术事故;应用新技术、新材料、新结构缺乏经验,不能保证质量等都可能影响施工进度。

(4)施工组织管理不利

流水施工组织不合理、施工方案不当、计划不周、管理不善、劳动力和施工机械调配不当、施工平面布置不合理、解决问题不及时等,将影响施工进度计划的执行。

2. 施工网络进度计划的检查

网络进度计划的检查内容主要有:关键工作进度,非关键工作进度及时差利用,工作之间的逻辑关系等。

对网络进度计划的检查应定期进行。检查周期的长短应视计划工期的长短和管理的需要决定,一般可按天、周、旬、月、季等为周期。

检查网络进度计划时,首先必须收集网络进度计划的实际执行情况,并进行记录。网络计划检查后应列表反映检查结果及情况判断,以便对计划执行情况进行分析判断,为计划的调整提供依据。

3. 网络计划的调整

网络计划的调整时间一般应与网络计划的检查时间一致,根据计划检查结果可进行定期调整或在必要时进行应急调整、特别调整等,一般以定期调整为主。

网络计划的调整内容主要有:关键线路长度的调整,非关键工作时差的调整,增减工作项目,调整逻辑关系,重新估计某些工作的持续时间,对资源的投入作局部调整等。

1) 关键线路长度的调整

关键线路长度的调整方法可针对不同情况选用:

(1) 当关键线路的实际进度比计划进度提前时,若不拟缩短工期,则应选择资源占用量大或直接费用高的后续关键工作,适当延长其持续时间以降低资源强度或费用;若要提前完成计划,则应将计划的未完成部分作为一个新计划,重新进行调整,按新计划指导计划的执行。

(2) 当关键线路的实际进度比计划进度落后时,应在未完成关键线路中选择资源强度小或费用率低的关键工作,缩短其持续时间,并把计划的未完部分作为一个新计划,按工期优化的方法对它进行调整。

2) 非关键工作时差的调整

应在时差的范围内进行,以便更充分地利用资源、降低成本或满足施工的需要。每次调整均必须重新计算时间参数,观察调整对计划全局的影响。非关键工作时差的调整方法一般有三种:将工作在其最早开始时间和最迟完成时间范围内移动;延长工作持续时间;缩短工作持续时间。

复习思考题

4-1　网络计划方法的基本原理是什么?

4-2　什么叫双代号网络图?什么叫单代号网络图?

4-3　组成双代号网络图的三要素是什么?试述各要素的含义和特性。

4-4　什么叫虚箭线?它在双代号网络图中起什么作用?

4-5　什么叫逻辑关系?网络计划有哪两种逻辑关系?有何区别?

4-6　绘制双代号网络图必须遵守哪些绘图规则?

4-7　施工网络计划有哪几种排列方法?各种排列方法有何特点?

4-8　什么叫网络图的合并、连接和详略组合?

4-9   双代号网络计划时间常数有哪几种？应如何计算？

4-10   试述工作总时差与自由时差的含义及其区别。

4-11   什么是线路、关键工作、关键线路？

4-12   时标网络计划有什么优点？试述其绘图步骤。

4-13   网络计划的优化有哪些内容？工期如何优化？

4-14   试述费用优化的基本步骤。

4-15   什么是施工网络进度计划控制？影响施工项目进度的因素有哪些？

习题

4-1   指出下图所示网络图的错误。

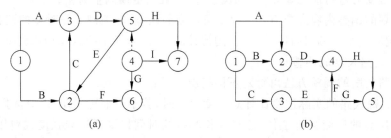

(a)   (b)

4-2   根据下列各题的逻辑关系绘制双代号逻辑关系图：

（1）H 的紧前工作为 A、B；F 的紧前工作为 B、C；G 的紧前工作为 C、D。

（2）H 的紧前工作为 A、B；F 的紧前工作为 B、C、D；G 的紧前工作为 C、D。

（3）M 的紧前工作为 A、B、C；N 的紧前工作为 B、C、D。

（4）H 的紧前工作为 A、B、C；N 的紧前工作为 B、C、D；P 的紧前工作为 C、D、E。

4-3   根据下列已知条件绘制双代号网络图，用图上计算法计算 ES、LS、TF 时间参数、工期，并标出关键线路（用双线表示）。

工作代号	A	B	C	D	E	F	G	H	J	K	L	M	N	P
紧前工作	无	无	A	A	C	C,D	D	D	E	E,F	B,E,F,G	B	H,J	H,J,K	M,N,L
工作天	3	4	6	5	5	5	3	2	4	6	3	3	4	2

4-4   某现浇钢筋混凝土框架结构标准层分三段施工，标准层概况如下。计算、填表并绘制标准层施工网络图。

工序	单位	工程量	时间定额	计划用工	工人数	作业天数	流水节拍
柱钢筋	t	11.0	2.4		9		
支模板	m²	3240	0.069		19		
梁板筋	t	33.0	3.4		12		
浇混凝土	m³	412	1.0		46		

4-5 根据下列已知条件绘制双代号网络图,用图上计算法计算 ES、LS、TF 时间参数、工期,并标出关键线路(用双线表示)。

工作代号	1—2	1—3	1—4	2—4	2—5	3—4	3—6	4—5	4—7	5—7	5—9	6—7	6—8	7—8	7—9	7—10	8—10	9—10
工作时间/天	5	10	12	0	14	16	13	7	11	17	9	0	8	5	13	8	14	6

4-6 根据下表所给条件绘制双代号网络图,并绘制时标网络计划,用间接法绘制。

工序代号	A	B	C	D	E	F	G	H	I	J	K
紧前工序	无	A	A	无	B、C、D	B	E、F	E	D	G、H	H、J
作业时间	3	4	2	5	6	1	8	7	3	2	4

第 **5** 章

单位工程施工组织设计

5.1 施工组织设计概述

施工组织设计是以拟建工程项目为对象,具体指导施工全过程各项活动的技术、组织、经济综合性文件。它是施工单位编制季度/月度施工作业计划、分部分项工程施工设计及劳动力、材料、机具等供应计划的主要依据,也是施工前的一项重要准备工作及实现施工科学管理的重要手段。施工组织设计一般分为:施工组织总设计、单位工程施工组织设计及分部(分项)工程施工组织设计。本章所述施工组织设计为单位工程施工组织设计。

施工组织设计一般由该工程项目的主任工程师负责编制,并根据工程项目大小,分别报主管部门审批。

1. 施工组织设计的作用

施工组织设计是合理组织施工和加强施工管理的一项重要措施,它是在工程开工前的施工准备工作阶段中最先完成的一项重要准备工作,对保证施工顺利进行、如期按质按量完成施工任务、取得好的经济效益起着决定性的作用。

施工组织设计的具体作用,体现在以下几个方面。

(1) 施工组织设计是沟通设计和施工之间的桥梁,对施工全过程起着战备部署和战术安排的双重作用。

(2) 施工组织设计是施工准备工作的重要组成部分,也是及时做好其他各项准备工作的依据,同时对施工准备工作也起到保证的作用。

(3) 施工组织设计是编制工程概、预算的依据之一,并对施工全过程起指导作用。

(4) 施工组织设计是对施工活动实行管理的重要手段,是施工企业整个生产管理工作的重要组成部分。

(5) 施工组织设计是编制施工生产计划和施工作业计划的主要依据。

(6) 施工组织设计能处理好工程中时间与空间、人力与物力、工艺与设备、技术与经济、专业间协作、供应与消耗及生产与储备之间的关系。

2. 施工组织设计的任务

施工组织设计的任务,就是根据编制施工组织设计的基本原则、工程投标报价阶段的施工组织设计和有关资料及设计要求,并结合实际施工条件,从整个工程施工全局出发,选择最优的施工方案,从人力、物力、空间等诸要素着手,确定科学合理的分部分项工程间的搭接、配合关系,设计符合施工现场情况的平面布置图,从而达到精度高、效果好、速度快、工期短、成本低、消耗少、利润高的目的。

3. 施工组织设计的内容

施工组织设计根据工程性质、规模的不同,其内容和深广度要求也不同,一般根据工程本身的特点以及各施工条件等进行编制,其内容一般包括:

(1) 工程概况和施工特点;

(2) 施工方案和施工方法;

(3) 施工进度计划及各项资源需要量计划;

(4) 施工准备工作及施工准备工作计划;

(5) 施工平面图;

(6) 各项主要技术组织措施;

(7) 各项主要技术经济指标。

4. 施工组织设计的编制依据

(1) 上级主管部门的批示文件及建设单位对工程的要求。如工程的开工、竣工日期;新技术与新材料的采用情况;施工质量;开工及用地申请和施工执照;施工合同中的有关规定等。

(2) 投标报价阶段的施工组织设计。它属于规划工程施工全过程的全局性、控制性文件,也是整个工程项目施工的战略部署,与指导施工的施工组织设计有所不同。因此,在编制指导工程施工的组织设计时,必须按照投标报价阶段的施工组织设计的有关规定和要求进行。

(3) 经过会审的施工图纸和设计单位对施工的要求。如会审记录、标准图集、设计单位变更设计或补充设计的通知等。对于较复杂的工程还要有设计单位对新材料、新工艺的要求。

(4) 施工现场及环境和气象资料。主要了解施工对象是属于新建工程施工,还是属于改建和扩建工程的施工。同时还要了解施工现场周围环境及当地气温、雨情和风力等气候资料。

(5) 施工现场条件。主要指建设单位可能提供的条件。如临时设施、水电供应;施工中能够调配的劳动力,主要工种的力量配备及特殊工程的配备情况等;主要材料、施工机具和设备、配件、半成品的来源及供应量,运输距离和运输条件等。

(6) 工程的预算文件和有关定额。工程预算文件提供了工程量和预算成本等内容。

(7) 国家的有关规范和操作规程。主要指施工验收规范、质量标准及技术、安全操作规程等,是确定施工方案、施工进度计划等的重要依据。

5. 施工组织设计的编制程序

施工组织设计各个组成部分形成的先后次序以及相互之间的制约关系如图5-1所示。从图中可了解施工组织设计的有关内容和步骤。

6. 编制施工组织设计的基本原则

编制施工组织设计时应遵循以下基本原则。

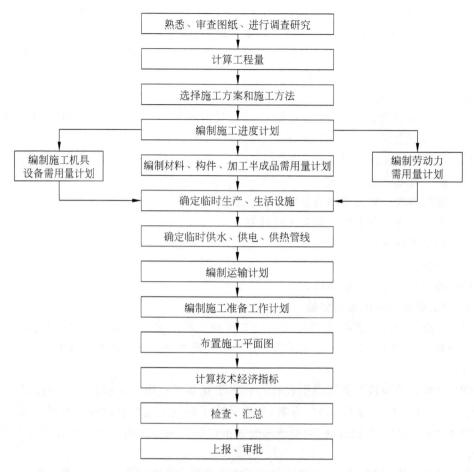

图 5-1 施工组织设计的编制程序

（1）做好现场工程技术资料的调查工作。

工程技术资料是编制施工组织设计的主要依据。因此，原始资料必须真实，数据必须可靠，特别是材料供应、运输以及水、电供应的资料。由于每个施工项目各有不同的难点，在组织设计中就应着重对施工难点的资料进行搜集，有了完整、确切的资料，就可根据实际条件制定方案和进行方案的优选。

（2）充分做好施工准备工作。

工程开工前的施工准备工作主要是围绕材料、设备、机具及施工队伍进场所做的工作。工程开工后也应有相应的准备工作，必须提前完成，以便为后续各施工过程的顺利进行创造条件。在制定施工准备工作计划时，要求编制人员要有预见性。

（3）选用先进的施工技术和组织措施。

从当前的技术水平出发，以实事求是的态度，在充分调查研究的基础上，拟定出经过努力可以实现的新技术和新方法，再进行科学的分析和技术经济论证，最后做出决定。其目的是在确保质量的前提下提高劳动生产率、降低成本和缩短工期。在采用先进的施工技术的同时，也要采取相应的先进合理的管理方法，以提高职工的技术水平和企业的整体素质。

（4）安排合理的施工顺序。

各种不同类型的项目施工都有其客观顺序，在编制计划时首先要遵循客观顺序，将工程划分为若干个施工段，尽可能组织流水施工，使各施工段之间互相搭接、平行施工。同时考虑某些施工过程中需要必要的工艺技术间歇时间。合理的施工顺序还应注意各施工过程进行中的安全施工，尤其是平行施工和主体交叉施工时更要采取必要的可靠安全措施。

（5）土建施工与装饰施工应密切配合。

为了满足合同工期的要求，土建施工经常与装饰施工交叉进行。由于工序之间交叉多，在组织施工时要考虑到安全和工艺上的各个施工环节，最好采用分段流水施工。如主体结构工程进行到三层时，可从一层开始进行室内装修。

（6）进行方案的技术经济分析。

在确定施工方案、进度计划、施工平面布置、施工准备工作以及各种组织管理时都要进行技术经济分析。通过多方案的分析、比较，从中选优，可以有效地提高工程建设的经济效益。

（7）确保质量，降低成本，安全施工。

在施工组织设计中，应根据不同的工程条件，分别拟订出保证工程质量、降低成本和安全施工的措施。这些措施要有根据、有落实，在施工中必须严格执行，达到所提出的要求，真正做到保质、保量、快速、安全地完成施工任务。

5.2　工程概况和施工特点分析

工程概况是对工程特点、地点特征和施工条件等所作的简要、突出重点的文字介绍。对于规模不大、施工不复杂的工程可采用表格形式，它是选择施工方案、编制施工进度计划和各项资源需用量计划、设计施工平面图的前提。

工程概况主要包括工程特点、地点特征和施工条件等内容。

1. 工程特点

主要是针对工程特点、结合调查资料，进行分析研究，找出关键性问题加以说明，对新材料、新工艺及施工难点加以着重说明。

1）工程建设概述

主要说明拟建工程的建设单位或承包单位，工程性质、名称、用途、规模、资金来源及工程投资额，开竣工日期，设计单位、施工单位、施工图纸情况，施工合同签订情况，上级有关文件或要求等。

2）建筑设计特点

主要介绍建筑平面形状、平面组合、层数、建筑面积、层高、总高；说明装修工程内、外檐做法和要求；楼地面材料种类和做法；门窗种类、油漆要求；顶棚构造；屋面保温隔热及防水层做法等。其中对新结构、新材料、新工艺等应特别说明。

3）结构特征

主要介绍基础构造、埋置深度、有何特点和要求；承重结构类型；预制还是现浇；单件重量及高度；楼梯做法及形式。其中对新结构、新材料、新工艺及结构施工难点、重点等应特别说明。

4）施工特点

说明拟建工程施工特点所在，以便有效抓住关键，使施工顺利进行。由于不同类型的建筑，不同条件下的施工均有其不同的施工特点——如砖混结构住宅工程，砌筑工程量大；砌墙和安装楼板在各层楼之间先后交替施工；手工操作多、湿作业多、材料品种多、工种交叉作业、工期长——因此，在施工中，尽量设法使砌墙与楼板安装施工流水搭接，这是整个建筑物施工的关键。

2．地点特征

主要反映拟建工程的位置、地形、地质、水质、气温、主导风向、风力和地震烈度等特征。

3．施工条件

主要介绍拟建工程场地"三通一平"情况；当地交通运输条件，各种资源供应条件，特别是运输能力和方式；施工单位机械、机具、设备、劳动力的落实情况，特别是技术工种、数量的平衡情况；施工现场大小及周围环境情况；项目管理条件及内部承包方式以及现场临时设施、供水、供电问题的解决办法等。

5.3　施工方案的选择

施工方案的选择是施工组织设计的核心问题。施工方案的合理与否直接影响着工程的施工效率、工程质量、工期及技术经济效果，因此，必须给予足够的重视。

施工方案的选择包含以下主要工作：确定施工程序和施工起点流向，施工方法和施工机械的选择，施工段的划分及流水施工的组织安排。拟定施工方案时一般需对主要工程项目的几种可能采用的施工方法进行技术经济比较，并选择最优方案，安排施工进度计划，设计施工平面图。

5.3.1　熟悉施工图纸，确定施工程序

1．熟悉施工图纸

熟悉施工图纸是掌握工程设计意图、明确施工内容、了解工程特点的重要环节。它是选择合理施工程序、施工方案的基础，因此必须做好这项工作。在熟悉图纸时应注意以下几方面的内容。

（1）核对图纸及说明是否完整、齐全、清楚，规定是否明确，图中尺寸、标高是否准确，图纸之间是否有矛盾。

（2）检查设计是否满足施工条件，有无特殊施工方法和特殊技术措施要求。

（3）弄清设计对材料有无特殊要求，及规定材料的品种、规格和数量等方面能否满足设计要求。

（4）弄清设计是否满足生产和使用要求。

（5）明确场外制备、加工的工程项目。

施工设计人员在熟悉图纸的过程中，对发现的问题应做出标记、做好记录，以便在图纸会审时提出。

在施工单位有关技术人员充分熟悉图纸的基础上，由单位技术负责人主持召集由建设单位、设计单位、施工单位、监理单位参加的图纸会审会议。会审时，先由设计单位进行图纸

交底,讲清设计意图和对施工的重点要求,然后由施工人员就施工图纸和与施工有关的问题提出咨询,各方对施工人员提出的问题应做出解释,并做好详细记录。如需进行设计变更或补充设计时,应及时办理设计变更手续。未征得设计单位同意,施工单位不得擅自随意更改设计图纸。在会审会上,经过充分的协商,形成统一意见,载入图纸会审纪要,正式行文,由参加会议的各单位盖章,以此作为与设计图纸同时使用的技术文件。

2. 确定施工程序

施工程序是在施工中不同阶段的不同工作内容的先后次序,反映了工序间循序渐进向前开展的客观规律及其相互制约关系。它主要解决时间搭接上的问题。

一个工程项目的施工程序一般为:接受任务阶段→开工前的准备阶段→全面施工阶段→交工验收阶段。每一阶段都必须完成规定的工作内容,并为下阶段工作创造条件。考虑时应注意以下几点。

(1) 严格执行开工报告制度。

工程开工前必须做好一系列准备工作,具备开工条件后还应写出开工报告,并由建设单位按照国家有关规定向工程所在地县级以上人民政府建设行政主管部门申请领取施工许可证后方能开工。

申请领取施工许可证,应当具备下列条件:

① 已经办理该建筑工程用地批准手续;

② 在城市规划区的建筑工程,已取得规划许可证;

③ 需要拆迁的,其拆迁的进度符合施工要求;

④ 已经确定建筑施工企业;

⑤ 有满足施工需要的施工图纸及技术资料;

⑥ 有保证工程质量和安全的具体措施;

⑦ 建设资金已经落实;

⑧ 法律、行政法规规定的其他条件。

(2) 遵守"先地下后地上"、"先主体后围护"、"先结构后装修"、"先土建后设备"的一般原则。

① "先地下后地上"是指地上工程开始之前,尽量把管道、线路等地下设施、土方工程和基础工程完成或基本完成,为地上部分施工提供良好的施工场地。

② "先主体后围护"是指框架或排架结构应先进行主体结构、后围护结构的施工程序。

③ "先结构后装修"是指先主体结构施工后装修施工。有时为了缩短工期,也可以部分搭接施工。

④ "先土建后设备"是指土建施工应先于水暖电卫等建筑设备的施工。但它们之间更多的是穿插配合关系,应处理好各工作之间的协作配合关系。

(3) 安排好工程的收尾工作。

工程收尾主要是竣工验收和交付使用。工程结束,施工单位在确保合同内工作已全部保质保量完成的情况下,应及时向建设单位等有关部门出具竣工报告,提请竣工验收。验收时,应以工程承包合同等各类文件为依据,对照国家规定的规范、规程及质量标准全面或抽样进行。经验收合格后即可交付使用,并办理相应的手续。只有做到前有准备、后有收尾,才能安排出周密的施工程序。

5.3.2　单位工程的施工起点和流向

施工起点和流向是单位工程在平面或空间上开始施工的部位及其流动方向,这主要取决于生产需要、缩短工期和保证质量等要求。一般来说,对单层建筑物,只要按其工段、跨间分区分段地确定平面上的施工流向;对多层建筑物,除了确定每层平面上的施工流向外,还要确定其层间或单元空间上的施工流向,如多层房屋的内墙抹灰是采用自上而下,还是采用自下而上。施工流向的确定,是组织施工的重要环节,它涉及一系列施工过程的开展和进程。因此,在确定时应考虑以下几个因素。

1) 生产工艺或使用要求

车间的生产工艺过程,往往是确定施工流向的基本因素。一般生产工艺上影响其他部位投产的或生产使用上要求急的部位先施工。如高层民用建筑、公共建筑,可以在主体施工到相应层数后,即进行地面上若干层的设备安装与室内装饰。

2) 施工的繁简程度和施工过程之间的相互关系

一般来说,技术复杂、施工进度较慢、工期较长的区段或部位,应先施工。密切相关的分部分项工程的流水施工,一旦前导施工过程的起点和流向确定了,则后续施工过程也就随之而定了。

3) 选用的施工机械

根据施工条件,垂直起重运输机械可选用固定式的井架、龙门架等,以及移动式塔吊、汽车吊、履带吊等,这些机械的布置位置或开行路线便决定了某些分部分项工程施工的起点和流向。

4) 施工技术与组织上的要求

施工层、施工段的划分部位,也是确定施工程序应考虑的因素。如图 5-2 所示为多层建筑其层高不等时的室内抹灰工程施工流向示意图。其中图 5-2(a)为从高层的第Ⅱ段施工,再进入较低层的施工段Ⅲ(或Ⅰ)进行施工,然后再依次进入第二层、第三层、……顺序施工;图 5-2(b)为从有地下室的第Ⅱ段开始施工,接着进入第一层的第Ⅲ段施工,然后再进入第Ⅰ段,继而又从第一层的第Ⅱ段开始,由下至上逐层逐段依此顺序进行施工。采用这两种施工顺序组织施工时,更易使各施工过程的工作班组在各施工段上连续施工。

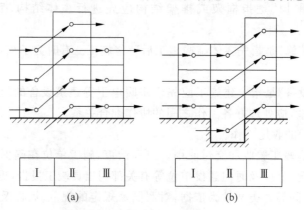

(a)　　　　　　　　　　(b)

图 5-2　不等高多层房屋施工流向图

5）分部工程或施工段的特点

对于多层砖混结构工程主体结构的施工起点流向,必须从下而上,从平面上看哪一边先开始均可以。对于装饰工程的施工起点流向一般分为:室外装饰可采用自上而下的流向;室内装饰则可采用自上而下、自下而上的流向,如图5-3、图5-4所示。对于高层建筑也可采用自中而下再自上而中的流向。

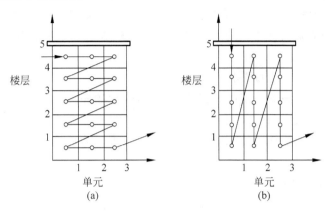

图 5-3　自上而下的施工流向

（a）水平向下；（b）垂直向下

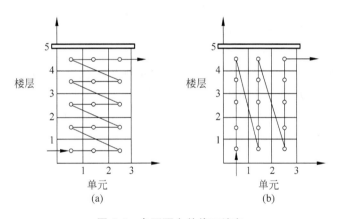

图 5-4　自下而上的施工流向

（a）水平向上；（b）垂直向上

5.3.3　施工段的划分

划分施工段时应有利于结构的整体性,尽量以伸缩缝或沉降缝、平面有变化处以及受力较小可以留施工缝处作为分界线。对住宅可按单元、楼层划分;建筑群可按区、幢划分。同时还要考虑各施工段劳动量大致相等并与施工过程相适应,保证每个技术工人能发挥最高的劳动效率,满足劳动组织及其生产能力的需要。

5.3.4　分部分项工程施工顺序

合理地确定施工顺序是编制施工进度计划、组织施工的需要,是为了更好地按照施工的客观规律组织施工,使各施工过程的施工班组紧密配合、平行、搭接、穿插施工,既保证施工质量和安全,又充分利用空间,争取时间,缩短工期。

1. 确定施工顺序应考虑的因素

在确定施工顺序时,受到多方面因素的影响,应对具体工程和具体条件加以分析,根据其变化规律进行合理的组织。任何一个施工过程,同它相邻的施工过程的施工,总是有些宜于先施工,有些宜于后施工。其中有些是由于施工工艺的要求而经常固定不变的,另外有些施工过程其施工的先后并不受工艺的限制,灵活性较大。确定时具体应考虑以下几方面因素。

(1) 必须遵守施工工艺的要求。

各施工过程之间存在着一定的工艺顺序关系,这种顺序关系随着结构特点的不同而不同,它反映了在施工工艺上存在的客观规律和相互制约关系,一般是不能违背的。例如钢筋混凝土剪力墙结构住宅墙体的施工(现场浇筑),应先进行墙体钢筋绑扎、支设大模板,然后才能进行混凝土的浇筑。

(2) 必须考虑施工组织的要求。

从施工组织的角度来看,制定合理的施工顺序是非常必要的。如地下室的混凝土地坪,可在地下室的上层楼板铺设以前施工,因为它便于起重机向地下室运输浇筑地坪所需的混凝土。又如多层框架结构工程完成后,由于框架承受围护墙的荷载,砌筑框架间各层墙体时,可采用自下而上或自上而下的砌筑顺序,同一层框架内外墙砌筑时,可采用先砌内墙然后砌外墙的施工顺序,以方便材料的运输。

(3) 必须与施工方法和施工机械协调一致。

施工顺序应该与工程采用的施工方法和选择的施工机械协调一致。如在安装装配式多层工业厂房时,如果采用塔式起重机,则可以自下而上地逐层吊装。又如采用井字架做垂直运输、采用单排脚手架时,宜先做室外抹灰,待填补脚手眼后再进行内墙抹灰。

(4) 必须考虑安全及施工质量的要求。

合理的施工顺序,要以确保工程质量为前提,必须使各施工过程的平行搭接不至于引起安全质量事故。如基坑回填土,特别是从一侧进行室内回填土,必须在砌体达到必要的强度或完成一个结构层的施工后才能开始,否则砌体质量会受到影响。

(5) 必须考虑当地气候条件。

在不同地区施工应当考虑冬、雨季施工影响。冬、雨季到来之前,应尽量将室外各项施工过程完成,为室内施工创造条件。如土方、砌墙、屋面工程,应当尽量安排在冬、雨季到来之前施工,而室内工程则可以适当推后。

2. 多层砖混结构的施工顺序

多层砖混结构的施工顺序按施工阶段划分,一般可以分为基础、主体结构、屋面及装修与房屋卫生设备安装三个阶段。各阶段及其主要施工过程的施工顺序如图5-5所示。

1) 基础阶段施工顺序

基础施工顺序一般是:挖土→垫层→基础→防潮层→回填土。如有桩基,则应另加桩基工程施工。如有地下室,则在垫层完成后进行地下室底板、墙身施工,再做防水层,安装地下室顶板,最后回填土。各种管道铺设应尽量与基础施工配合,平行搭接进行。

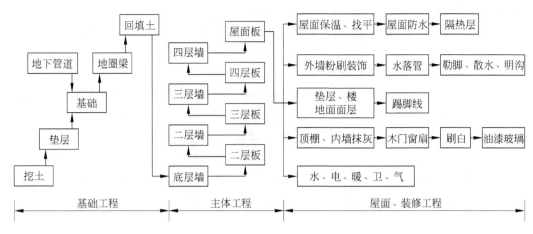

图 5-5 砖混结构施工顺序示意图

2）主体阶段施工顺序

主体施工过程一般包括：搭脚手架及垂直运输设施、砌筑墙体，现浇钢筋混凝土圈梁和雨篷、安装楼板等。在主体施工阶段，砌墙和吊装楼板是主导施工过程，各层现浇混凝土等分项工程应与楼层施工紧密配合。砌墙施工过程应连续施工，吊装楼板时，如能连续吊装，则可与砌墙施工过程组织流水施工；如不能连续吊装，则和各层现浇混凝土工程一样，只要与砌墙工程紧密配合，做到砌墙连续进行，可不强调连续作业。

3）屋面、装修、房屋设备安装阶段的施工顺序

屋面防水层的施工顺序是：铺保温层→抹找平层→刷冷底子油→铺卷材→保护层施工。屋面工程在主体结构完成后开始，并尽快完成，为顺利进行室内装饰工程创造条件。

室外装修工程的施工顺序是从檐口开始，逐层往下进行，最后拆除脚手架并进行散水、台阶施工。

室内装修，当采用自上而下的施工顺序时，通常是在主体结构工程封顶、做好防水层以后，由顶层开始，逐层往下进行；当采用自下而上的施工顺序时，通常是在主体工程的墙砌到三层以上时，装修从一层开始，逐层往上进行。

房屋卫生设备安装工程的施工，在主体结构阶段，应在砌墙或现浇板的同时，预留电线、水管等的孔洞或预埋木砖和其他预埋件；在装修阶段，应安装各种管道和附墙暗管、接线盒等。水暖卫电等设备安装最好在楼地面和墙面抹灰之前或之后穿插施工。

5.3.5 选择施工方法和施工机械

各主要施工过程的施工可采取不同的施工方法和施工机械。应根据建筑基层结构特点，平面形状、尺寸、高度、工程量大小及工期长短，劳动力及各项资源供应情况，施工现场条件及周围环境，施工单位的技术、管理水平等，进行综合分析，选择合理的施工方法和先进的施工机械。

1. 施工方法的选择

施工方法的选择是针对工程的主要施工过程的施工而言的，属于施工方案的技术方面，

是施工方案的重要组成部分。通常对于在工程中占重要地位的施工过程,施工技术复杂的施工过程,采用新技术、新工艺、对工程质量起关键作用的施工过程,以及不熟悉的特殊工程,必须认真研究,选择适宜的施工方法。

1) 选择施工方法的基本要求

(1) 应考虑主导施工过程的要求。在选择施工方法时,应从施工全局出发,着重考虑影响整个工程施工的几个主导施工过程的施工方法,而对于按照常规做法和工人熟悉的施工过程,只需提出应注意的特殊问题,不必详细拟定施工方法。主导施工过程一般指以下几类施工过程:①工程量大、施工所占工期长、部位较重要的施工过程,如砌筑工程;②施工技术复杂或采用新技术、新工艺、新材料,对工程质量起关键作用的施工过程,如玻璃幕墙的施工;③特殊结构或不熟悉、缺乏施工经验的施工过程,如干挂花岗岩墙面的施工。

(2) 应满足施工技术的要求。如模板的类型和支模的方法,应满足模板设计及施工技术的要求。如工具式钢模板当采用滑模施工时,应满足模板设计要求。

(3) 应符合提高工厂化、机械化程度的要求。可以在预制构件厂制作的构配件,应最大限度实现工厂化生产,减少现场作业。同时,为了提高机械化施工程度,还要充分发挥机械利用效率,减少工人的劳动强度。

(4) 应符合先进、合理、可行、经济的要求。在选择施工方法时,不仅要满足先进、合理的要求,还要针对施工企业的各方面条件,看是否可行,并且要进行多方案比较、分析,选择较经济的施工方法。

(5) 应满足质量、工期、成本和安全等方面的要求。通过考虑施工单位的施工技术水平和实际情况,选择能满足提高质量、缩短工期、降低成本和保证安全等要求的施工方法。

2) 主导施工过程施工方法的选择

(1) 确定工艺流程和施工组织方法,组织流水施工,尽可能组织结构与装修穿插施工以达到缩短工期的目的。

(2) 选择材料的运输方式,确定场内临时仓库和堆场的布置位置。

(3) 了解各工种的操作方法和要求,以便确定合理的施工方法。

2. 施工机械的选择

选择施工方法,必须涉及施工机械的选择。合理选择施工机械,可以提高机械化施工的程度,而机械化施工是改变建筑业生产落后面貌,实现建筑工业化的重要基础。在选择施工机械时,应重点考虑以下几方面的内容。

(1) 根据工程特点选择最适宜的施工机械类型。

在选择起重运输机械时,可根据工程量大小来决定,若工程量大而集中,宜采用生产效率较高的塔式起重机;反之,宜采用无轨自行式起重机。在选择起重机的型号时,要使起重机的性能满足起重量、安装高度、起重半径的要求。

(2) 应充分发挥施工企业现有施工机械的能力。

在选择施工机械时,应首先选用施工企业现有的机械,以提高现有机械的利用率,从而达到降低成本的目的。其次再考虑购置或租赁新型或多用途机械。这样做对提高施工技术水平和企业自身素质十分重要。

（3）各种辅助机械或运输工具应与直接配套的主导机械的生产能力协调一致。

在选择与主导机械直接配套的各种辅助机械和运输工具时，应使其生产能力互相协调一致，以充分发挥主导机械的效率。如运输工具的数量和运输量，应能保证起重机的连续工作。

（4）在同一建筑工地上应力求建筑机械的种类和型号尽可能少一些。

在同一建筑工地上，如果拥有大量同类而不同型号的机械，会给机械管理工作带来一定难度，同时也增加了机械转移的工时消耗。因此，对于工程量大的工程施工，宜采用大型专用机械，而对于工程量小而分散的工程，应尽可能采用多用途的机械。

5.3.6　制定各项技术组织措施

1. 技术措施

针对不同工程的施工特点，尤其是采用新材料、新工艺、新技术的工程施工，要编制出相应的技术措施。其一般包括以下内容：

（1）需要表明的各类平面、剖面等施工图及工程量一览表；

（2）施工方法的特殊要求和工艺流程；

（3）装饰材料、构件、半成品、机械、机具等的特点，使用方法和需要量。

2. 质量、安全措施

针对各工程不同的施工条件、建筑特征、技术及安全生产的要求，要制定出保证工程质量和施工安全的技术措施，明确施工的技术要求和质量标准，预防可能发生的各类质量或安全事故。通常考虑以下几方面问题：

（1）有关材料、构配件、半成品的质量标准，检验制度以及装卸、堆放、保管和使用要求；

（2）主要工种工程的技术操作要求，质量标准和检验评定方法；

（3）工程施工中容易产生的质量事故及其预防措施；

（4）保证质量的组织措施，如进行施工人员的培训、制定质量检查验收制度等；

（5）露天作业、高空作业和立体交叉作业中的安全措施，如机械设备、脚手架、室外垂直运输机械的稳定措施和安全检查；

（6）安全用电和机电设备防短路、防触电措施，易燃易爆有毒施工现场的防火、防爆、防毒措施；

（7）季节性安全措施，如雨期的防雨、排水，夏季的防暑降温措施，冬季的防冻、防滑、防火等措施；

（8）保证安全施工的组织措施，如进行安全施工的宣传、教育、检查及制定相应的制度。

3. 降低成本措施

（1）采用先进技术，改进操作方法，提高劳动生产率。

（2）限额领料，以减少不必要的损耗；选择经济合理的运输方式和运输工具；综合使用材料，提高再利用率；积极推广新型的优质廉价代用材料。

（3）正确选择施工方案，科学地组织施工。

（4）充分发挥施工机械的效率，提高利用率。

（5）执行劳动定额制度，扩大定额执行面，以减少停工、窝工现象；同时应增加定额时间，消除或压缩非定额时间，提高劳动生产率。

4. 现场文明施工措施

（1）施工现场设置围栏，道路畅通，场地平整，安全消防设施齐全；

（2）临时设施按规划地点搭建，环境整洁卫生；

（3）加强各种材料、构件、半成品的堆放管理以及施工机械、机具的保养维修；

（4）搞好施工垃圾的存放、运输，防止环境污染。

5.4 单位工程施工进度计划

5.4.1 单位工程施工进度计划概述

1. 施工进度计划的概念

施工进度计划是用图表的形式表明一个工程项目从施工准备到开始施工，再到最终全部完成，其各施工过程在时间上和空间上的安排及它们之间相互搭接、相互配合的关系。施工进度计划还反映出施工的全部工作内容及与水暖电气安装的配合关系。

施工进度计划的图表形式有横道图和网络图两种。

1）横道图形式的施工进度计划

横道图由表格组成。表格分左、右两个部分，左边部分反映拟建工程所划分的施工项目、工程量、定额、劳动量、机械台班量、班制、施工人数及工序延续时间等内容；右边部分则用水平线段反映各施工项目施工的起止时间和先后顺序，以及平行、搭接、配合的关系。水平线段能清楚地表现出各施工阶段的工期和总工期。横道图的形式见表5-1。

表 5-1　施工进度计划（横道图）

序号	施工项目	工程量		定额	劳动量	需要的机械		每天工作班	每班工人数	工作天	施工进度									
		单位	数量		工日数	机械名称	台班数				月									
											5	10	15	20	25	30	35	40	45	50

2）网络图形式的施工进度计划

网络图形式的施工进度计划由两部分构成。第一部分为表格部分，其内容包括拟建工程所划分的施工项目及其相应的紧后工程、定额、劳动量、机械台班量、班制、施工人数及工序延续时间等。第二部分为双代号网络图，其内容包括拟建工程所划分的施工过程（工序）的名称、工序持续时间、箭杆、节点及线路等。通过关键线路的计算可得出总工期。网络图形式的施工进度计划如表5-2和图5-6所示。

表 5-2 施工进度计划(网络图)

序号	施工项目	紧后工序	工程量		定额	劳动量		机械台班	班制	每班人数	工作天数
			单位	数量		工种	工日数				

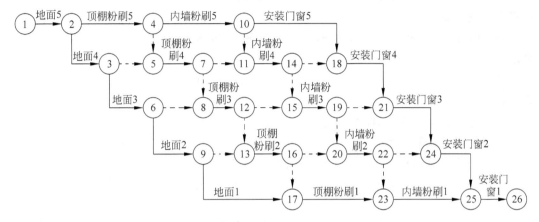

图 5-6 施工网络图

2. 施工进度计划的作用

施工进度计划是施工组织设计的重要组成部分,是施工方案在时间上的体现,也是编制施工作业计划及各项资源需用量计划的依据。其主要作用有以下几点:

(1) 控制各分部工程、分项工程施工进度;

(2) 确定各主要分部、分项工程名称及其施工顺序;

(3) 根据工程项目的分项工程量,确定其延续时间;

(4) 确定工序之间的搭接、平行、流水等协作配合关系;

(5) 根据施工方案,在时间上协调现场施工安排,保证进度计划和施工任务如期完成;

(6) 平衡劳动力需用量计划,月、旬作业计划及材料、构件等物资资源的需要量。

3. 施工进度计划的分类

施工进度计划根据施工项目划分的粗细程度分为控制性施工进度计划和指导性施工进度计划。

1) 控制性施工进度计划

控制性施工进度计划是以分部工程作为施工项目划分对象,控制各分部工程的施工时间及它们之间相互配合、搭接关系的一种进度计划。

控制性施工进度计划主要适用于规模较大、施工工艺复杂、工期较长及采用招投标的工程。

2) 指导性施工进度计划

指导性施工进度计划是以分项工程或工序作为施工项目划分对象,明确各施工过程施工所需要的时间及它们之间相互搭接、配合关系的一种进度计划。

指导性施工进度计划主要适用于施工任务明确、施工条件落实、各项资源供应正常、施工工期较短的工程。

准备参加投标的企业,应先编制控制性施工进度计划,当中标后,在施工之前也应编制指导性施工进度计划。

4. 施工进度计划编制的依据及程序

1)施工进度计划的编制依据

(1)建筑工程施工全套图纸及设备工艺配置图、有关标准图等技术资料;

(2)施工组织设计中有关对本工程规定的内容及要求;

(3)工程承包合同规定的开工、竣工日期,即施工工期要求;

(4)施工准备工作计划,施工现场水文、地貌、气象等调查资料及现场施工条件;

(5)主要分部、分项工程施工方案,如施工顺序的编排、流水段的划分、劳动力的组织、施工方法、施工机械、质量与安全措施等;

(6)预算文件中的有关工程量,或按施工方案的要求,计算出的各分项工程的工程量;

(7)预算定额、施工合同及其他有关资料。

2)施工进度计划的编制程序

施工进度计划应根据工程规模及复杂程度确定其编制程序,如图 5-7 所示。

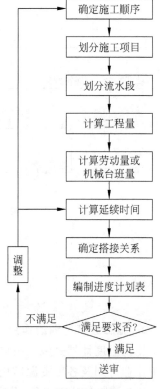

图 5-7　施工进度计划编制程序

5.4.2　控制性施工进度计划

1. 控制性施工进度计划的编制原则

(1)合理安排施工顺序,保证在劳动力、物资以及资金消费量最少的情况下,按合同要求的工期完成施工任务;

(2)采用合理的施工组织方法,尽可能使施工保持连续、均衡、有节奏地进行;

(3)在安排全年度施工任务时,应尽可能按季度均匀分配建设费用。

2. 控制性施工进度计划的主要内容

一般包括:估算各主要项目的实物工程量,确定各分部、分项工程的施工期限,根据施工工艺关系,确定各分部、分项工程开竣工时间和相互搭接关系,编制控制性施工进度计划表。

3. 控制性施工进度计划的编制步骤和方法

1)估算各主要项目的实物工程量

根据工程项目的特点及规模划分项目。项目划分不宜过多,应突出主要项目,对一些附属工程项目可以合并。估算上述项目的实物工程量时,可根据施工图纸并参考各种定额手册进行。如建筑工程概、预算定额。

按上述方法计算出的实物工程量应填入统一的工程量汇总表中,见表 5-3。

表 5-3　实物工程量总表

序号	分部、分项 工程名称	单位	工程量	施工部位	材料运输形式	临时供水 供电设施	临时生活 福利设施

2）确定各主要项目的施工期限

各主要项目的施工期限受很多因素影响，如建筑物结构类型、结构特征、工程规模、施工方法、施工复杂程度、施工管理水平以及当地气候条件、冬雨季施工要求等，同时劳动力、特殊材料供应情况以及施工现场的环境也是不容忽视的因素。因此，各主要项目的施工期限应综合考虑上述影响，并结合现场具体情况并参考有关工期定额或中标后予以确定。

3）确定各主要项目开竣工时间和相互搭接关系

在确定各主要项目开竣工时间和相互搭接关系时，要根据施工方案确定的工艺关系及施工条件进行安排，尽量使主要工种的工人基本上能连续、均衡地施工。具体安排时应注意以下几点。

（1）根据使用要求和施工可能，结合物资供应情况及施工准备工作，分期分批地安排施工，明确每个施工阶段各主要项目的开竣工时间。

（2）对于规模大、工艺复杂、施工工期较长且在使用上有重大意义的工程，应尽量先安排施工。

（3）同一时期开工的项目不宜过多，以免人力、物力分散。

（4）确定一些调剂项目（如附属或辅助建设项目），以便在保证重点工程项目进程的前提下更好地实现均衡施工。

（5）根据施工图纸的要求和材料、设备的到货时间，合理安排每个施工项目在施工准备、施工、设备安装等各个阶段的时间和衔接。

（6）在施工顺序的安排上应考虑季节影响。一般大规模的室外施工应避开冬雨季，寒冷地区的冬季室内工程应做好室内保温工作。

4）编制控制性施工进度计划

控制性施工进度计划的编制分两个步骤：第一，根据各主要施工项目的工期与搭接时间，编制初步进度计划；第二，按流水施工与综合平衡的要求，调整进度计划，最终编制主要分部、分项工程流水施工进度计划或网络计划，见表 5-4。

表 5-4　主要分部（项）工程流水施工进度计划

序号	分部、分项工程名称	工程量		机械			劳动力			施工延续天数	施工进度计划 ××年												
		单位	数量	机械名称	台班数量	机械数量	工种名称	总工日数	平均人数		××月	××月	××月	××月	××月	××月	××月	××月	××月	××月	××月	××月	…

在施工中,不可预见的因素经常发生,施工条件也是多变的,况且在编制控制性进度计划时不可能考虑得很细致,因此项目划分不必很细,否则会给计划的调整带来不便。综合平衡是调整计划的关键,应力求做到均衡施工,从而保证计划的实现。

5.4.3　指导性施工进度计划

1. 指导性施工进度计划的编制步骤

1) 划分施工项目

施工项目是包括一定工作内容的施工过程,是进度计划的基本组成单元。施工项目的划分要求和方法一般包括以下几个方面。

(1) 确定施工项目划分的内容

首先按施工图纸、施工顺序和施工方法,确定工程可划分成哪些分部、分项工程,并将其一一列出,然后根据施工条件、劳动力组织等因素,加以适当调整,使其成为编制施工进度计划需要的施工项目。施工进度计划表中所列的施工项目,一般指直接在建筑物上进行操作的分部、分项工程,不包括建筑构配件的制作加工,如门窗的制作、预制构件的制作及运输等,也不包括灰浆的现场制备及运输工作。

(2) 确定施工项目划分的粗细程度

施工项目划分的粗细程度主要取决于客观需要,一般情况下,对指导性施工进度计划应划分得细一些,特别是其中的主导工程和主要分部工程,以便及时掌握施工进度,起到指导施工的作用。

(3) 施工项目的划分

根据施工方案所确定的施工程序、施工阶段的划分、各主要项目的施工方法,确定施工项目的名称、数量和内容。施工进度表中施工项目的排列方式,应按照施工工艺先后顺序列出。如多层建筑室内抹灰,当选择采用自上而下的施工方案时,则上层地面完成后,下一层的顶棚才能施工,而地面打底灰及罩面两个施工过程可以合并为一个施工项目,即"地面工程"。如果组织施工时,一个项目先做,另一个项目跟着后施工,也可分别列出两项。如门窗框安装完成后进行墙面抹灰,可列出两项,即"门窗框安装"和"墙面抹灰"。

(4) 适当合并项目

为了便于计划的绘制及突出重点,对一些次要的施工过程应合并到主要施工过程中去,如基础防潮层可以合并到基础墙项目中去,这样既可简化施工进度计划的内容,又可使施工进度计划具有明确的指导意义。对一些非主要施工过程,由于工程量不大,也可以合并到相邻的施工过程中去。如雨水管项目可以合并到屋面防水项目中去。当组织混合班组施工时,同一时间由同一工种施工的项目可以合并在一起,如各种油漆施工,包括各种门窗、楼梯栏杆等的油漆,均可合并为一项。对关系密切,不容易分出先后的施工过程也可合并为一项,如玻璃安装和油漆施工可合并为一项;次要的、零星的施工过程,可以合并为"其他工程"一项,在计算劳动量时给予适当的考虑即可。

(5) 某些施工项目应单独列项

对某些施工项目当操作工艺复杂、工程量大、用工多、工期长时,均可单独列项,如挖土方、砌砖墙、安装楼板等;对有些施工项目影响下一道工序施工时也可以单独列项,如水电管线安装工程、脚手架工程等;对穿插配合施工的项目也要单独列项,如脚手架、安全网等。

（6）抹灰工程的列项要求

多层结构的内、外檐抹灰应分别情况列出施工项目。外墙抹灰一般只列一项,室内的各种抹灰应分别列项,如地面抹灰、顶棚抹灰、楼梯抹灰等,以便组织施工和安排施工开展的先后顺序,使进度计划安排更加合理。

（7）设备安装等工程的列项要求

在施工进度计划表的施工项目栏里,对有关的施工准备工作、水暖电工程和工艺设备的安装等应单独列项,以表明它们与建筑工程的配合关系。一般只需列出项目名称,不要细分,而由各专业施工队单独安排各自的施工进度计划。

（8）施工项目的划分应结合施工方案

施工项目的划分与所采用的施工方案有关,如抹灰施工顺序采用自上而下施工项目时,室内抹灰应分为顶棚、墙面及地面三个施工项目;框架结构混凝土浇筑应分为柱混凝土浇筑、梁混凝土浇筑、板混凝土浇筑等施工项目。

（9）施工项目排列顺序要求

确定施工项目,应按施工工艺顺序的要求排列,即先施工的排在前面,后施工的排在后面,并结合流水施工安排好工序之间的搭接关系,以便编制施工进度计划时做到施工先后有序、横道进度清晰、网络计划合理。

2）计算工程量

工程量计算应根据施工图和工程量计算规则进行。当工程预算已经完成,并且它采用的定额与施工进度计划一致时,可直接利用预算文件的工程量,不必重新计算。若个别项目有出入,但出入不大时,要结合工程项目的实际划分的需要作必要的调整和补充。归纳起来,计算工程量时应注意以下几个问题。

（1）工程中所列的施工项目的计量单位必须与现行定额所规定的计量单位一致,以便在计算劳动量、材料、机械台班数量时直接套用定额。

（2）某些工程项目的工程量要结合各分部、分项工程的施工方法和安全要求进行计算,以便使计算出的工程量与施工实际情况相符合。

（3）组织流水施工时,应结合施工组织的要求来计算工程量。如流水施工一般按楼层组织,因此应分施工层计算工程量。若每层工程量不同时,应分别计算,最后累加得出总工程量;若各层工程量相等或出入不大时,可计算一层工程量,再分别乘以层数,即可得出该项目的总工程量。根据总工程量还可以求出每层的工程量。

3）确定劳动量和机械台班数

根据各分部、分项工程的工程量和施工方法,套用主管部门颁发的定额,并参照施工单位的实际情况,确定劳动量和机械台班数量。

主管部门颁发的定额归纳起来一般有两种形式,即时间定额和产量定额。时间定额是指某专业、某技术等级的工人小组或个人在合理的技术组织条件下,完成单位合格产品所必需的工作时间。常用的计量单位有工日$/m^3$、工日$/m^2$、工日$/m$等。产量定额是指在合理的技术组织条件下,某专业、某技术等级的工人小组或个人在单位时间内完成的合格产品的数量。常用的计量单位有$m^3/$工日、$m^2/$工日、$m/$工日等。

时间定额与产量定额之间互为倒数关系,即

$$H_i = \frac{1}{S_i} \quad 或 \quad S_i = \frac{1}{H_i} \tag{5-1}$$

式中，H_i——时间定额；

　　S_i——产量定额。

在套用有关定额时，应结合本企业工人的技术等级、实际操作水平、施工机械情况、施工现场条件等因素作适当调整，使计算出的劳动量、机械台班需要量较为客观地反映实际情况。

对有些特殊的施工工艺或采用了特殊的施工方法的施工项目，其定额往往是查不到的，此时可套用类似项目的定额，并结合实际情况加以修正。

（1）劳动量的确定

凡以手工操作为主的施工项目，其劳动量可按如下公式计算：

$$P_i = \frac{Q_i}{S_i} = Q_i H_i \tag{5-2}$$

式中，P_i——某施工过程所需的劳动量，单位为工日；

　　Q_i——该施工项目的工程量，单位为 m^3、m^2、m、t 等；

　　S_i——该施工项目采用的产量定额，单位为 $m^3/工日$、$m^2/工日$、$m/工日$、$t/工日$等；

　　H_i——该施工项目采用的时间定额，单位为工日$/m^3$、工日$/m^2$、工日$/m$、工日$/t$ 等。

例如：某工程内墙抹灰，其工程量为 $7526.5m^2$，产量定额为 $12m^2/工日$，则需劳动量为

$$P_i = \frac{Q_i}{S_i} = \frac{7526.5}{12} = 627.2（工日）\approx 627（工日）$$

又如该工程楼地面面层，其工程量为 $2858.8m^2$，时间定额为 0.067 工日$/m^2$，则需劳动量为

$$P_i = Q_i H_i = 2858.8 \times 0.067 = 191.5（工日）\approx 192（工日）$$

当施工项目由两个或两个以上的施工过程或内容合并组成时，其总劳动量可按下式计算：

$$P_总 = \sum P_i = P_1 + P_2 + P_3 + \cdots + P_n \tag{5-3}$$

当合并的施工项目由同一工种的施工过程或内容组成，但施工做法不同或材料不时，可计算其综合产量定额：

$$\bar{S}_i = \frac{\sum Q_i}{\sum P_i} = \frac{Q_1 + Q_2 + \cdots + Q_n}{P_1 + P_2 + \cdots + P_n}$$

$$= \frac{Q_1 + Q_2 + \cdots + Q_n}{\dfrac{Q_1}{S_1} + \dfrac{Q_2}{S_2} + \cdots + \dfrac{Q_n}{S_n}} \tag{5-4}$$

式中，$\bar{S}_i$——某施工项目的综合产量定额，单位为 $m^3/工日$、$m^2/工日$、$m/工日$、$t/工日$等；

　　$\sum Q_i$——总的工程量（计算单位要统一）；

　　$\sum P_i$——总的劳动量，工日；

　　$Q_1, Q_2, \cdots, Q_n$——同一工种但施工做法不同的各个施工过程的工程量；

　　$S_1, S_2, \cdots, S_n$——与 $Q_1, Q_2, \cdots, Q_n$ 相对应的产量定额。

（2）机械台班量的确定

凡是以施工机械为主完成的施工项目，应计算其机械台班量。机械台班量可按下式计算：

$$D_i = \frac{Q'_i}{S'_i} = Q'_i H'_i \qquad (5-5)$$

式中，D_i——某施工项目所需机械台班量，台班；

Q'_i——机械完成的工程量，单位为 m³、t、件等；

S'_i——该机械的产量定额，单位为 m³/台班、t/台班、件/台班等；

H'_i——该机械的时间定额，单位为台班/m³、台班/t、台班/件等。

例 5-1 某建筑外墙采用挂铝合金墙板，采用井架摇头把杆吊运墙板，每个楼层安装 168 块，产量定额为 85 块/台班，试求吊完一个施工层墙板所需的台班量。

解：
$$D_i = \frac{Q'_i}{S'_i} = \frac{168}{85} = 1.97（台班）\approx 2（台班）$$

对"其他工程"一项所需的劳动量，可结合工地具体情况，以总劳动量的百分比计算确定。一般约占劳动量的 10%～20% 左右。

在编制施工进度计划时，一般不计算水暖电卫等项工程的劳动量和机械台班量，仅安排与装修工程配合的施工进度。

4）选择工作班制

一般情况下施工多采用一班制，特殊情况下可采用两班制或三班制。两班制或三班制虽然大大加快了施工进度，并能充分发挥施工机械的作用，但也增加了相应的工人福利事业的投入及现场照明费用。

对于采用大型施工机械施工的一些施工过程，为了充分发挥其机械效能，可选择两班制。为了使机械保养和检修留有必要的时间，尽量不安排三班制。

对某些在施工过程中必须连续施工的工序，或某些重点工程要求迅速建成时，如不允许留施工缝的混凝土浇筑工程，可安排三班制施工，但必须做好施工准备、物资供应、劳动力安排，及时制定保证工程质量和施工安全的技术措施。

5）计算施工项目持续天数

按照工期的不同要求及施工条件的差异，确定施工项目的持续天数一般有两种方法：经验估计法、定额计算法。

（1）经验估计法

经验估计法，顾名思义就是根据过去的经验进行估计。对于新工艺、新技术、新材料及无定额可循的项目，可采用此法。为了提高经验估计的准确性，常采用"三时估计法"，即先估计出完成该施工项目的最乐观时间 A、最悲观时间 B 和最可能时间 C，并按下式确定该施工项目的工作持续时间 t：

$$t = \frac{A + 4C + B}{6} \qquad (5-6)$$

（2）定额计算法

这种方法就是根据施工项目需要的劳动量或机械台班量，以及需要的班组人数或机械台数，来确定其工作持续时间。

当施工项目所需劳动量或机械台班量确定后,可由下式计算施工项目的持续时间:

$$T_i = \frac{P_i}{R_i \cdot b_i} \tag{5-7}$$

$$T'_i = \frac{D_i}{G_i \cdot b_i} \tag{5-8}$$

式中,T_i——某手工操作为主的施工项目持续时间,天;

P_i——该施工项目所需的劳动量,工日;

R_i——该施工项目所配备的施工班组人数,人;

b_i——该施工项目每天采用的工作班制(1~3 班);

T'_i——某以机械施工为主的施工项目的持续时间,天;

G_i——某机械项目所配备的机械台数,台;

D_i——某施工项目所需机械台班量,台班。

在组织分段、分层流水施工时,也可用上式计算每个施工段或施工层的流水节拍。

应用定额计算法时,必须先确定 R_i、G_i 和 b_i 的数值。

① 确定施工班组人数 R_i

确定施工班组人数时,应考虑最小劳动组合人数、最小工作面和可能安排的施工人数等因素。

最小劳动组合,就是对某一施工过程进行正常施工所必需的最低限度的班组人数及其合理组合。最小劳动组合决定了最低限度应安排多少工人,如砌砖墙就要按技工和普工的最少人数及合理比例组成施工班组,人数过多、过少或比例不当都将引起劳动生产率的下降。

最小工作面,就是施工班组为保证安全生产和有效地操作所必需的工作区域。在最小工作面内,决定了最大限度可能容纳的工人数。不能为了缩短工期而无限制地增加人数,否则将因为工作面的不足而产生窝工,甚至发生安全事故。

可能安排的施工人数,是指施工单位所能配备的人数。有时为了缩短工期,可以在保证足够的工作面的条件下组织非专业工种的支援。在最小工作面内,如果安排最高限度的工人数仍不能满足工期要求时,可采用两班制或三班制组织施工。

② 确定机械台班数 G_i

与确定施工班组人数的情况相似,也应考虑机械生产效率、施工工作面、可能安排的机械台数及维修保养时间等因素。

例 5-2 某工程内墙抹灰,其劳动量为 676 工日,采用一班制施工,每班出勤人数为 20 人。如果分 5 个施工层流水施工,试求完成该工程项目的施工持续时间和流水节拍。

解:

$$T_{抹灰} = \frac{P_{抹灰}}{R_{抹灰} \cdot b_{抹灰}} = \frac{676}{20 \times 1} = 33.8(天), \quad 取 34 天$$

$$t_{抹灰} = \frac{T_{抹灰}}{m_{抹灰}} = \frac{34}{5} = 6.8(天), \quad 取 7 天$$

上例流水节拍平均为 7 天,施工项目持续时间为 5×7=35(天),则计划安排劳动量为 35×20=700(工日),比计划定额需要的劳动量增加了 700-676=24(工日)。在一般情况下,应当尽量使定额劳动量和实际安排劳动量相接近,考虑到有施工机械配合施工,故在确定施工项目时间和流水节拍时,机械效率也是一个不容忽视的因素。

2. 指导性施工进度计划的编制方法

1) 指导性施工进度计划初步方案的编制

以上各项工作都完成后,就可以着手编制施工进度计划的初步方案。在编制施工进度计划初步方案时,应尽量保证同一施工过程能连续进行,并最大限度地将各施工过程搭接起来。编制施工进度计划初步方案一般有以下两种方法。

(1) 根据施工经验直接安排

这种方法是根据以往经验及有关资料,直接在进度表上画出进度线。此法较为简单实用,其一般步骤是:先安排主导分部工程的施工进度,然后再使其余分部工程尽可能地与主导分部工程相配合,形成各施工过程的合理搭接。

在主导分部工程中,应先安排主导施工项目的施工进度,力求其施工班组能连续施工,而其余施工项目尽可能与它配合、搭接或平行施工。

(2) 用网络计划进行安排

这种方法是将所划分的施工项目,按施工工艺顺序列在表格中,再根据它们之间存在的逻辑关系排出搭接关系,最后根据表格中所列的逻辑关系绘制网络计划初步方案,并通过时间参数计算,初步确定该计划的工期。

2) 指导性施工进度计划的编制

施工进度计划初步方案编出后,应根据合同规定、经济效益及施工条件等进行检查,先检查各施工项目之间施工顺序是否合理,工期是否满足要求,劳动力等资源需用量计划是否使用均衡;然后进行调整,直至满足要求为止;最后编制正式施工进度计划。

(1) 施工项目之间施工顺序的检查和调整

施工进度计划安排的施工顺序应符合建筑施工的客观规律,因此应从技术上、工艺上、组织上检查各施工项目的安排是否正确合理。此外还应从质量上、安全上检查平行搭接施工是否合理,技术、组织间歇时间是否满足。如发现不当或错误之处,应予以修改或调整。

(2) 施工工期的检查和调整

施工进度计划安排的计划工期首先应满足施工合同的要求,其次应具有较好的经济效益。评价工期是否合理的指标一般有以下两种。

第一,工期提前,费用较低。即计划安排的工期比施工合同规定的工期提前的天数和因工期压缩对应增加的费用较少。

第二,节约工期,费用较低。即与定额工期相比,计划工期少用的天数和对应该工期下的费用最低。

当工期不符合要求,即没有提前工期或节约工期时,应进行必要的调整。调整的重点是那些对工期起控制作用的施工项目,即首先安排缩短这些施工项目的时间,并注意增加的施工人数和机械台数。此外还应进行多种方案的比较,使增加的费用最少。

(3) 资源消耗均衡性的检查与调整

施工进度计划的劳动力、材料、机械等供应与使用,应避免过分集中,尽量做到均衡。劳动力消耗的均衡问题,可通过施工进度计划表下面的劳动力消耗动态图来反映,如图 5-8 所示。

图 5-8(a)中出现短时期的高峰,说明这段时间内劳动力使用过于集中,为此将不得不增

加为工人服务的各项临时设施。调整的方法一般是改变某些工序的开工时间,从而避开由于资源冲突而产生的劳动力消耗不均衡现象。图 5-8(b)中出现长时期的低陷,即长时期施工人数骤减,如果剩余工人不调出,将发生窝工现象;如果工人调出,则临时设施又不能利用。这也说明在劳动力使用上产生了不均衡现象。这种情况下,一般采用"缓冲区"来安排临时多余的施工人员。图 5-8(c)中出现了短时期的,甚至是很大的缺陷,这是允许的,只要把少数工人的工作重新安排一下,窝工现象就能消失。如把少数人临时安排从事场外预制构件的制作等。

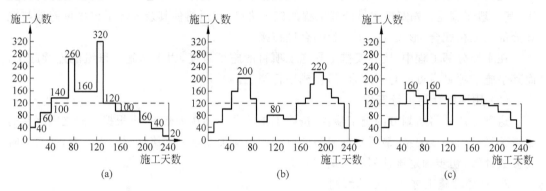

图 5-8　劳动力消耗动态图

衡量劳动力消耗是否均衡的指标是均衡系数。均衡系数可按下式计算:

$$K = \frac{R_{\max}}{R_{\mathrm{m}}} \tag{5-9}$$

$$R_{\mathrm{m}} = \frac{P}{T} \tag{5-10}$$

式中,K——劳动力均衡系数;

　　　$R_{\max}$——施工期间的高峰人数;

　　　R_{m}——施工期间的平均人数;

　　　P——施工总工日数;

　　　T——施工总工期。

劳动力均衡系数一般控制在 2 以下,当 $K > 2$ 时说明劳动力消耗不均衡,此时可通过调整次要项目的施工人数、施工持续时间和施工起止时间,以及重新安排搭接等方法来实现均衡。

应当指出,施工进度计划并不是一成不变的,在执行过程中,由于工程施工本身的复杂性,使施工活动受到许多客观条件的影响。如劳动力、物资供应等情况发生变化,气候条件发生变化等都会使原来的计划难以执行。所以我们在编制计划时要认真了解某一具体施工项目的客观条件,及时预见可能出现的问题,并经常不断地检查和调整施工进度计划,使计划尽可能符合客观条件,先进合理,留有余地。要避免将计划安排得过死,否则稍有变动便会引起混乱,陷入被动。

尽管如此,仍然很难保证施工进度计划从开工到竣工始终一成不变。通常总是需要我们及时地随环境和条件的变化、根据施工活动的实际发展来修改进度计划。基层施工单位常常通过月(旬)施工作业计划和施工现场碰头会来完成施工进度计划的控制和局部调整。

5.5　施工准备工作及各项资源需用量计划

施工进度计划编制完成后,应立即着手施工准备工作及编制各项资源需用量计划,如施工准备工作计划、劳动力需用量计划、主要材料需用量计划、施工机具需用量计划、构配件需用量计划、运输计划等。这些计划与施工进度计划密切相关,它们是根据施工进度计划及施工方案编制而成的,也是做好各种资源的供应、调度、平衡、落实的保证。

1. 施工准备工作计划

单位工程施工前,应编制施工准备工作计划,内容包括现场准备、技术准备、资源准备及其他准备,其计划表格见表 5-5。

表 5-5　施工准备工作计划表

序号	施工准备工作项目	工程量		负责人	进　　　度												
		单位	数量		×月						×月						
					1	2	3	4	5	…	1	2	3	4	5	…	

2. 劳动力需用量计划

劳动力需用量计划是根据施工预算、劳动定额和施工进度计划编制的,是控制劳动力平衡、调配的主要依据。其主要内容包括:工种名称,各工种所需总工日数,每月(旬)所需各工种工日数,各工种最高人数,每月(旬)所需各工种人数等。其编制方法是:将施工进度计划表上每天施工项目所需工人按工种分别统计,得出每天所需各工种数及相应工种的人数,再按时间进度要求汇总。劳动力需用量计划有以下两种形式。

1) 以劳动工日数为单位统计的劳动力需用量计划

这种计划是通过对各工种劳动工日数的统计,来反映某工种在计划期内所需的工日数及某月、旬所需的工日数,见表 5-6。

表 5-6　劳动力需要量计划表(以劳动工日数统计)

序号	工程名称	需用总工日数	需用人数及时间															备注
			×月			×月			×月			×月			×月			
			上	中	下	上	中	下	上	中	下	上	中	下	上	中	下	

2) 以劳动人数为单位统计的劳动力需用量计划

这种计划是通过对各工种劳动人数的统计,来反映某工种在计划期内人员的变化情况,见表 5-7。

表 5-7　劳动力需要量计划表(以劳动人数统计)

序号	工种	最高人数	需用人数及时间																备注
			×月			×月			×月			×月			×月				
			上	中	下	上	中	下	上	中	下	上	中	下	上	中	下		

3. 主要材料需用量计划

主要材料需用量计划是根据施工预算、材料消耗定额和施工进度计划编制的,包括需要材料名称、规格、数量、需要时间等内容,见表 5-8。它主要反映施工中各种主要材料的需要量,以此作为备料、供料和确定仓库、堆场面积及运输量的依据。

表 5-8　主要材料需要量计划表

序号	材料名称	需要量		需用时间															备注
		单位	数量	×月			×月			×月			×月			×月			
				上	中	下	上	中	下	上	中	下	上	中	下	上	中	下	

材料需用量计划的编制方法如下:

(1) 根据施工预算求出某种材料需要总量 Q;

(2) 根据施工进度计划求出需要某种材料的施工项目施工天数总和 T';

(3) 根据施工进度计划求出某月(旬)需要某种材料施工项目的施工天数 T_n;

(4) 求出某月(旬)某种材料需要量 Q_n:

$$Q_n = \frac{Q}{T'} \cdot T_n \tag{5-11}$$

(5) 汇总列表。

4. 施工机具需用量计划

施工机具需用量计划是根据施工方案、施工方法及施工进度计划编制的,主要内容包括机具名称、规格、需要数量、使用起止时间等,见表 5-9。它主要作为落实机具来源、组织机具进场的依据。

施工机具需用量计划的编制方法如下：

根据施工方案要求确定施工机具的规格及数量，再根据施工进度计划表确定使用起止时间。

表 5-9 施工机具需要量计划表

序 号	机具名称	规 格	单 位	需要数量	使用起止时间	备 注

5. 构配件需用量计划

构配件需用量计划是根据施工图、施工方案、施工方法及施工进度计划要求编制的，主要内容包括构配件的名称、型号、规格尺寸、数量、供应起止时间等，见表 5-10。它主要作为落实加工单位按所需规格、数量和使用时间组织构配件加工和进场的依据。一般按金属构件、木构件、玻璃构件等不同种类分别编制列表。

表 5-10 施工机具需要量计划表

序号	构件、加工半成品名称	图号和型号	规格尺寸/mm	单位	数量	要求供应起止日期	备注

6. 运输计划

当材料及构配件由施工单位供应时，还应编制运输计划。它是以施工进度计划及上述各项资源需用量计划为依据，并结合本企业运输能力进行编制的，主要包括运输项目、数量、货源、运距、运输量、运输工具、起止时间等内容，见表 5-11。这种计划可作为组织运输力量、保证资源按时进场的依据。

表 5-11 工程运输计划表

序号	需运项目	单位	数量	货源	运距/km	运输量/(t·km)	所需运输工具			要求供应起止日期
							名称	吨位	台班	

5.6　施工平面图

　　施工平面图是施工组织设计的重要组成部分,是施工现场的平面规划和布置图。在进行施工组织设计时,应根据拟建工程的规模、施工方案、施工进度及施工过程中的需要,结合现场条件,明确施工所需各种材料、构件、机具的堆放位置,以及临时生产、生活设施和供水、供电、消防设施等合理布置的位置。将这些施工现场的平面规划和布置绘制成图纸,即为施工平面图。施工平面图的设计是施工准备工作的一项重要内容,是施工过程中进行现场布置的重要依据,是实现施工现场有组织、有计划进行文明施工的先决条件。施工时贯彻和执行合理的施工平面图,将会提高施工效率,保证施工进度有计划、有条不紊地实施;反之,如果施工平面图设计不合理或现场未按施工平面图布置要求组织施工,则会导致施工现场的混乱,直接影响施工进度、劳动生产率和工程成本。一般施工平面图绘制的比例是 1∶200～1∶500。

　　对于局部项目或改建项目,由于现场可利用场地小,所需各项临时设施无法布置在现场,就要安排好材料运输供应计划及堆放的位置和道路走向等,以免影响整个工程按期完成。

5.6.1　施工平面图的设计依据和内容

1. 施工平面图设计的依据

　　在进行施工平面图设计之前,首先要认真研究施工方案及施工进度计划的要求,对施工现场进行深入细致的调查研究,然后对依据的各种原始资料进行周密的分析,使设计符合施工现场的具体情况,从而使设计出来的施工平面图真正起到指导施工现场平面布置的作用。设计施工平面图所依据的资料包括以下几方面。

　　1) 建设地区的原始资料

　　(1) 建设地区的自然条件资料。包括气象、地形、水文、地质等资料及建筑区域的竖向设计资料。主要用于决定水、电等管线的布置,解决由于冰冻、洪水、风雹等引起的相关问题,以及安排冬、雨季施工期间有关设施的布置位置。

　　(2) 建设地区技术经济资料。包括建设地区的交通运输情况,水源、电源、物资资源供应情况以及建设单位及工地附近可供使用的房屋、场地、加工设施和生活设施情况。主要用于解决运输问题和决定临时建筑物及设施所需数量及其空间位置。

　　2) 建筑设计资料

　　(1) 建筑总平面图。图上包括已建和拟建的建筑物和构筑物。这主要用于正确确定临时房屋和其他设施的空间位置,以及为修建工地运输道路和解决排水等所用。

　　(2) 一切已有和拟建的管道位置和技术参数。主要用于决定原有管道的利用或拆除,揭示新管线的敷设与其他工程的关系。

　　(3) 拟建工程的有关施工图和设计资料。

　　3) 施工组织设计资料

　　(1) 施工方案。根据施工方案可确定垂直运输机械和其他施工机具的数量、位置及规划场地。

　　(2) 施工进度计划。根据该资料可了解施工各阶段的情况,以便分阶段布置施工现场。

　　(3) 各种材料、构件、半成品等资源需用量计划。掌握该资料可确定仓库和堆场的占地面积、平面形状和布置位置。

2. 施工平面图设计的内容

（1）建筑总平面图上已建和拟建的建筑物及构筑物，有关管线和各种设施的位置和尺寸。

（2）固定式垂直运输设施的位置和移动式起重机的开行路线及轨道布置。

（3）各种生产、生活临时设施的位置、大小及其相互关系，主要包括以下内容。

① 场内运输道路的布置及其与建设地区的铁路、公路和航运码头的关系。

② 各种材料、半成品、构件以及各种设备等的仓库和堆场。

③ 各种加工厂、搅拌站、半成品制备站及机械化装置等的位置。

④ 生产和生活福利设施的布置位置。

⑤ 临时给水管线、供电线路、热源气源管道和通风线路的布置。

⑥ 一切安全和防火设施的布置。

图中尚应注明图例、比例、方向及风向标记等。

5.6.2　施工平面图设计的原则

施工平面图设计应遵循以下原则。

（1）尽量减少施工占用场地，使现场布置尽量紧凑、合理，以便于管理，并可减少施工用的管线。

（2）在保证施工顺利进行的前提下，尽可能减少临时设施的数量，降低临时设施费用。尽可能利用施工现场附近的原有建筑物作为施工临时用房，并利用永久性道路供施工使用。这些都是增产节约的有效途径。

（3）最大限度地减少场内运输，尤其是减少场内材料、构件的二次搬运，各种材料、构件、半成品应按进度计划分期分批进场，充分利用施工场地。各种材料、构件、半成品堆放的位置，根据使用时间的要求，应尽可能靠近使用地点，以节约搬运劳动力并减少材料多次转运中的损耗。

（4）临时设施的布置，应尽量便利工人生产和生活并有利于施工管理。福利设施应在生活区范围之内，生活区的布置应使工人们至施工区的距离最近，往返时间最少，但必须与现场分离。办公用房应靠近施工现场。

（5）施工平面布置应符合劳动保护、安全技术和防火的要求。施工现场的一切设施都要有利于生产、保证安全施工。场内道路一定要畅通，机械设备的钢丝绳、电缆等不得妨碍交通运输，如必须横穿道路时，应采取必要的措施；工地内应布置消防设备，以满足防火要求；对工人健康有碍的设施和易燃的设施，应布置在现场的下风口，并离生活区远一些；施工现场的出入口应设警卫，做好保卫工作。

根据以上基本原则，并结合施工现场的具体情况，一般可设计出几种不同的施工平面图方案，因此需进行多方案的技术经济分析，从中选出费用最经济、技术最合理、施工最安全的方案。进行方案比较的技术经济指标主要有以下几个：施工用地面积，施工场地利用率，场内运输道路及各种临时管道线路总长度，临时房屋的面积，场内材料搬运量，临时工程量，是否符合国家规定的安全技术、防火、文明施工的要求等。

5.6.3　施工平面图设计的步骤

建筑工程施工平面图设计的步骤一般是：确定起重运输机械的位置→确定搅拌站、加工棚、仓库、材料及构件堆场的尺寸和位置→布置运输道路→布置临时设施→布置水电管线→布置安全消防设施→调整优化。

1. 起重运输机械位置的确定

常用的起重机械,固定式的有塔式起重机、井架、门架、悬臂扒杆等;移动式的包括有轨与无轨两种,有轨的如塔吊,无轨的有轮胎吊、履带式起重机、汽车吊等。

起重运输机械的位置,直接影响着仓库、搅拌站以及材料、半成品、构件堆场的位置,还影响着场内运输道路和水电管线的布置,因此必须首先予以考虑。

1) 塔式起重机的布置

塔式起重机是集起重、垂直提升和水平输送三种功能为一身的机械设备。对于低层建筑常采用一般的有轨式起重机或固定式起重机;对于中高层建筑,可选用附着自升式塔式起重机或爬升式塔式起重机,其起升高度随建筑的施工高度而增加;如果建筑体积庞大,建筑结构内部又有足够的空间(电梯间,设备间)可安装塔式起重机时,可选用内爬式塔式起重机,以充分发挥塔式起重机的效率。但安装时要考虑建筑结构支承塔式起重机后的强度及稳定。

(1) 塔吊的平面位置

塔吊可沿建筑物一侧或两侧布置,它的布置位置主要取决于建筑物的平面形状、尺寸、四周场地条件和起重机的性能、起重半径。一般应在场地较宽的一面沿建筑物长度方向布置,这样可充分发挥其效率。一侧布置的平面和立面如图 5-9 所示。

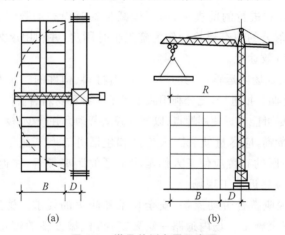

(a) (b)

图 5-9　塔吊单侧布置示意图

塔吊的轨道路基必须坚实可靠,两旁应设置排水沟,保证雨季排水。在满足使用要求的条件下,要缩短塔轨铺设长度,这样既少占施工场地,又节约成本。当采用两台塔吊或一台塔吊另配一台井架施工时,每台塔吊的回转半径及服务范围应明确,在塔吊回转时不能碰撞井架及其缆风绳。

(2) 塔吊的起重参数及复核

塔吊一般有 3 个起重参数,即起重量 Q、起重高度 H 和回转半径 R,有些塔吊还设有起重力矩(起重量与回转半径的乘积)参数。

塔吊的平面位置确定后,应使其各项参数均满足起重运输要求。

① 起重量应满足最重的材料或构件的吊装要求:

$$Q = Q_1 + Q_2$$

(5-12)

式中,Q——起重机的起重量,t;

　　Q_1——构件的重量,t;

　　Q_2——索具的重量,t。

② 起重高度应满足安装最高构件和运输的高度要求。塔吊高度取决于建筑物高度及起重高度:

$$H \geqslant H_1 + H_2 + H_3 + H_4 \tag{5-13}$$

式中,H——起重机的起重高度,m;

　　H_1——建筑物总高度,m;

　　H_2——建筑物顶层人员安全生产所需高度,m;

　　H_3——构件高度,m;

　　H_4——索具高度,m。

③ 单侧布置时(图5-9(a)),塔吊的回转半径 R 应满足下式要求:

$$R \geqslant B + D \tag{5-14}$$

式中,R——塔吊的最大回转半径,m;

　　B——建筑物平面的最大宽度,m;

　　D——建筑物外墙皮至塔轨中心线的距离,m。一般无阳台时,D=安全网宽度+安全网外侧至轨道中心线距离;当有阳台时,D=阳台宽度+安全网宽度+安全网外侧至轨道中心线距离。

塔吊的位置及尺寸确定后,应当复核起重量、起重高度、回转半径3个参数是否能满足施工吊装技术要求,如不能满足,则可适当减小式(5-14)中的 D 的距离。由于外墙边线与塔轨中心线的距离 D 取决于阳台、雨篷、脚手架等的尺寸,还取决于塔吊的性能、型号、轨距及所吊材料、构件的重量和位置,这与施工现场的地形及施工用地范围大小有关,如果 D 已经是最小安全距离时,则应采取其他技术措施,如采用双侧布置或结合井架布置等。塔吊3个参数计算简图见图5-10。

(3) 塔吊的服务范围

在以上各项工作(包括位置尺寸确定、工作参数复核)调整完成之后,就要绘制出塔吊的服务范围。以塔吊轨道两端有效行驶端点的轨距中点为圆心、最大回转半径 R 为半径画两个半圆形,再连接两个半圆,即为塔吊服务范围,如图5-11所示。

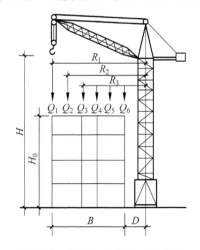

图5-10 塔吊工作参数计算简图

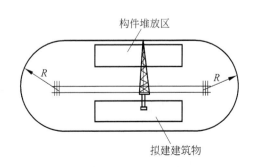

图5-11 塔吊服务范围

在确定塔吊服务范围时,要求最好将建筑物平面尺寸均包括在塔吊服务范围内,以保证各种材料和构件直接吊运到建筑物的设计部位上,尽可能不出现"死角"。"死角"是指建筑物处在塔吊范围以外的部分,如图 5-12 所示。如果无法避免,则要求"死角"越小越好,同时在"死角"上应不出现吊装最重、最高的预制构件、材料等。如果在起吊最远材料或构件时需作水平推移,则推移距离一般不得超过 1m,并要有严格的技术安全措施。也可采取其他辅助措施,如布置井架、龙门架和塔吊同时使用,或在楼面进行水平转运等,以保证这部分"死角"部分的材料或构件能顺利就位,使施工顺利进行。

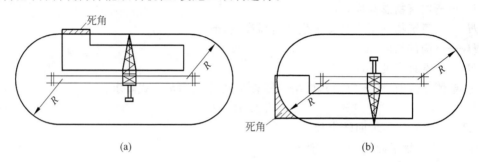

图 5-12　塔吊施工的"死角"

(a) 南边方案布置;(b) 北边方案布置

2) 自行无轨式起重机械

自行无轨式起重机械分履带式、汽车式、轮胎式 3 种,它们一般不作垂直提升运输和水平运输之用,专作材料、构件装卸和起吊之用,一般只要考虑其行驶路线即可。行驶路线根据吊装顺序、材料和构件重量、堆放场地及建筑物的平面形状和高度等因素确定。

3) 固定式垂直运输机械

固定式垂直运输机械一般包括井架、龙门架、室外施工电梯等,它们的布置主要取决于建筑物的平面形状和尺寸、流水段的划分、建筑物高低层的分界位置和运输道路等因素。布置的原则是充分发挥起重机械的效率、能力,并使地面或楼面上的水平运距最短。具体地说,当建筑物各部位的高度相同时,应布置在流水段的分界线附近,当建筑物各部位的高度不同时,应布置在高低分界线较高部位一侧;井架、龙门架、室外施工电梯的位置以布置在窗口处为宜,以避免和减小井架拆除后的修补工作;井架、龙门架、室外施工电梯的数量要根据施工进度、垂直提升的材料和构件数量、台班工作效率等因素,通过计算确定,其服务范围一般为 50~60m。卷扬机的位置不应距起重架太近,以便卷扬机操作人员能方便地观察吊装的升降过程,一般要求该距离大于或等于建筑物的高度(通常在 10m 以上),同时距离外脚手架 3m 以上;井架应立在外脚手架之外,并有一定距离,一般以 5~6m 为宜。

(1) 井架的布置

井架一般采用角钢拼接,截面为矩形,每边长度为 1.5~2.0m,每节呈立方体,起量为 0.5~2t,主要用于垂直运输。布置井架时,其数量应根据垂直运输量大小、工程进度及组织流水施工的要求确定。

井架可装设 1~2 个摇头把杆,把杆长度一般为 6~15m,它有一定的活动吊装半径,可将各种材料和构件直接吊装到相应设计位置上。井架可平行墙面架立,也可与墙面成 45°

架立,如图 5-13 所示,这是一根把杆为两个施工段服务的布置形式,服务半径为 r。图 5-14 所示为一个井架装两根把杆的布置。当一个井架装两根把杆时,两根把杆要斜角对称架设,分别设置卷扬机穿引,以满足两个施工段垂直运输的需要。图中两个把杆的服务半径根据需要选择,以 r_1、r_2 表示。

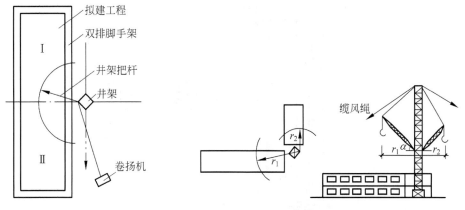

图 5-13 井架布置示意图　　　　图 5-14 一个井架两根把杆示意图

一般井架离开拟建建筑物外墙的距离,视屋面檐口挑出尺寸或双排脚手架搭设要求决定。摇头把杆与井架之间的夹角以 45°为最佳,也可以在 30°~60°之间变幅。因此把杆长度 L 与回转半径 r 的关系,用下列公式表示:

$$r = L\cos\alpha \qquad (5\text{-}15)$$

式中,r——把杆回转半径,一般为 4.5~11m;

　　　L——把杆长度,一般为 6~15m;

　　　α——把杆与水平线的夹角,30°~60°。

井架把杆长与服务半径的关系如图 5-15 所示。井架至少应有 4 根缆风绳拉紧并锚固牢靠。如其高度超过 40m 时,要拉设两道缆风绳,顶部 4 根,把杆支承处不少于 2 根。

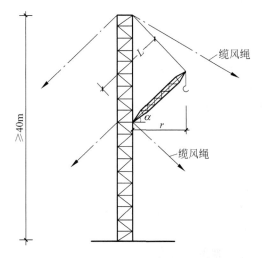

图 5-15 把杆长与服务半径的关系

（2）龙门架的布置

龙门架由两根门式立柱及附在主柱上的垂直导杆组成,使用卷扬机将吊篮提升到需要高度。吊篮尺寸较大,可用于提升材料、构件等。龙门架的平面布置与井架基本相同,其示意图如图 5-16 所示。

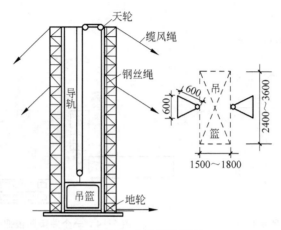

图 5-16 龙门架示意图

（3）室外电梯的布置

随着高层建筑的不断发展,除了建筑物内部需要各种类型的电梯外,在建筑物施工过程中,由于楼高层多,建筑工人上、下班及搬运一些建筑材料等也需要施工用电梯。我国建筑施工室外电梯是从 20 世纪 70 年代开始生产的。这种电梯与室内电梯有较大的区别,室内电梯必须有梯井、机房,并且以曳引方式驱动;室外施工电梯则不可能设梯井、机房等设施,驱动方式也不用曳引机。由于室外电梯的设计、制造和使用形式要满足建筑施工的需要,所以室外电梯具备以下几个基本特点:①能适应建筑物的施工高度,运送一定数量的工人和建筑材料;②电梯拆装方便,转移工地时运输灵活;③操作方便、安全、耐用。针对这些特点以及建筑工地的环境条件,建筑施工用室外电梯的设计制造多采用井字架做主要承重结构(相当于室内电梯的梯井和导轨),电梯轿厢(梯笼)和平衡砣用钢丝绳连接后绕过井字架上端的天轮跨于井字架两侧,轿厢和平衡砣的骨架上都装有滚轮,并卡于井字架的立管上,井字架上设有固定的齿条,轿厢上设有交流电动机和减速机,并以一定的速比用齿轮伸出轿厢外与井字架上的齿条啮合传动。施工电梯上还设有限速器、极限开关盒限位装置等,如图 5-17 所示。

施工电梯使用应注意事项:

① 施工电梯的基础、导轨架的垂直度及顶部自由端高度、附墙间距,必须符合使用说明书规定。

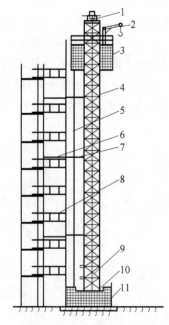

图 5-17 施工电梯示意图

1—天轮架;2—吊杆;3—吊笼;
4—导轨架;5—电缆;6—后附墙架;
7—前附墙架;8—护栏;9—配重;
10—吊笼;11—基础

② 各施工作业面上下梯笼的通道口两侧,必须设停机标志和安全防护栏杆。

③ 导轨架上必须安装梯笼上下行程限位开关。电梯门安装单开门或双开门保险开关及联锁装置和机械、电气联动限速器。

④ 标准节加节时,必须安装梯笼超高限位开关。

⑤ 必须设防雷接地保护装置,电阻不大于 10Ω。

⑥ 施工电梯司机必须经过培训,经考试合格取得许可证后方可上岗操作。

⑦ 认真做好日常保养工作。在运行中发生故障时,必须立即设法排除,故障未经排除,不得继续运行。

⑧ 施工电梯每运行三个月应进行一次全面安全检查,并按规定进行一次满载坠落试验,以杜绝隐患。

2. 搅拌站、加工棚、仓库及材料堆场的布置

搅拌站、加工棚、仓库及材料堆场的布置应尽量靠近使用地点或起重机服务范围之内,并考虑到运输和装卸的要求。

1）搅拌站的布置

搅拌站常用混凝土和砂浆搅拌机,其型号、规格、数量通常在施工方案与施工方法选择时确定。搅拌站布置时应考虑以下主要因素。

（1）搅拌站应设置在施工道路近旁,以便砂、石及拌合物的运输。

（2）搅拌站应尽量布置在垂直运输机械回转半径内,以减少混凝土及砂浆的运距。

（3）搅拌站尽量与砂石堆场、水泥库一起参考布置。

（4）搅拌台的面积要能满足要求。一般混凝土搅拌机所需面积约 $25m^2$,砂浆搅拌机所需面积约 $15m^2$,冬期施工应考虑保温供热设施,因此还应增加面积。

（5）搅拌站四周应设有排水沟,以便排放清洗机械的污水,避免现场积水。

2）混凝土输送泵的布置

采用泵送混凝土的方式浇筑混凝土,可以一次性将混凝土送到指定的浇筑地点,加快施工进度,广泛应用于中高层建筑的施工中。混凝土输送泵的输送量与运输距离及混凝土的砂、石级配有关;合理选择混凝土输送泵的输送管和精心布置输送管路,是提高混凝土输送泵输送能力的关键。混凝土输送泵的位置应与混凝土搅拌站、砂石堆场、水泥库一起参考布置。

3）加工棚的布置

木材、金属、水电等加工棚宜布置在建筑物四周稍远处,并有相应的材料及成品堆场。

4）仓库及堆场的布置

仓库及堆场的面积应先通过计算确定,然后根据各施工阶段的需要及材料使用的先后来进行布置。水泥仓库应选择地势较高、排水方便、靠近道路或搅拌站的位置;各种易燃、易爆品仓库的布置要符合防火、防爆安全距离的要求;木材、金属、水电器材仓库应与加工棚结合布置;各种钢、木门窗及构件和较贵重的材料,不宜露天堆放,可放置在建筑物底层室内或另设仓库。各种主要材料堆场一般是根据其用量大小、使用时间长短、供应与运输情况来确定布置。对于用量较大、使用时间较长、供应与运输较方便者,在保证施工进度和连续施工的情况下,应安排分期分批进场,以减小仓库及堆场面积,达到节约施工费用的目的。

仓库及堆场面积按下列公式计算:

$$F = \frac{Q}{nqk} \qquad (5\text{-}16)$$

式中, F——材料堆场或仓库面积, m^2;

　　　Q——各种材料在现场的总用量, 单位为 m^3、m^2、t 等;

　　　n——分期分批进场次数;

　　　q——每平方米储存定额;

　　　k——堆场、仓库面积有效利用系数。

3. 运输道路的布置

施工运输道路应按材料和构件运输的需要, 沿其仓库和堆场的位置进行布置, 使之畅通无阻。布置时应遵循以下原则。

(1) 尽量利用已有道路和永久性道路。

(2) 为提高车辆的行驶速度, 应将道路布置成直线形; 为了提高道路的通行能力, 尽量将道路布置成环形路。

(3) 要满足材料、构件等运输要求, 使道路通到各仓库及堆场, 并距离装卸区越近越好。

(4) 要满足消防要求, 使道路靠近拟建建筑物及木料场、材料库等易发生火灾的地方, 以便车辆直接开到消火栓处, 消防车道宽度不小于 3.5m。道路的最小宽度和转弯半径见表 5-12 和表 5-13。

表 5-12　施工现场道路最小宽度

序号	车辆类别及要求	道路宽度/m	序号	车辆类别及要求	道路宽度/m
1	汽车单行道	≥3.0	3	平板拖车单行道	≥4.0
2	汽车双向道	≥6.0	4	平板拖车双向道	≥8.0

表 5-13　施工现场道路最小转弯半径

车辆类型	路面内侧的最小曲率半径/m		
	无拖车	有一辆拖车	有两辆拖车
小客车、三轮车	6		
一般二轴载重汽车	单车道 双车道	12	15
三轴载重汽车 重型载重汽车	12	15	18
超重型载重汽车	15	18	21

4. 行政管理及生活用临时设施的布置

管理及生活用临时设施布置时, 应考虑使用方便, 不妨碍交通, 并符合防火保安要求。办公室一般紧邻现场布置; 工人生活用房尽可能利用永久性设施或采用活动式、装拆式结构并设在现场附近; 门卫、收发室设在现场出入口处。生活性与生产性临时设施要区分开, 不能互相干扰。

5. 临时供水、供电设施的布置

在建筑工程施工中, 临时供水、供电设施一般尽可能利用拟建工程永久性的上、下水管网和线路。必要时也可从建设单位的干管中引水或自行布置干管供水, 此时应结合现场地形在建筑物周围设置排水沟。工地内要设置消火栓,消火栓距拟建建筑物不应小于5m,也不应大于25m,距路边不大于2m。如需设供电变压器时,应将其布置在现场边缘高压线接入处,四周用铁丝网围住,不宜布置在交通要道处。

5.6.4 施工平面图的管理

既然施工平面图是对施工现场科学合理的布局,是保证建筑工程的工期、质量、安全和降低成本的重要手段,那么施工平面图不仅要设计好,而且要管理执行好,忽视了任何一方面,都会造成施工现场混乱,使施工受到严重影响。因此,加强施工现场管理对合理使用场地,保证现场运输道路、供水、供电、排水的畅通,建立连续均衡的施工秩序等具有十分重要的意义。通常可采用下列管理措施:

(1) 严格按施工平面图布置各项设施;
(2) 道路、水电管线应有专人管理维护;
(3) 在各阶段施工完成后,应做到料净、场清;
(4) 施工平面图必须随着施工的进展及时调整,以适应变化情况。

5.7 单位工程施工组织设计实例

5.7.1 工程概况与施工条件

1. 工程概况

1) 工程建设概况

本工程为某单位职工家属宿舍。经上级主管部门审核批准,投资××万元;基建手续完整,符合基建程序要求;建设征地完成并已申请施工执照。建设单位为××厂矿企业,设计单位为××市建筑设计院,施工单位为某建筑公司下属分公司,工程监理为××监理公司。图纸齐全并已会审,工程施工合同已签订,开工日期为××年5月3日,竣工日期为同年11月30日,日历工期为211天。

2) 建筑设计概况

本工程由四个标准单元组成,平面形状为一字形,6层楼。全长51.84m,宽12.54m,建筑面积为3300m²,层高2.8m,檐口标高16.80m,室内外高差为0.30m;平面图、剖面图及单元组合如图5-18所示。

室内墙面抹灰为普通抹灰,刷乳胶漆两道;水泥砂浆楼地面,外墙门窗均为钢门窗,室内为木门窗。外墙:檐口及窗台线、楼梯口的墙面上刷米黄色外檐涂料。阳台板立面刷浅绿色外檐涂料;其他各层墙面为水泥砂浆搓砂抹灰。门窗刷调和漆两遍;楼梯栏杆为钢管焊接。屋面:水泥砂浆找平层上做二毡三油防水层。

3) 结构设计概况

砖混结构;砖砌大放脚条形基础、混凝土垫层,基础埋深1.70m;一砖半墙,预制钢筋混凝土空心楼板及屋面板;设地圈梁一道,二、四、六层各设圈梁一道。

4) 水卫电、煤气设施

钢管上水及煤气、暖气管道,铸铁下水管;陶瓷便器;暗线电线及普通电器设施安装。

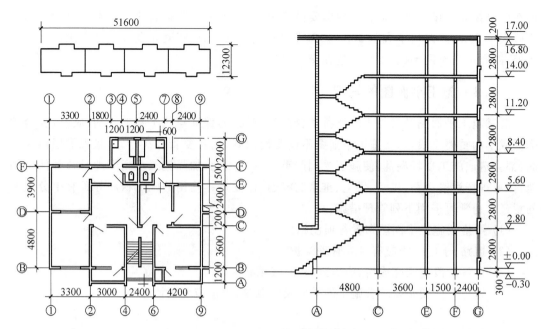

图 5-18　平面图、剖面图及单元组合

2. 施工特点及施工条件分析

1）施工条件

本工程位于市中心，交通方便，施工现场有空地一块可利用。

气温及雨情：最低温度约 15℃，最高温度约 35℃，工程开工后，气温逐月上升，8 月初最高，以后开始下降。6 月下旬至 9 月为雨季，雨量：大暴雨最高纪录为 150mm 左右，雨季雨量历年最高纪录为 280mm。主导风向：北偏西。

土壤及地下水：三类土，−1.3m 以下为黄色亚粘土；4—6 月地下水位约−3.5m，7—9 月约−2.0m。

构件预制及供应：全部钢筋混凝土构件均由构件厂加工生产负责运输到现场；木门窗由木材加工厂生产并运输到工地；钢门窗由金属结构厂预订供应，钢栏杆在现场预加工；水泥、钢材及地方大宗材料由公司材料科按计划负责供应并运送到施工现场。

施工用水用电：可从施工现场南面引入用水；从北面引入用电。均可满足施工需用。

本工程所需劳动力、各种所需用施工机械设备等均已平衡落实。

水电卫生设备、管线安装均由水电队施工，并与土建施工协调配合施工。

由于工程在市中心，因此不在现场设置临时宿舍、食堂。

2）工程特点分析

本工程结构形式为一般砖混结构住宅，装修无特殊要求。由于为六层楼，总高约 17m，各种材料垂直运输量较大；抹灰量，工期要求较紧，为保证按期竣工，除各种材料、构件等应按计划及时供应外，还应在施工中做好各项施工项目的相互交叉配合，组织流水施工，土建与水电卫等协调配合施工。

5.7.2　主要分部分项工程施工方案

1. 施工顺序、流水段与施工起点

1）分部工程划分及顺序

本工程为一般常见砖混结构。分部工程划分及其施工顺序为：基础→主体→屋面及内外装修→水卫电器管线敷设安装。为保证按期竣工，在主体结构完成后，各装修项目组织平行搭接流水施工；主要内外檐装修安排自上而下的顺序施工。

2）流水段的划分及施工起点流向

（1）基础以两个单元为一段，共分两段，自西至东流水施工。

（2）主体以每层两个单元为一段，分两段，六层楼共 12 个流水段；自西至东、自下而上组织两个施工班组流水施工，保证瓦工不间断流水。

（3）屋面不分段，整体一次施工。

（4）外檐装修采用自上而下的施工顺序，一层一段，以墙面分格缝处为界，从北面开始，每层顺时针方向抹灰。

（5）内装修采用自上而下的施工顺序由西向东流水施工。每层采用先顶棚、后墙面、再地面的施工顺序。

2. 施工方法及施工机械、技术措施

1）基础工程

（1）施工顺序为：机械挖土→清底钎探→验槽处理→混凝土垫层→基础圈梁→砌砖基础→暖气沟管→回填土等。

（2）施工方法为：机械挖土采用整体开挖，弃土地点在工程现场北面约 70m 处的凹坑内。采用 W-100 型反铲挖土机，坑底四周各留 0.5m 宽的工作面，放坡坡度为 1∶0.75，基槽挖土量为 840m³。

混凝土垫层及地圈梁混凝土选用强制式混凝土搅拌机一台，配 4 辆双轮小推车作水平运输。基坑设坡道，原槽浇筑混凝土垫层，用水平桩控制其厚度，平板式振捣器振捣抹平。

基槽两边对称回填土，每填 30cm 厚，用机械夯实；室内房心回填土用夯实机械压实至−0.15m。

（3）主要技术措施：挖槽后要测底、验宽，并进行钎探，不符合要求者应及时处理、修正，合格后方可做垫层。混凝土、砂浆等配合比与原材料质量均应符合设计规定；必要时，应做抽样测试；垫层上弹测墙基轴线及边线后，要再次复核检查，确保尺寸无误；各施工过程完成后，均应做出技术检查和质量验收，做好基础隐蔽验收记录。

2）主体工程

（1）施工顺序为：砌砖墙→浇雨篷、圈梁等混凝土→吊装楼板及屋面板等。

（2）施工方法：外墙采用双排钢管扣件脚手架，配合墙体砌筑逐层搭设。垂直运输 QT80EA 塔式起重机，回转半径 50m，负责结构工程施工时的水平及垂直运输。

模板均采用组合钢模板，尺寸不合处用木模镶拼。

砖墙砌筑每层楼分两个砌筑层；楼梯采用现浇钢筋混凝土施工方法；厨房间边上的洞口处，待室内抹灰后砌筑，留此口作为每层单元运送灰浆等材料的入口。

（3）主要技术措施：每层楼竖向标高控制,采用在建筑物四个大角处设皮数杆；砖应在砌筑前一天淋水湿润,禁止干砖砌墙；墙面各转角部位每 10 皮砖应加 $2\phi6$ 拉接钢筋,长度不小于 1m；门窗洞口处按设计要求砌入木砖或带预埋铁件的混凝土块,以便门窗框的固定。

钢筋混凝土板,在吊装前应严格检查质量尺寸,凡有裂缝的板禁止使用。

现浇雨篷、圈梁等,在钢筋绑扎后,必须经监理员验收合格后才允许浇捣混凝土。

混凝土及砂浆每层楼应做两组试块,以备检查其是否符合设计要求的强度等级。

3）屋面工程

（1）施工顺序为：保温层施工→水泥砂浆找平层→刷冷底子油及油毡防水层→铺隔热板等。

（2）施工方法及技术措施：按屋面设计构造层次施工,屋面板灌缝后,即做屋面保温层；砂浆找平层；水泥砂浆找平层待充分干燥后,再刷冷底子油及油毡防水层施工；绿豆砂应淘洗、预热干燥后才准使用；熬制沥青胶应控制温度,熬制时间不超过 4 小时。沥青胶满铺,油毡贴实,接头搭接长度：端头搭接不小于 500mm,纵边搭接不小于 100mm。接头必须粘结牢靠,不得有挠边现象。

4）装修工程

（1）施工顺序为：混凝土地面垫层→门窗框及栏杆安装→楼地面面层→外墙装修→内墙抹灰→门窗扇安装→厨、卫贴瓷砖→板底、墙面刷白→门、窗、栏杆油漆→玻璃安装→楼梯抹灰→勒角、散水、明沟→零星工程等。

（2）施工方法及技术措施：以抹灰为主导施工过程,在保证质量和技术要求（如做养护等）及有工作面的条件下,各施工过程均按照施工工艺要求,组织好内外及上下平行立体交叉流水施工；楼地面面层施工应做好提浆、抹平、收水后压实、抹光等施工过程,淋水养护 7 天左右,再开始室内其他施工；墙面抹灰做到棱直面平；各种油漆施工应严格按操作工序进行。

5）水卫管线工程

基础砌砖后,回填土之前,各种地下给、排水管线均应一道配合施工,留出地面上的管口做好封口；主体工程完成三层后,由下而上安装下水管,待屋面板吊装后,将穿出屋面的通气下水管安好,保证屋面防水层一次完成；室内抹灰前要安装好各种上下水管、煤气、暖气管的管卡、配电箱等,避免二次打洞再修补。

本工程根据施工方案及有关施工条件和工期要求等,经调整,其进度计划如图 5-19 所示。

根据施工图纸、施工方案及施工进度计划,编制劳动力及物资需用量计划。

根据施工现场条件,材料及构件分期分批进场,按施工进度计划及材料、构件等需用量计划要求,现场规划堆存 1～1.5 层楼的材料量；水电管线分别从北、西边引进施工现场,一座塔吊布置在建筑物西侧,承担两个单元的材料、构件吊运任务；根据施工需要,搭设水泥库、钢筋加工棚、工具库、工人休息室、办公室、警卫等临时设施。

主体阶段施工平面图如图 5-20 所示。

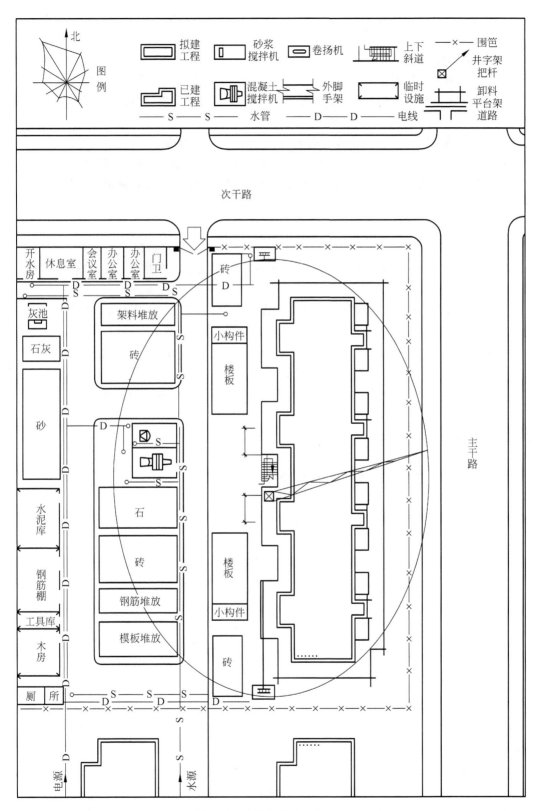

图 5-20 主体阶段施工平面图

5.7.3　质量、安全措施

1. 质量措施

（1）施工前认真做好技术交底，各分部分项工程均应严格执行施工及验收规范。

（2）严格执行各项质量检验制度，认真开展施工队自检、互检、交接检，分层分段验收评定质量，及时办理隐蔽工程验收手续。

（3）严格执行原材料检验及试配制度，做到材料配合比准确。

（4）做好成品保护工作、技术档案资料整理工作，建立质量方面的奖、罚制度。

（5）做好施工收尾工作，施工最后阶段应逐层、逐间检查，发现问题及时返修。搞好一间或一层，立即清扫上锁。

2. 安全措施

（1）做好经常性安全施工教育工作；各工种操作人员必须严格执行安全操作规程。

（2）建筑物外墙四周安全网、脚手架、塔吊应按规定技术要求搭设；进入施工现场的人员一律戴安全帽。

（3）现场各种机械、电气设施要完善，严禁非机电人员开动机具设备；施行专人专机管理。

（4）消防设施应设明显标记，周围不准堆物。明火作业应经主管消防部门批准，并设专人看管。

（5）加强雨季排水沟的整修，使排水畅通；健全雨期施工各项安全措施。

复习思考题

5-1　试述编制单位工程施工组织设计的依据和程序。

5-2　单位工程施工组织设计包括哪些内容？

5-3　单位工程的工程概况包括哪些内容？为什么要编写工程概况？

5-4　试分别叙述砖混结构住宅、高层建筑的施工特点。

5-5　单位工程施工方案与施工方法主要包括哪些内容？

5-6　什么叫单位工程的施工程序？确定时应遵守哪些原则？土建施工与设备安装的施工程序有哪几种？

5-7　什么叫单位工程的施工起点和流向？室内外装修各有哪些施工流向？

5-8　确定施工顺序应遵守哪些基本原则？试分别叙述砖混结构住宅和高层钢筋混凝土住宅的施工顺序。

5-9　选择施工方法应满足哪些基本要求？

5-10　简述各种技术组织措施的主要内容。

5-11　单位工程施工进度计划的作用和编制依据有哪些？单位工程施工进度计划可分为哪两类？

5-12　试述施工进度计划的编制程序。施工项目的划分要求有哪些？

5-13　怎样确定一个施工项目的劳动量和机械台班量？

5-14　怎样确定一个施工项目的工作延续时间？确定施工班组人数时，要考虑哪些因素？

5-15　单位工程施工进度计划的编制方法有哪几种？

5-16　怎样检查和调整施工进度计划？劳动力动态曲线有什么作用？

5-17　施工准备工作计划包括哪些内容？资源需要量计划有哪些？

5-18　单位工程施工平面图的设计内容、依据和原则有哪些？试述施工平面图的一般设计步骤。

5-19　什么叫塔吊的服务范围？什么叫"死角"？试述塔吊的布置要求。

5-20　井架的高度如何计算确定？其布置要求有哪些？

5-21　搅拌站的布置要求有哪些？预制构件及材料堆场的布置应注意哪些问题？

5-22　试述施工道路的布置要求。

5-23　现场临时设施有哪些内容？临时供水、供电有哪些布置要求？

5-24　试述单位工程施工平面图的绘制步骤和要求。

第**6**章

施工项目管理

施工项目管理是建筑施工企业深化改革、转变经营机制、提高综合经济效益的重要途径,它反映了现代建设项目对管理的客观要求。

6.1 施工项目管理概述

6.1.1 施工项目的概念

1. 项目

项目是指那些作为管理对象,按限定时间、预算和质量标准完成的一次性任务。如土建工程、装饰工程、设备安装工程等均可作为一个施工项目。项目具有三个特点:①项目的一次性,又称项目的单件性,即不可能有与此完全相同的第二个项目,这是项目的最主要特点。②项目目标的明确性,包括成果目标和约束目标。它必须在签订的项目承包合同工期内按规定的预算数量和质量标准等约束条件完成。没有一个明确的目标就称不上项目。③项目管理的整体性,即一个项目系统是由时间、空间、物资、机具、人员等多要素构成的整体管理对象。一个项目必须同时具备以上三个特点。

2. 建设项目

建设项目是指需要一定量的投资,经过决策、设计、施工等一系列程序,在一定约束条件下形成固定资产为明确目标的一次性事业。它包括基本建设项目和技术改造项目。前者主要指新建或扩建的建设工程,后者主要指以增加产品品种、提高产品质量等为目标的改造工程。

3. 施工项目

施工项目是指建筑施工企业对一个建筑产品的施工过程及成果,即建筑施工企业的生产对象。它可以是一个建设项目的施工,也可以是其中一个单项工程或单位工程的施工。分部、分项工程不是完整的产品,因此不能称做"施工项目"。

6.1.2 施工项目管理的概念

1. 项目管理

项目管理是为使项目获得成功所进行的决策、计划、组织、控制与协调等活动的总称。其主要内容是"三控制、三管理、一协调",即进度控制、质量控制、投资控制、安全管理、合同管理、信息管理和组织协调。

2. 建设项目管理

建设项目管理是以建设项目为对象,为实现建设项目的总目标,在建设项目的生命周期内,用系统工程理论、观点和方法进行决策、计划、组织、控制与协调等活动的总称。

3. 施工项目管理

施工项目管理是由建筑施工企业对施工项目所进行的决策、计划、组织、控制与协调活动的总称。施工项目管理的管理者是建筑施工企业,管理对象是施工项目,管理内容在一个长时间进行的有序过程中不断变化。因此要求施目项目管理应强化组织协调工作,建立起动态控制体系。

4. 建设项目管理与施工项目管理

建设项目管理与施工项目管理在管理任务、内容、范围及管理主体等方面均不相同,两者间的区别见表 6-1。

表 6-1 建设项目管理与施工项目管理的区别

区别特征	建设项目管理	施工项目管理
管理任务	取得符合要求的、能发挥应有效益的固定资产	生产建筑产品、取得利润
管理内容	涉及投资周转和建设的全过程的管理	涉及从投标开始到交工为止的全部生产组织与管理及维修
管理范围	由可行性研究报告确定的所有工程,是一个建设项目	由承包合同规定的承包范围,即建设项目、单项工程或单位工程的施工
管理的主体	建设单位或其委托的咨询监理单位	施工企业

6.1.3 施工项目管理在建设程序中的地位

1. 我国的建设程序

建设项目的建设程序又称基本建设程序,是拟建建设项目在整个建设过程中必须遵循的先后次序。我国的基本建设程序分为六个阶段,即项目建议书阶段、可行性研究阶段、设计阶段、建设准备阶段、建设实施阶段及竣工验收阶段,如图 6-1 所示。

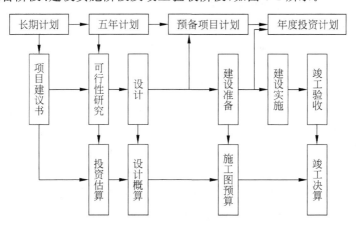

图 6-1 基本建设程序

1）项目建议书阶段

此阶段由建设单位向国家或主管单位提供建设某一建设项目的建议文件。

2）可行性研究阶段

即在项目建议书批准后进行的可行性研究,通过多方案比较,提出评价意见,推荐最佳方案,为项目的决策提供依据。

3）设计阶段

在可行性研究报告批准后,进行初步设计、技术设计和施工图设计。

4）建设准备阶段

根据已经批准的初步设计和施工图设计,组织招投标,确定施工单位。

5）建设实施阶段

建设项目开工报告经有关部门批准后,可进入施工阶段,即实施阶段。在此阶段中,建设单位或委托的监理公司对建设项目实施项目管理;施工单位实施施工管理。双方认真履行施工合同,共同协作,最终完成项目的全过程。

6）竣工验收阶段

建筑工程完成后,需组织竣工验收,检验合格后,施工单位将建设项目移交给建设单位,标志着建设单位又增加了一项固定资产。

2. 施工项目管理在建设程序中的地位

施工项目管理在建设程序中占有非常重要的地位。主要表现在:①在管理周期上,即从工程投标开始至竣工验收为止,生命周期横跨了建设程序中的建设准备、建设实施、竣工验收3个阶段;②在管理内容上包括了工程施工合同中的全部内容;③在管理任务上,对加强施工企业内部经济核算、发挥投资效益、使用户满意都具有重要作用。

6.1.4　施工项目管理的产生与发展

项目管理是一门新型、较完整、应用性很强、发展潜力很大的综合性学科。项目管理在人类生产实践活动中很早就产生了,只不过在相当长的历史时期尚属经验性管理,形成为一门学科却是在20世纪60年代以后。

第二次世界大战以后,科学管理方法大量涌现,逐渐形成了管理科学体系,并被广泛应用于生产和管理实践,项目管理科学发展速度加快。20世纪50年代末,产生了网络计划,这在管理理论与方法上是一个重大突破。网络技术特别适用于项目管理,至今各大施工企业的计划仍以网络计划为主。越来越多的科学管理方法,终于使项目管理跻身于管理学科的殿堂。

项目管理的理论和方法,经过各国科学家大量的研究和试验,取得了重大进展,产生了良好的社会效益和经济效益。例如,20世纪70年代在美国出现了CM公司(construction management,是1968年由美国Thomsen等人提出的一种建设工程管理模式),该公司在项目管理上提供管理技术、早期进入项目的准备工作,并进行进度控制、预算、成本分析、质量和投资优化估价、材料和劳动力估价、项目财务服务、决算跟踪等系列服务。CM公司在项目管理上的优化服务,在不少国家的建设项目、施工项目中被广泛采用。

随着我国改革、开放的深入和社会主义市场经济体制的逐步建立,施工项目管理理论随之进入我国建筑企业。1984年以前,工程项目管理理论首先从原西德和日本引入我国,之后从其他发达国家特别是美国陆续引入。结合建筑施工企业管理和招投标制的推行,在全国许多建筑施工企业和建设单位中都不同程度地开展了工程项目管理的试验。1982年,我国利用世界银行贷款修建的鲁布革水电站引水系统工程就是一个成功的经验。其核心就是把竞争机制引入工程建设领域,实行了铁面无私的招投标,实行总承包和项目管理。除此之外,还有北京的中国国际贸易中心工程、京津塘高速公路工程、葛洲坝水利工程、引滦入津工程等。这些经验大部分都已推广。

1992年,建设部印发了《施工企业项目经理资质管理试行办法》,决定对项目经理进行培训,实行持证上岗制度,并在天津进行了试点,取得了一定经验,一批高素质、高水平的工程项目经理队伍充实到我国建筑企业,以适应社会主义市场经济的需要。

6.2　施工项目管理的组织机构

施工项目管理组织机构与企业管理组织机构是局部与整体的关系。施工项目管理组织机构是建筑企业管理组织机构的重要组成部分。组织机构设置的目的是为了进一步发挥项目管理功能,提高项目整体管理效率,以达到项目管理的最终目标。

6.2.1　施工项目管理组织机构设置原则

1. 目的性原则

施工项目组织机构设置的根本目的是实现施工项目管理的总目标。因此,要因目标设事,因事设机构编制,按编制设岗位定人员,以职责定制度、授权力,确保实现项目的总目标。

2. 精干高效原则

施工项目组织机构的人员设置,在保证施工项目所要求的工作任务顺利完成的前提下,尽量简化机构,做到精干高效,人员实行一专多职。

3. 管理跨度与管理层次统一的原则

管理跨度是指一个领导者有效管理下一级人员的数量。管理跨度大小与管理层次多少有直接关系,一般情况下,管理层次多,跨度减小;层次少,跨度会加大。这就要根据领导者的能力和施工项目的大小进行权衡,并使两者统一。

4. 业务系统化原则

由于施工项目是一个开放的系统,由众多子系统组成,各子系统之间、子系统内部各单位工程之间,不同组织、工种、工序之间,存在着大量的结合部。这就要求项目组织也必须是一个完整的组织结构系统,以便在结合部上能形成相互制约、相互联系的有机整体,防止产生职能分工、权限划分和信息沟通上的相互矛盾或重叠。

5. 弹性和流动性原则

由于施工项目具有单件性、阶段性、流动性等特点,必然带来生产对象数量、质量和地点的变化,带来资源配置的品种和数量变化。这就要求组织机构随之进行调整,以便适应施工任务变化的需要。

6.2.2　施工项目管理组织机构的形式

1. 工作队式项目组织机构

1）特点

图 6-2 虚线框内表示工作队式的项目组织机构。其特点如下：

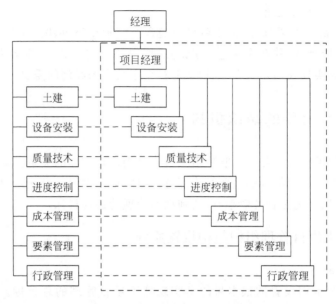

图 6-2　工作队式项目组织形式

（1）项目经理在企业内部招聘职能人员组成管理机构（工作队），由项目经理指挥，其独立性大。

（2）管理机构成员在项目施工期间与原企业部门暂时不存在直接的领导与被领导关系。

（3）项目管理组织与项目同寿命。项目结束后机构撤销，所有人员仍回原单位所在部门和岗位工作。

（4）专业人员可以取长补短、提高办事效率，既不打乱企业原有建制，又保留了传统的直线职能制等优点。

2）适用范围

适用于大型项目，工期要求紧迫的项目，需多工种、多部门密切配合的项目。

2. 职能式项目组织机构

1）特点

职能式项目组织机构如图 6-3 虚线框内所示，也称部门控制式项目组织机构。其特点如下：

（1）不打乱企业现行的建制，把项目委托给企业某一专业部门或某一施工队，并由这个部门（施工队）领导，在本部门内组合管理机构。

（2）具有能充分发挥人才作用、人事关系容易协调、运转启动时间短、职责明确、职能专一、项目经理无须专门训练等优点。

2）适用范围

适用于小型的、专业性较强、不需涉及众多部门的施工项目。

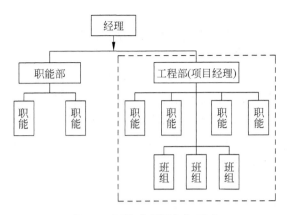

图 6-3 职能式项目组织形式

3．矩阵式项目组织机构

1）特点

图 6-4 所示为矩阵式项目组织形式,其特点如下:

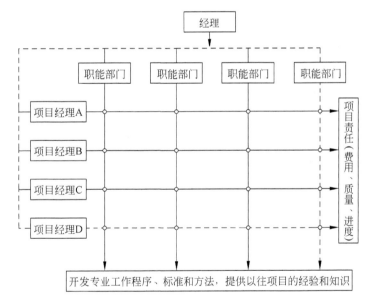

图 6-4 矩阵式项目组织形式

（1）项目组织机构与职能部门的结合部与职能部门数相同。项目组织机构与职能部门的结合部呈矩阵形式。

（2）职能部门的纵向与项目组织的横向有机地结合在一起。既发挥了职能部门的纵向优势,又发挥了项目组织的横向优势。

（3）职能部门负责人对参与项目组织的人员有组织调配、业务指导和管理考查的责任。项目经理把来自各职能部门的专业人员在横向上有效地组织在一起,协同工作。

（4）每个成员接受部门负责人和项目经理的双重领导。但部门控制力大于项目的控制力。为了提高人才的利用率,部门负责人有权根据各项目对人员的要求,在项目之间调配本部门的人员。

(5) 项目经理对临时组建的机构成员有权控制和使用,他可以向职能部门要求调换、辞退机构成员,但需提前向职能部门提出要求。

(6) 项目经理部的工作由多个职能部门支持,项目经理没有人员包袱。

(7) 项目经理部的管理工作把企业的长期例行性管理与项目的一次性管理有机地结合起来,充分利用有限的人才对多个项目进行高效率管理,使项目组织具有较强的应变能力。

(8) 由于各类专业人员来自不同的职能部门,工作中可以相互取长补短,纵向专业优势得以发挥。但易造成双重领导,使意见分歧,难以统一。

2) 适用范围

(1) 同时承担多个需要进行项目管理工程的企业。在此情况下,各项目对专业技术人员都有需求,加在一起数量较大。采用矩阵式组织可以充分利用有限的人才发挥更大的作用。

(2) 适用于大型、复杂的施工项目。因大型复杂的施工项目要求多部门、多技术、多工种配合施工,在不同阶段,对不同人员,有不同数量和搭配各异的要求。显然,其他组织机构形式难以满足多个项目经理对人才的要求。

4. 事业部式项目组织机构

事业部式(见图 6-5)是在企业内部成立事业部,事业部对企业来说是职能部门,对企业外部来说享有相对独立的经营权,可以是一个独立单位。在事业部下设置项目部,项目经理由事业部选派。

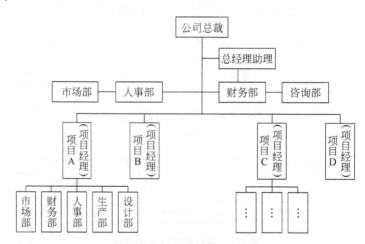

图 6-5　事业部式组织形式

1) 特点

(1) 事业部式项目组织能充分调动、发挥事业部的积极性和独立经营作用,便于延伸企业的经营职能,有利于开拓企业的经营业务领域;项目经理有职有权;能迅速适应环境变化,提高公司的应变能力,既可以加强公司的经营战略管理,又可以加强项目管理。

(2) 企业对项目经理部的约束力减弱,协调、指导机会减少,以致有时会造成企业结构松散;事业部的独立性强,企业的综合协调难度大,必须加强制度约束和规范化管理。

2) 适用范围

事业部式适合大型、经营型企业承包施工项目时采用,特别是远离企业本部的施工项目、海外工程项目或在一个地区有长期市场、有多种专业化施工力量的企业采用。

6.2.3 施工项目组织形式的选择

选择什么样的项目组织形式,应由企业作出决策。要将企业的素质、任务、条件、基础,同施工项目的规模、性质、内容、要求的管理方式结合起来分析,选择最适宜的项目组织形式,不能生搬硬套某一种形式,更不能不加分析地盲目作出决策。每一种组织结构形式都有其优缺点,没有一种万能的、最好的组织结构形式。对不同的项目,应根据项目具体情况进行分析、比较,设计最合适的组织结构。

1. 施工项目管理组织形式的选择要求

(1) 适应施工项目的一次性特点,有利于资源合理配置、动态优化、连续均衡施工。

(2) 有利于实现公司的经营战略,适应复杂多变的市场竞争环境和社会环境,能加强施工项目管理,取得综合效益。

(3) 能为企业对项目的管理和项目经理的指挥提供条件,有利于企业对多个项目的协调和有效控制,提高管理效率。

(4) 有利于强化合同管理、履行责任,有效地处理合同纠纷,提高公司信誉。

(5) 要根据项目的规模、复杂程度及其所在地与企业的距离等因素,综合确定施工项目管理组织形式,力求层次简化,责权明确,便于指挥、控制和协调。

(6) 根据需要和可能,在企业范围内,可考虑几种组织形式结合使用。如事业部式与矩阵式项目组织结合,工作队式与事业部式项目组织结合。但工作队式与矩阵式不可同时采用,否则会造成管理渠道和管理秩序的混乱。

2. 项目管理组织形式选择参考因素

选择施工项目管理组织形式应考虑企业类型、规模、人员素质、管理水平,并结合项目的规模、性质的要求等诸因素综合考虑,作出决策。表6-2所列内容可供决策时参考。

表6-2 选择施工项目组织形式的参考因素

项目组织形式	项目性质	施工企业类型	企业人员素质	企业管理水平
工作队式	大型复杂项目,工期紧的项目	大型施工企业,有得力项目经理的企业	人员素质较强,专业人才多,职工的技术素质较高	管理水平较高,基础工作较强,管理经验丰富
职能式	小型、简单项目,只涉及个别少数部门的项目	小型施工企业,任务单一的企业	素质较差,力量薄弱,人员构成单一	管理水平较低,基础工作较差,项目经理短缺
矩阵式	多工种、多部门、多技术配合的项目,管理效率要求很高的项目	大型施工企业,经营范围很宽,实力很强的施工企业	文化素质、管理素质、技术素质很高,但人才紧缺,人员一专多能	管理水平很高,管理渠道畅通,信息沟通灵敏,管理经验丰富
事业部式	大型项目,远离企业本部的项目,事业部制企业承揽的项目	大型综合建筑企业,经营能力强的企业,跨地区、海外承包企业	人员素质高,专业人才多,项目经理能力强	经营能力强,管理水平高,管理经验丰富,资金实力雄厚,信息管理先进

6.3　建设工程项目目标的动态控制

6.3.1　项目目标动态控制的方法

我国在施工管理中引进项目管理的理论和方法已有多年,但是,运用动态控制原理控制项目的目标尚未得到普及,许多施工企业还不重视在施工进展过程中依据和运用定量的施工成本控制、施工进度控制和施工质量控制的报告系统指导施工管理工作,项目目标控制还处于相当粗放的状况。应认识到,运用动态控制原理进行项目目标控制将有利于项目目标的实现,并有利于促进施工管理科学化的进程。

由于项目实施过程中主客观条件的变化是绝对的,不变是相对的;在项目进展过程中平衡是暂时的,不平衡是永恒的,因此,在项目实施过程中必须随着情况的变化进行项目目标的动态控制。项目目标的动态控制是项目管理最基本的方法论。

1. 项目目标动态控制的工作程序

(1)第一步,项目目标动态控制的准备工作:

将项目的目标进行分解,以确定用于目标控制的计划值。

(2)第二步,在项目实施过程中项目目标的动态控制:

① 收集项目目标的实际值,如实际投资、实际进度等;

② 定期(如每两周或每月)进行项目目标的计划值和实际值的比较;

③ 通过项目目标的计划值和实际值的比较,如发现有偏差,则采取纠偏措施进行纠偏。

(3)第三步,如有必要,则进行项目目标的调整,目标调整后再回复到第一步。

由于在项目目标动态控制时要进行大量数据的处理,当项目的规模比较大时,数据处理的量就相当可观。采用计算机辅助的手段可高效、及时而准确地生成许多项目目标动态控制所需要的报表,如计划成本与实际成本的比较报表、计划进度与实际进度的比较报表等,将有助于项目目标动态控制的数据处理。

2. 项目目标动态控制的纠偏措施

(1)组织措施,分析由于组织的原因而影响项目目标实现的问题,并采取相应的措施,如调整项目组织结构、任务分工、管理职能分工、工作流程组织和项目管理班子人员等。

(2)管理措施(包括合同措施),分析由于管理的原因而影响项目目标实现的问题,并采取相应的措施,如调整进度管理的方法和手段,改变施工管理和强化合同管理等。

(3)经济措施,分析由于经济的原因而影响项目目标实现的问题,并采取相应的措施,如落实加快工程施工进度所需的资金等。

(4)技术措施,分析由于技术(包括设计和施工的技术)的原因而影响项目目标实现的问题,并采取相应的措施,如调整设计、改进施工方法和改变施工机具等。

当项目目标失控时,人们往往首先考虑的是采取什么技术措施,而忽略可能或应当采取的组织措施和管理措施。组织论的一个重要结论是:组织是目标能否实现的决定性因素。应充分重视组织措施对项目目标控制的作用。

3. 项目目标的动态控制和项目目标的主动控制

项目目标动态控制的核心是,在项目实施的过程中定期地进行项目目标的计划值和实际值的比较,当发现项目目标偏离时采取纠偏措施。为避免项目目标偏离的发生,还应重视事前的主动控制,即事前分析可能导致项目目标偏离的各种影响因素,并针对这些影响因素采取有效的预防措施。

6.3.2 工程进度动态控制的方法

运用动态控制原理控制工程进度的步骤如下:

(1) 工程进度目标的逐层分解。

工程进度目标的逐层分解是从项目实施开始前和在项目实施过程中,逐步地由宏观到微观、由粗到细编制深度不同的进度计划的过程。对于大型建设工程项目,应通过编制工程总进度规划、工程总进度计划、项目各子系统和各子项目工程进度计划等进行项目工程进度目标的逐层分解。

(2) 在项目实施过程中对工程进度目标进行动态跟踪和控制。

① 按照进度控制的要求,收集工程进度实际值。

② 定期对工程进度的计划值和实际值进行比较。

进度的控制周期应视项目的规模和特点而定,一般的项目控制周期为一个月,对于重要的项目,控制周期可定为一旬或一周等。

比较工程进度的计划值和实际值时应注意,其对应的工程内容应一致,如以里程碑事件的进度目标值或再细化的进度目标值作为进度的计划值,则进度的实际值是相对于里程碑事件或再细化的分项工作的实际进度。进度的计划值和实际值的比较应是定量的数据比较,比较的成果是进度跟踪和控制报告,如编制进度控制的旬、月、季、半年和年度报告等。

③ 通过对工程进度计划值和实际值的比较,如发现进度的偏差,则必须采取相应的纠偏措施进行纠偏,如:分析由于管理的原因而影响进度的问题,并采取相应的措施,调整进度管理的方法和手段、改变施工管理和强化合同管理、及时解决工程款支付和落实加快工程进度所需的资金、改进施工方法和改变施工机具等。

(3) 如有必要(即发现原定的工程进度目标不合理,或原定的工程进度目标无法实现等),则调整工程进度目标。

6.3.3 工程投资动态控制的方法

运用动态控制原理控制投资的步骤如下:

(1) 项目投资目标的逐层分解。

项目投资目标的分解指的是通过编制项目投资规划,分析和论证项目投资目标实现的可能性,并对项目投资目标进行分解。

(2) 在项目实施过程中对项目投资目标进行动态跟踪和控制。

① 按照项目投资控制的要求,收集项目投资的实际值。

② 定期对项目投资的计划值和实际值进行比较。

项目投资的控制周期应视项目的规模和特点而定,一般的项目控制周期为一个月。投资控制包括设计过程的投资控制和施工过程的投资控制,其中前者更为重要。

在设计过程中投资的计划值和实际值的比较即工程概算与投资规划的比较,以及工程预算与概算的比较。在施工过程中投资的计划值和实际值的比较包括:

a. 工程合同价与工程概算的比较；

b. 工程合同价与工程预算的比较；

c. 工程款支付与工程概算的比较；

d. 工程款支付与工程预算的比较；

e. 工程款支付与工程合同价的比较；

f. 工程决算与工程概算、工程预算和工程合同价的比较。

由上可知，投资的计划值和实际值是相对的，如：相对于工程预算而言，工程概算是投资的计划值；相对于工程合同价，则工程概算和工程预算都可作为投资的计划值等。

③ 通过对项目投资计划值和实际值的比较，如发现偏差，则必须采取相应的纠偏措施进行纠偏，如：采取限额设计的方法、调整投资控制的方法和手段、采用价值工程的方法、制定节约投资的奖励措施、调整或修改设计、优化施工方法等。

（3）如有必要（即发现原定的项目投资目标不合理，或原定的项目投资目标无法实现等），则调整项目投资目标。

6.4　施工企业项目经理的工作性质、任务和责任

6.4.1　施工企业项目经理的工作性质

2003 年 2 月 27 日的《国务院关于取消第二批行政审批项目和改变一批行政审批项目管理方式的决定》（国发[2003]5 号）规定：“取消建筑施工企业项目经理资质核准，由注册建造师代替，并设立过渡期。”

建筑业企业项目经理资质管理制度向建造师执业资格制度过渡的时间定为五年，即从国发[2003]5 号文印发之日起至 2008 年 2 月 27 日止。过渡期内，凡持有项目经理资质证书或者建造师注册证书的人员，经其所在企业聘用后均可担任工程项目施工的项目经理。过渡期满后，大、中型工程项目施工的项目经理必须由取得建造师注册证书的人员担任；但取得建造师注册证书的人员是否担任工程项目施工的项目经理，由企业自主决定。

在全面实施建造师执业资格制度后仍然要坚持落实项目经理岗位责任制。项目经理岗位是保证工程项目建设质量、安全、工期的重要岗位。

建筑施工企业项目经理（以下简称项目经理），是指受企业法定代表人委托对工程项目施工过程全面负责的项目管理者，是建筑施工企业法定代表人在工程项目上的代表人。

建造师是一种专业人士的名称，而项目经理是一个工作岗位的名称，应注意这两个概念的区别和关系。取得建造师执业资格的人员表示其知识和能力符合建造师执业的要求，但其在企业中的工作岗位则由企业视工作需要和安排而定。

在国际上，建造师的执业范围相当宽，可以在施工企业、政府管理部门、建设单位、工程咨询单位、设计单位、教学和科研单位等执业。

6.4.2　项目经理部

依据国际工程承包惯例，施工项目管理的定义为：以高效地实现项目目标为目的，以项目经理负责制为基础，按照项目的内在规律进行计划、协调、组织与管理。承包商的工程管

理和实施模式,一般为公司和项目经理部两级,重点突出进行具体工程施工的项目经理部的管理作用。项目经理部是由项目经理在企业的支持下组建、领导、进行项目管理的组织机构,是企业在项目上的管理层,是项目经理的办事机构。项目经理部通过凝聚管理人员,形成项目管理责任制和信息沟通系统,使其成为项目管理的载体,为实现项目目标而进行有效运转。

1. 项目经理部的作用

施工项目经理部是工程承包公司派往工地现场实施工程的一个专门组织和权力机构,它负责施工现场的全面工作。因此,工程公司必须合理地建立施工现场的组织机构并授予相应的职权,明确各部门的任务,使项目经理部的全体成员齐心协力来实现项目的总目标并为公司赢得可观的工程利润。

施工项目经理部的作用如下:

(1)施工项目经理部在施工项目经理领导下,作为施工项目管理的组织机构,负责施工项目从开工到竣工的全过程施工生产经营的管理,是企业在某一工程项目的管理层,同时对作业层具有管理与服务双重职能。作业层工作的质量取决于项目经理部的工作质量。

(2)施工项目经理部是项目经理的办事机构,为项目经理决策提供信息依据,当好参谋,同时又要执行项目经理的决策意图,向项目经理全面负责。

(3)施工项目经理部是一个组织体,完成企业所赋予的项目管理和专业管理任务,凝聚管理人员的力量,调动其积极性,促进管理人员的合作,增强为事业的献身精神;协调部门之间、管理人员之间的关系,发挥每个人的岗位作用,为共同目标进行工作;影响和改变管理人员的观念和行为,使个人的思想、行为变为组织文化的积极因素;贯彻组织责任制,搞好管理;在部门之间及项目经理部与作业队之间、与公司之间、与环境之间沟通信息。

(4)项目经理部是代表企业履行工程承包合同的主体,对最终建筑产品和业主进行全面、全过程负责;通过履行合同主体与管理实体地位的影响力,使每个工程项目经理部成为市场竞争的主体成员。

2. 建立施工项目经理部基本原则

(1)根据项目管理规划大纲确定的项目组织形式设置项目经理部。因为项目组织形式与企业对施工项目的管理方式有关,与企业对项目经理部的授权有关,因此不同的组织形式对项目经理部的管理力量和管理职责提出了不同要求,提供了不同的管理环境。

(2)根据施工项目的规模、复杂程度和专业特点设置项目经理部。例如大型项目经理部可以设职能部、处,中型项目经理部可以设处、科,小型项目经理部一般只须设职能人员即可。如果项目的专业性强,便可设置专业性强的职能部门,如水电处、安装处、打桩处等。

(3)项目经理部是一个具有弹性的一次性施工生产组织,随工程任务的变化而进行调整,不应成为固化的组织。项目经理部在项目施工开始前建立;在工程竣工交付使用后,项目管理任务完成后,项目经理部应解体。项目经理部不应有固定的作业队伍,而是根据施工的需要,在企业内部市场或社会市场吸收人员,进行优化组合和动态管理。

(4)项目经理部的部门和人员配置应面向施工项目现场,满足现场的计划与调度、技术与质量、成本与核算、劳务与物资、安全与文明施工的需要。不应设置专管经营与咨询、研究与发展、政工与人事等与项目施工关系较少的非生产性部门。

(5)在项目管理机构建成以后,应建立有益于组织运转的规章制度。

3. 施工项目经理部部门设置和人员配备

施工项目是施工企业（承包商）参与市场竞争、实施企业管理和进行成本控制的中心，施工项目经理部是代表企业履行合同、实施项目管理的主体。项目经理部内的部门设置和人员配备，要做到部门及人员职责分工明确，组织运转灵活、精干高效，机构之内可以实行一职多岗，全部岗位职责应覆盖项目管理的全过程、全方位，不留死角，但又要避免职责交叉。

项目经理部的组织机构和人数多少，要根据工程项目的性质和规模大小而定，以能完成工程项目的任务为宜。在一般的工程项目施工过程中，项目经理部应分设如下几个小组。

（1）工程技术组　主管施工组织设计、施工技术、临时工程设计或施工详图设计、施工进度和质量等，是整个工程项目施工进度和技术执行管理的负责方。

（2）采购供应组　主管施工所需的建筑材料和机械设备的订货、运输、进场仓储和发放管理等工作，并负责机构设备的维修保养工作，以及临时工程等材料设备的回收周转使用等工作，以注意增收节支工作。

（3）合同管理组　主管施工承包合同和分包合同、采购合同等一系列合同的实施和管理工作，负责与业主和监理工程师之间的联系、工程进度款的统一申报和催款工作，以及处理延期、变更和索赔等工作。

（4）财务管理组　主管工程项目的财务经济工作，工程项目的成本计划、成本支出和工程款的收入预算、决算等工作。

（5）行政事务组　主管工程项目的行政事务，以及人事组织、生活管理、安全保卫等工作，以保证工程项目的顺利实施。

项目经理部的各个小组分工协作，团结一致，发挥集体的智慧和能力，在项目经理的正确领导下，搞好工程施工。项目经理是项目经理部的领导者，是承包商在施工现场的总代表，他的作用也是很重要的。

6.4.3　项目经理的素质、任务和职权

项目经理是企业法定代表人在承包的建设工程施工项目上的委托代理人，其接受企业法定代表人的领导，接受企业管理层、发包人和监理机构的检查与监督，除了施工项目发生重大安全、质量事故或项目经理违法、违纪外，企业不得随意撤换项目经理。

1. 项目经理素质要求

（1）能力要求　具有符合施工项目管理要求的能力。

（2）经验和业绩要求　具有相应的施工项目管理经验和业绩。

（3）知识要求　具有承担项目管理任务的专业技术，管理、经济、法律和法规知识。

（4）道德品质要求　具有良好的道德品质。

2. 施工项目经理的任务

（1）确定项目管理组织机构，配备人员，制定规章制度，明确所有人员的岗位职责，组织项目经理部开展工作。

（2）确定项目管理总目标，进行目标分解，制定总体计划，实行总体控制，确保施工项目成功。

（3）及时、明确地作出项目管理决策，包括投标报价、合同签订及变更、施工进度、人事任免、重大技术组织措施、财务工作、资源调配等。

（4）协调本组织机构与各协作单位之间的协作配合及经济技术关系，代表企业法人进行有关签证，并进行相互监督检查，确保质量、安全、工期和成本控制。

（5）建立、完善内部及对外信息管理系统。

（6）实施合同，处理好合同变更、洽商纠纷和索赔事务，处理好总、分包关系，搞好与有关单位的协作配合。

3．施工项目经理的职责、权限、利益

1）施工项目经理的职责

项目经理在承担工程项目施工管理过程中，履行下列职责：

（1）代表企业实施施工项目管理；

（2）签订和组织履行"施工项目管理目标责任书"；

（3）建立质量管理体系和安全管理体系并组织实施；

（4）组织项目经理部编制施工项目管理实施规划；

（5）对进入现场的生产要素进行优化配置和动态管理；

（6）搞好组织协调，解决项目实施中出现的各种问题；

（7）搞好利益分配；

（8）加强现场文明施工，及时发现和处理突发事件；

（9）搞好后期管理，包括竣工验收、结算和总结分析等，在解职之前接受审计；

（10）做好项目经理部的解体与善后工作；

（11）协助企业有关部门进行项目的检查、鉴定和评奖申报。

2）施工项目经理的权限

项目经理在承担工程项目施工的管理过程中，应当按照施工企业与建设单位签订的工程承包合同，与本企业法定代表人签订项目承包合同，并在企业法定代表人授权范围内，行使以下管理权力：

（1）参与企业进行的施工项目投标和签订施工合同；

（2）组建项目经理部和用人；

（3）进行资金投入、使用和计酬决策；

（4）选择施工作业队伍；

（5）采购物资；

（6）主持项目经理部工作和组织制定管理制度；

（7）进行项目经理部内外关系的组织协调。

3）施工企业项目经理的利益

（1）可获得基本工资、岗位工资和绩效工资；

（2）可获得物质奖励和精神奖励；

（3）未完成项目管理目标责任书确定的责任目标并造成亏损的，应接受处罚。

6.4.4 施工项目经理部的解体

施工项目经理部是一次性具有弹性的施工现场生产组织机构，工程接近收尾时，业务管理人员要陆续撤走，因此，必须重视项目经理部的解体和善后工作。

1. 施工项目经理部解体的程序与善后工作

(1) 在施工项目全部竣工验收签字之日起 15 天内,项目经理要根据工作的需要,向企业工程管理部门写出项目经理部解体申请报告,经有关部门审核批准后执行。项目经理及全体人员将陆续撤离,返回各自工作岗位。

(2) 施工项目经理部解体前,应成立善后工作小组,主要负责工程项目的善后工作。如剩余材料的处理、工程价款的回收、财务账目的结算移交,以及解决与甲方的有关遗留事宜。

(3) 施工项目完成后,还要考虑该项目的保修问题。一般根据竣工时间和质量等级确定出保修费的预留比例。

2. 项目经理部效益审计评估和债务处理

(1) 项目经理部剩余材料原则上让售给公司物资部门;经理部自购的办公物品等移交企业,按质论价。项目经理离任时,必须按规定做到人走账清、物净。

(2) 由审计部门牵头,预算、财务、工程部门参加,对项目经理部的成本盈亏进行审计评估,并写出审计评估报告,交经理办公会审批。

(3) 项目经理部解体后债务债权的处理,应由善后工作小组在三个月内全部完成。

3. 项目经理部解体时的有关纠纷裁决

项目经理部与企业职能部门发生矛盾时,由企业经理办公会裁决。项目经理部与劳务、专业公司及作业队发生矛盾时,按业务分工分别由企业劳动人事、经营和工程管理部门裁决。

6.5　施工风险管理

6.5.1　建设工程项目的风险类型

1. 风险、风险量和风险等级的内涵

(1) 风险指的是损失的不确定性,对建设工程项目管理而言,风险是指可能出现的影响项目目标实现的不确定因素。

(2) 风险量反映不确定的损失程度和损失发生的概率。若某个可能发生的事件其可能的损失程度和发生的概率都很大,则其风险量就很大,如图 6-6 中的风险区 A。

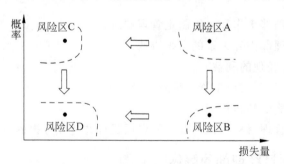

图 6-6　事件风险量的区域

若某事件经过风险评估,处于风险区 A,则应采取措施,降低其概率,即使它移位至风险区 B;或采取措施降低其损失量,即使它移位至风险区 C。风险区 B 和 C 的事件则应采取措施,使其移位至风险区 D。

（3）风险等级

在《建筑工程项目管理规范》(GB/T 50326—2006)的条文说明中所列风险等级评估如表 6-3 所示。

表 6-3　风险等级评估表

可能性	后果		
	轻度损失	中度损失	重大损失
很大	3	4	5
中等	2	3	4
极小	1	2	3

按表 6-3 的风险等级划分,图 6-6 中的各风险区的风险等级如下:

风险区 A——5 等风险;

风险区 B——3 等风险;

风险区 C——3 等风险;

风险区 D——1 等风险。

2. 建设工程项目的风险类型

业主方和其他项目参与方都应建立风险管理体系,明确各层管理人员的相应管理责任,以减少项目实施过程中的不确定因素对项目的影响。建设工程项目的风险有如下几种。

（1）组织风险,如:

① 组织结构模式;

② 工作流程组织;

③ 任务分工和管理职能分工;

④ 业主方(包括代表业主利益的项目管理方)人员的构成和能力;

⑤ 设计人员和监理工程师的能力;

⑥ 承包方管理人员和一般技工的能力;

⑦ 施工机械操作人员的能力和经验;

⑧ 损失控制和安全管理人员的资历和能力等。

（2）经济与管理风险,如:

① 宏观和微观经济情况;

② 工程资金供应的条件;

③ 合同风险;

④ 现场与公用防火设施的可用性及其数量;

⑤ 事故防范措施和计划;

⑥ 人身安全控制计划;

⑦ 信息安全控制计划等。

（3）工程环境风险,如:

① 自然灾害;

② 岩土地质条件和水文地质条件；

③ 气象条件；

④ 引起火灾和爆炸的因素等。

(4) 技术风险，如：

① 工程勘测资料和有关文件；

② 工程设计文件；

③ 工程施工方案；

④ 工程物资；

⑤ 工程机械等。

6.5.2　了解建设工程项目风险管理的工作流程

1. 风险管理

风险管理是为了达到一个组织的既定目标，而对组织所承担的各种风险进行管理的系统过程，其采取的方法应符合公众利益、人身安全、环境保护以及有关法规的要求。风险管理包括策划、组织、领导、协调和控制等方面的工作。

2. 项目风险管理的工作流程

风险管理过程包括项目实施全过程的项目风险识别、项目风险评估、项目风险响应和项目风险控制。

1) 项目风险识别

项目风险识别的任务是识别项目实施过程存在哪些风险，其工作程序包括：

(1) 收集与项目风险有关的信息；

(2) 确定风险因素；

(3) 编制项目风险识别报告。

2) 项目风险评估

项目风险评估包括以下工作：

(1) 利用已有数据资料(主要是类似项目有关风险的历史资料)和相关专业方法分析各种风险因素发生的概率；

(2) 分析各种风险的损失量，包括可能发生的工期损失、费用损失，以及对工程的质量、功能和使用效果等方面的影响；

(3) 根据各种风险发生的概率和损失量，确定各种风险的风险量和风险等级。

3) 项目风险响应

常用的风险对策包括风险规避、减轻、自留、转移及其组合等策略。对难以控制的风险，向保险公司投保是风险转移的一种措施。项目风险响应指的是针对项目风险的对策进行风险响应。

项目风险对策应形成风险管理计划，它包括：

(1) 风险管理目标；

(2) 风险管理范围；

(3) 可使用的风险管理方法、工具以及数据来源；

(4) 风险分类和风险排序要求；

（5）风险管理的职责和权限；

（6）风险跟踪的要求；

（7）相应的资源预算。

4）项目风险控制

在项目进展过程中应收集和分析与风险相关的各种信息,预测可能发生的风险,对其进行监控并提出预警。

6.6　建设工程监理的工作性质、工作任务和工作方法

6.6.1　建设工程监理的工作性质

工程监理单位是建筑市场的主体之一,建设工程监理是一种高智能的有偿技术服务。国际上把这类服务归为工程咨询(工程顾问)服务。我国的建设工程监理属于国际上业主方项目管理的范畴。

从事建设工程监理活动,应当遵守国家有关法律、行政法规,严格执行工程建设程序、国家工程建设强制性标准和有关标准、规范,遵循守法、诚信、公平、科学的原则,认真履行委托监理合同。

工程监理企业与建设单位应当在实施建设工程监理前以书面形式签订委托监理合同。合同条款中应当明确合同履行期限、工作范围和内容,双方的责任、权利和义务,监理酬金及其支付方式,合同争议的解决办法等。

综上所述,建设工程监理的工作性质有如下几个特点。

（1）服务性。工程监理机构受业主的委托进行工程建设的监理活动,它提供的不是工程任务的承包,而是服务,工程监理机构将尽一切努力进行项目的目标控制,但它不可能保证项目的目标一定实现,它也不可能承担由于不是它的缘故而导致项目目标的失控。

（2）科学性。工程监理机构拥有从事工程监理工作的专业人士——监理工程师,它将应用所掌握的工程监理科学的思想、组织、方法和手段从事工程监理活动。

（3）独立性。指的是不依附性,它在组织上和经济上不能依附于监理工作的对象(如承包商、材料和设备的供货商等),否则它就不可能自主地履行其义务。

（4）工程监理机构受业主的委托进行工程建设的监理活动,当业主方和承包商发生利益冲突或矛盾时,工程监理机构应以事实为依据,以法律和有关合同为准绳,在维护业主的合法权益时,不损害承包商的合法权益,这体现了建设工程监理的公正性。

6.6.2　建设工程监理的工作任务

"建筑工程监理应当依照法律、行政法规及有关的技术标准、设计文件和建筑工程承包合同,对承包单位在施工质量、建设工期和建设资金使用等方面,代表建设单位实施监督。"(引自《中华人民共和国建筑法》)

1.《建设工程质量管理条例》中的有关规定

（1）工程监理单位应当依照法律、法规以及有关技术标准、设计文件和建设工程承包合同,代表建设单位对施工质量实施监理,并对施工质量承担监理责任。

（2）工程监理单位应当选派具备相应资格的总监理工程师和监理工程师进驻施工现场。未经监理工程师签字,建筑材料、建筑构配件和设备不得在工程上使用或者安装,施工单位不得进行下一道工序的施工。未经总监理工程师签字,建设单位不拨付工程款,不进行竣工验收。

（3）监理工程师应当按照工程监理规范的要求,采取旁站、巡视和平行检验等形式,对建设工程实施监理。

2.《建设工程安全生产管理条例》中的有关规定

（1）工程监理单位应当审查施工组织设计中的安全技术措施或者专项施工方案是否符合工程建设强制性标准。工程监理单位在实施监理过程中,发现存在安全事故隐患的,应当要求施工单位整改;情况严重的,应当要求施工单位暂时停止施工,并及时报告建设单位。施工单位拒不整改或者不停止施工的,工程监理单位应当及时向有关主管部门报告。工程监理单位和监理工程师应当按照法律、法规和工程建设强制性标准实施监理,并对建设工程安全生产承担监理责任。

（2）违反本条例的规定,工程监理单位有下列行为之一的,责令限期改正;逾期未改正的,责令停业整顿,并处 10 万元以上 30 万元以下的罚款;情节严重的,降低资质等级,直至吊销资质证书;造成重大安全事故,构成犯罪的,对直接责任人员,依照刑法有关规定追究刑事责任;造成损失的,依法承担赔偿责任:

① 未对施工组织设计中的安全技术措施或者专项施工方案进行审查的;

② 发现安全事故隐患未及时要求施工单位整改或者暂时停止施工的;

③ 施工单位拒不整改或者不停止施工,未及时向有关主管部门报告的;

④ 未依照法律、法规和工程建设强制性标准实施监理的。

3. 在建设工程项目实施的几个主要阶段建设监理工作的主要任务

1）设计阶段建设监理工作的主要任务

以下工作内容视业主的需求而定,国家并没有做出统一的规定:

（1）编写设计要求文件;

（2）组织建设工程设计方案竞赛或设计招标,协助业主选择勘察设计单位;

（3）拟订和商谈设计委托合同;

（4）配合设计单位开展技术经济分析,参与设计方案的比选;

（5）参与设计协调工作;

（6）参与主要材料和设备的选型（视业主的需求而定）;

（7）审核或参与审核工程估算、概算和施工图预算;

（8）审核或参与审核主要材料和设备的清单;

（9）参与检查设计文件是否满足施工的需求;

（10）设计进度控制;

（11）参与组织设计文件的报批。

2）施工招标阶段建设监理工作的主要任务

以下工作内容视业主的需求而定,国家并没有做出统一的规定:

（1）拟订或参与拟订建设工程施工招标方案;

（2）准备建设工程施工招标条件;

（3）协助业主办理招标申请；

（4）参与或协助编写施工招标文件；

（5）参与建设工程施工招标的组织工作；

（6）参与施工合同的商签。

3）材料和设备采购供应的建设监理工作的主要任务

对于由业主负责采购的材料和设备物资，监理工程师应负责制定计划，监督合同的执行。具体内容包括：

（1）制定（或参与制定）材料和设备供应计划和相应的资金需求计划；

（2）通过材料和设备的质量、价格、供货期和售后服务等条件的分析和比选，协助业主确定材料和设备等物资的供应单位；

（3）起草并参与材料和设备的订货合同；

（4）监督合同的实施。

4）施工准备阶段建设监理工作的主要任务

（1）审查施工单位选择分包单位的资质；

（2）监督检查施工单位质量保证体系及安全技术措施，完善质量管理程序与制度；

（3）参与设计单位向施工单位的设计交底；

（4）审查施工组织设计；

（5）在单位工程开工前检查施工单位的复测资料；

（6）对重点工程部位的中线和水平控制进行复查；

（7）审批一般单项工程和单位工程的开工报告。

5）工程施工阶段建设监理工作的主要任务

（1）施工阶段的质量控制

① 对所有的隐蔽工程在进行隐蔽以前进行检查和办理签证，对重点工程由监理人员驻点跟踪监理，签署重要的分项、分部工程和单位工程质量评定表；

② 对施工测量和放样进行检查，对发现的质量问题应及时通知施工单位纠正，并做监理记录；

③ 检查和确认运到施工现场的材料、构件和设备的质量，并应查验试验和化验报告单，监理工程师有全权禁止不符合质量要求的材料和设备进入工地和投入使用；

④ 监督施工单位严格按照施工规范和设计文件要求进行施工；

⑤ 监督施工单位严格执行施工合同；

⑥ 对工程主要部位、主要环节及技术复杂工程加强检查；

⑦ 检查和评价施工单位的工程自检工作；

⑧ 对施工单位的检测仪器设备、度量衡定期检验，不定期地进行抽验，以确保度量资料的准确；

⑨ 监督施工单位对各类土木和混凝土试件按规定进行检查和抽查；

⑩ 监督施工单位认真处理施工中发生的一般质量事故，并认真做好记录；

⑪ 对较大和重大质量事故以及其他紧急情况报告业主。

（2）施工阶段的进度控制

① 监督施工单位严格按照施工合同规定的工期组织施工；

② 进行施工进度的动态控制；

③ 建立工程进度台账，核对工程形象进度，按月、季和年度向业主报告工程执行情况、工程进度以及存在的问题。

（3）施工阶段的投资控制

① 审查施工单位申报的月度和季度计量表，认真核对其工程数量，不超计、不漏计，严格按合同规定进行计量支付签证；

② 建立计量支付签证台账，定期与施工单位核对清算；

③ 从投资控制的角度审核设计变更。

6）竣工验收阶段建设监理工作的主要任务

（1）督促和检查施工单位及时整理竣工文件和验收资料，受理单位工程竣工验收报告，并提出意见；

（2）根据施工单位的竣工报告，提出工程质量检验报告；

（3）组织工程预验收，参加业主组织的竣工验收。

7）施工合同管理方面的工作

（1）拟订合同结构和合同管理制度，包括合同草案的拟订、会签、协商、修改、审批、签署和保管等工作制度及流程；

（2）协助业主拟订工程的各类合同条款，并参与各类合同的商谈；

（3）合同执行情况的分析和跟踪管理；

（4）协助业主处理与工程有关的索赔事宜及合同争议事宜。

6.6.3 建设工程监理的工作方法

"实施建筑工程监理前，建设单位应当将委托的工程监理单位、监理的内容及监理权限，书面通知被监理的建筑施工企业。"（引自《中华人民共和国建筑法》）

"工程监理人员认为工程施工不符合工程设计要求、施工技术标准和合同约定的，有权要求建筑施工企业改正。工程监理人员发现工程设计不符合建筑工程质量标准或者合同约定的质量要求的，应当报告建设单位要求设计单位改正。"（引自《中华人民共和国建筑法》）

1. 工程建设监理的工作程序

工程建设监理一般应按下列程序进行：

（1）编制工程建设监理规划；

（2）按工程建设进度，分专业编制工程建设监理实施细则；

（3）按照建设监理细则进行建设监理；

（4）参与工程竣工预验收，签署建设监理意见；

（5）建设监理业务完成后，向项目法人提交工程建设监理档案资料。

2. 工程建设监理规划

工程建设监理规划的编制应针对项目的实际情况，明确项目监理机构的工作目标，确定具体的监理工作制度、程序、方法和措施，并应具有可操作性。

1）编制工程建设监理规划的程序

（1）工程建设监理规划应在签订委托监理合同及收到设计文件后开始编制，完成后必须经监理单位技术负责人审核批准，并应在召开第一次工地会议前报送业主；

（2）应由总监理工程师主持，专业监理工程师参加编制。

2）编制工程建设监理规划的依据

（1）建设工程的相关法律、法规及项目审批文件；

（2）与建设工程项目有关的标准、设计文件和技术资料；

（3）监理大纲、委托监理合同文件以及建设项目相关的合同文件。

3）工程建设监理规划包括的内容

（1）建设工程概况；

（2）监理工作范围；

（3）监理工作内容；

（4）监理工作目标；

（5）监理工作依据；

（6）项目监理机构的组织形式；

（7）项目监理机构的人员配备计划；

（8）项目监理机构的人员岗位职责；

（9）监理工作程序；

（10）监理工作方法及措施；

（11）监理工作制度；

（12）监理设施。

3．工程建设监理实施细则

对中型及中型以上或专业性较强的工程项目，项目监理机构应编制工程建设监理实施细则。它应符合工程建设监理规划的要求，并应结合工程项目的专业特点，做到详细具体，可操作性。在监理工作实施过程中，工程建设监理实施细则应根据实际情况进行补充、修改和完善。

1）编制工程建设监理实施细则的程序

（1）工程建设监理实施细则应在工程施工开始前编制完成，并必须经总监理工程师批准。

（2）工程建设监理实施细则应由各有关专业的专业工程师参与编制。

2）编制工程建设监理实施细则的依据

（1）已批准的工程建设监理规划。

（2）相关的专业工程的标准、设计文件和有关的技术资料。

（3）施工组织设计。

3）工程建设监理实施细则应包括的内容

（1）专业工程的特点。

（2）监理工作的流程。

（3）监理工作的控制要点及目标值。

（4）监理工作的方法和措施。

4．旁站监理

旁站监理是指监理人员在房屋建筑工程施工阶段监理中，对关键部位、关键工序的施工质量实施全过程现场跟班的监督活动。

旁站监理规定的房屋建筑工程的关键部位、关键工序,在基础工程方面包括:土方回填,混凝土灌注桩浇筑,地下连续墙、土钉墙、后浇带及其他结构混凝土、防水混凝土浇筑,卷材防水层细部构造处理,钢结构安装;在主体结构工程方面包括:梁柱节点钢筋隐蔽过程,混凝土浇筑,预应力张拉,装配式结构安装,钢结构安装,网架结构安装,索膜安装。

施工企业根据监理企业制定的旁站监理方案,在需要实施旁站监理的关键部位、关键工序进行施工前 24 小时,应当书面通知监理企业派驻工地的项目监理机构。项目监理机构应当安排旁站监理人员按照旁站监理方案实施旁站监理。

旁站监理人员的主要职责是:

(1)检查施工企业现场质检人员到岗、特殊工种人员持证上岗以及施工机械、建筑材料准备情况;

(2)在现场跟班监督关键部位、关键工序的施工执行施工方案以及工程建设强制性标准情况;

(3)核查进场建筑材料、建筑构配件、设备和商品混凝土的质量检验报告等,并可在现场监督施工企业进行检验或者委托具有资格的第三方进行复验;

(4)做好旁站监理记录和监理日记,保存旁站监理原始资料。

旁站监理人员应当认真履行职责,对需要实施旁站监理的关键部位、关键工序在施工现场跟班监督,及时发现和处理旁站监理过程中出现的质量问题,如实准确地做好旁站监理记录。凡旁站监理人员和施工企业现场质检人员未在旁站监理记录上签字的,不得进行下一道工序施工。

旁站监理人员实施旁站监理时,发现施工企业有违反工程建设强制性标准行为的,有权责令施工企业立即整改;发现其施工活动已经或者可能危及工程质量的,应当及时向监理工程师或者总监理工程师报告,由总监理工程师下达局部暂停施工指令或者采取其他应急措施。

复习思考题

6-1　简述项目与项目管理的含义。

6-2　简述施工项目管理组织机构设置原则。

6-3　施工项目管理组织机构的形式有哪几种?各有什么优缺点?

6-4　简述项目目标动态控制的纠偏措施。

6-5　项目经理的素质要求有哪些?施工项目经理有哪些权限?

6-6　什么是风险、风险量?建筑工程项目风险有哪些?

6-7　简述工程建设监理的工作程序。

6-8　旁站监理人员的主要职责有哪些?

第7章

建筑工程技术管理

施工生产活动是建筑企业生产经营过程的基本环节,而施工生产活动又必须以技术工作为基本条件。建筑工程技术管理为建筑工程施工项目的顺利实施提供了技术上的保证,如施工技术、安全技术等。

7.1 技术管理概述

7.1.1 技术管理的任务

建筑企业的技术管理,是指对建筑企业生产经营活动中各项技术活动和技术工作基本要素进行的各项管理活动的总称。生产经营活动过程中的技术活动,包括施工图纸会审、技术交底、技术试验、技术开发等。技术管理工作的基本要素又包括职工技术素质、技术装备、技术文件、技术档案等。技术管理的目的,就是要把这些基本要素科学地组织起来,做好各项技术工作,通过开展各种技术活动推动企业技术进步,保证工程质量,提高经济效益,全面完成技术管理的任务。

建筑企业技术管理的基本任务是:正确贯彻执行国家的各项技术政策、标准和规定,利用技术规律科学地组织各项技术工作,建立正常的生产技术秩序,充分发挥技术人员和技术装备的积极作用,不断改进原有技术和采用先进技术,保证工程质量,降低工程成本,推动企业技术进步,提高经济效益。

7.1.2 技术管理的内容

建筑工程技术管理的内容可以分为基础工作、业务工作和技术经济分析与评价三大部分。

1. 基础工作

技术管理的基础工作,是指为开展技术管理活动创造前提条件的最基本的工作。它包括技术责任制、技术标准与规程、技术的原始记录、技术档案、技术信息、技术试验等工作。

2. 业务工作

技术管理的业务工作,是指技术管理中日常开展的各项具体的业务活动。它包括以下几个方面。

（1）施工技术准备工作。施工技术准备工作就是为创造正常的施工条件、保证施工生产顺利进行而做的各项技术方面的具体工作。如：施工图纸会审、编制施工组织设计、技术交底、材料及半成品的技术试验与检验、安全技术等。

（2）施工过程中的技术管理。施工过程中的技术管理是指建筑工程项目在施工生产过程中所进行的技术方面的管理工作。如：施工过程中的技术复核、质量检验、技术处理等工作。

（3）技术革新与技术开发工作。技术革新与技术开发工作是指将科研成果进一步应用于生产实践，拓展出新的技术、材料、结构、工艺和装备等所进行的工作。如科学研究、技术革新、技术引进、技术改造、技术培训及新技术、新材料、新结构、新工艺、新装备的推广和应用等。

3．技术经济分析与评价

通过技术经济分析与评价，确保各项技术活动在技术上的可行性和经济上的合理性，以保证施工生产活动的顺利进行，取得良好的经济效益。

基础工作、业务工作和技术经济分析三者是相互依赖和并存的，缺一不可。首先，基础工作为业务工作提供了必要的条件，任何一项技术业务工作都必须依靠基础工作才能进行；其次，企业搞好技术管理的基础工作不是最终目的，技术管理的基本任务必须由各项具体的业务工作才能完成；最后，通过技术经济分析与评价可以保证基础工作和业务工作在技术上的可行性和经济上的合理性。

7.1.3　技术管理的要求

技术管理的要求如下：

（1）正确贯彻执行国家的各项技术政策和法令、法规，认真执行国家和有关部门制定的技术规范和规定。

技术管理工作应结合建筑业的技术政策，施工技术的发展方向，并根据我国的自然资源和地区特点，围绕建筑产品改革，积极采用新材料、新工艺、新技术、新结构、新设备；大力发展社会化生产和商品化供应，组织专业化协作和配合，加速实现建筑工业的现代化。

（2）科学地组织各项技术工作，建立企业正常的生产技术秩序，保证施工生产的顺利进行。

（3）充分发挥各级技术人员和工人群众的积极作用，促进企业生产技术的不断更新和发展，推动技术进步。

（4）加强技术教育，不断提高企业的技术素质和经济效益，以达到保证工程质量、节约材料和能源、降低工程成本的目的。

7.1.4　技术管理的原则

技术管理应遵循以下原则。

（1）认真贯彻执行国家的技术政策、规范、标准和规程。

科学技术的发展有一定的规律性和客观性，涉及社会经济的各个领域。为了协调各方面的工作，保证科学技术沿着正确的道路发展，推动整个社会的技术进步，国家制定并颁发了一系列的技术政策、规范、标准和规程。如技术档案制度、材料检验标准、施工验收规范、施工操作规程等。企业必须贯彻执行这些技术规定,才能保证技术管理工作顺利进行,也才能使企业的技术发展与整个社会的技术进步紧密联系在一起。

(2)尊重科学技术,按客观规律办事。

如前所述,技术工作有一定的规律性。科学技术的发展规律是客观存在的,我们只有去发现它、认识它和掌握它,才能促进企业技术的发展。如果不尊重科学技术的客观性,不按科学技术的客观规律办事,必然会导致失败。建筑企业要遵循的科学技术是多方面的,企业应特别注意施工技术规律、设备运转规律、材料试验规律、新技术的开发和应用规律等。

(3)讲求技术工作的经济效益。

施工生产活动中的任何一项工作方案,都必须是技术和经济的统一,才能可行。在商品经济社会中,如果一味强调技术上是否先进,而忽略经济上是否合理,这种方案注定会被淘汰。技术和经济是辩证的统一,它们有矛盾的一面,也有统一的一面。因此,在技术管理中必须讲求经济效益,当使用某一项技术时,必须考虑它的经济效益,尽量使二者达到统一。讲求经济效益,还应注意企业效益和社会效益、当前利益和长远利益的结合。

7.2 技术管理的基础工作

7.2.1 建立和健全技术管理机构和相应的责任制

1. 建立和健全技术管理机构

搞好建筑施工企业的技术管理工作,必须有健全的组织系统作为保证。建筑企业技术管理组织应和企业的行政管理组织相统一,按统一领导、分级管理的原则,建立以总工程师为首的技术管理系统。公司、分公司、施工项目都应设立相应的技术管理职能部门,配备相应的技术人员,从而加强企业和施工项目的技术管理与控制。图 7-1 为直线-职能制的技术管理机构。

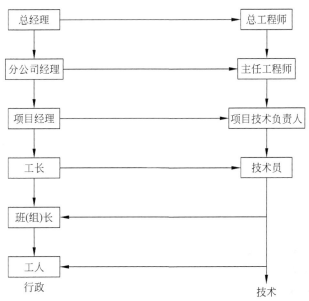

图 7-1 直线-职能制的技术管理机构

2. 建立和健全技术责任制

技术责任制是建筑企业责任制的重要组成部分,它对企业技术管理系统的各级技术人员规定了明确的职责范围和职权,使技术人员的工作制度化、规范化,并与个人利益联系在一起,以保证各方面技术活动的顺利开展。

建筑企业的技术责任制,是以技术岗位责任制为基础,规定各岗位的职责和职权的制度。

1) 总工程师的主要职责

(1) 全面领导企业的技术管理工作;

(2) 组织贯彻国家的各项技术政策、标准、规范、规程和企业的各项技术管理工作;

(3) 组织编制和执行企业的年度技术计划;

(4) 领导开展技术革新活动,审定企业的重大技术革新和技术改造方案,组织编制和实施科技发展规划;

(5) 组织重点工程施工组织设计的编制,审批重大的施工方案,参加大型工程的图纸会审、技术交底;

(6) 领导企业的全面质量管理工作,负责处理重大质量事故;

(7) 主持技术会议,审定企业的技术制度、规定;

(8) 领导安全技术工作和培训工作,审定企业技术培训计划;

(9) 考核各级技术人员,对技术人员的工作、晋级、奖惩等提出意见;

(10) 参加国外引进项目的考察、谈判工作;

(11) 领导技术总结工作。

2) 主任工程师的主要职责

(1) 组织中小型工程项目施工组织设计的编制,审批单位工程的施工方案;

(2) 参加图纸会审,主持重点工程的技术交底;

(3) 组织本单位技术人员贯彻执行各项技术政策、标准、规范、规程和企业的技术管理制度;

(4) 负责本单位的全面质量管理工作,组织制定质量、安全的技术措施,检查和处理主要工程的质量事故;

(5) 监督施工过程,督促施工负责人遵守规范、规程、标准,按图施工,及时解决施工中的问题;

(6) 主持本单位的技术会议;

(7) 领导编制本单位技术计划,负责本单位科技信息、技术革新、技术改造等工作;

(8) 对本单位的科技成果组织鉴定,对本单位技术人员的晋级、奖惩提出建议。

3) 项目技术负责人的主要职责

(1) 编制项目的施工组织设计,并组织贯彻执行;

(2) 参与工程预算的编制和审定工作;

(3) 负责技术复核工作,如核定轴线、标高等;

(4) 负责技术核定工作,签发核定单,提供质量资料;

(5) 负责图纸审查,参加图纸会审,组织技术交底;

(6) 负责贯彻执行各项技术规定;

（7）组织质量管理工作，检查控制工程质量，处理质量事故；

（8）负责项目的材料检验工作和各种复合材料试配工作，如混凝土的配合比；

（9）管理项目的技术档案工作；

（10）参加项目的竣工检查和验收工作。

7.2.2　贯彻技术标准和技术规程

建筑技术标准化是加强技术管理的有效方法。现代建筑施工，技术上日趋复杂，对建筑材料、施工工艺、施工机械的要求越来越高。为保证施工质量，不断提高技术水平，在技术上必须要有检查、控制的标准和方法。建筑企业的技术标准化的规定大致可以分为技术标准和技术规程两个方面。

1．技术标准

建筑企业施工生产中的技术标准包括各种施工验收规范和检验标准。技术标准由国家委托有关部委制定，属于法令性文件，不允许各企业随意更改。

（1）施工及验收规范。规定了建筑安装工程各分部分项工程施工上的技术要求、质量标准和验收的方法、内容等。

（2）建筑工程施工质量验收统一标准。它是根据施工及验收规范制定的用以检验和评定工程质量是否合格的标准。

（3）建筑材料、半成品的技术标准及相应的检验标准。它规定了各种常用材料的规格、性能、标准及检验方法等。例如：水泥检验标准、混凝土强度等级检验评定标准等。

2．技术规程

建筑安装工程技术规程是建筑安装工程施工及验收规范的具体化。在贯彻国家施工及验收规范时，由于各地区的操作习惯不完全一致，有必要制定符合本地区实际情况的具体规定。技术规程就是各地区（各企业）为了更好地贯彻执行国家的技术标准，根据施工及验收规范的要求，结合本地区（本企业）的实际情况，在保证达到技术标准要求的前提下，对建筑安装工程的各个施工工序的操作方法、施工机械及工具、施工安全所制定的技术规定。

技术规程属于地方性技术法规，在施工中必须严格遵守，但它比技术标准的适用范围要窄一些。

常用的技术规程有：

（1）施工操作规程。规定了各主要工种在施工中的操作方法、技术要求、质量标准、安全技术等。工人在生产中必须严格遵守和执行操作规程，以保证工程质量和生产安全。

（2）设备维护和检修规程。它是依据各种设备的磨损规律和运转规律，对设备的维护、保养、检修的时间、内容、方法等所作的规定。其主要目的是为了使设备保持完好，能够正常运转，减少磨损和损坏，尽量降低修理费用。

（3）安全技术规程。它是指对施工生产中安全方面所作的规定。它根据安全生产的规律，对各工种、各类设备的安全操作做了详细规定，以保证施工过程中的人身安全和设备的运行安全。如《建筑安装工程安全操作规程》就规定了建筑施工生产中的安全操作问题。

技术标准和技术规程一经颁发，就必须维护其权威性和严肃性，不得擅自修改和违反，要严格执行。但技术标准和技术规程也并非是一成不变的，随着技术水平的发展和适用条件的变化，需要不断地修订和完善。技术标准和技术规程的修订，一般由原颁发单位组织进行,其他单位不得私自修改。

7.2.3　建立和健全技术原始记录

技术原始记录是企业生产经营管理原始记录的重要组成部分。它反映了企业技术工作的原始状态,为开展技术管理提供依据,是技术分析、决策的基础。技术原始记录包括:材料、构配件及工程质量检验记录;质量、安全事故分析和处理记录;设计变更记录;施工日志等。

技术原始记录中,施工日志是反映施工生产过程的重要的原始记录,施工中必须严格建立和健全施工日志制度。施工日志详实地记录了从工程开工直到竣工整个施工过程的技术动态,反映了技术上的各类问题。如施工中的各种技术变更,事故调查记录,各类经验总结等。施工日志的记录内容一般有:修改设计情况,技术组织措施,隐蔽工程验收记录,质量、安全、机械事故的处理过程和原因分析,技术上的改进建议,落实情况,以及各种对工程施工有影响的事情。

7.2.4　建立工程技术档案

工程技术档案是国家技术档案的重要组成部分,它记载和反映了本施工企业在施工、技术、科研等方面活动的历史和成果,具有保存价值。工程技术档案必须按科技档案管理的有关规定,进行分类整理后归档集中管理,不得散失。

建筑企业的工程技术档案包括工程交工验收的技术档案和施工企业自身保存的技术档案两部分。

1. 工程交工验收的技术档案

工程交工验收的技术档案就是有关建筑产品合理使用、维护、改建、扩建的技术文件,即竣工验收时所应提供的交工技术资料。一般应包括以下技术档案资料:

(1) 竣工工程项目一览表,如单位工程名称、面积、开竣工日期、工程质量验收证明和竣工图等;

(2) 图纸会审纪要,包括技术核定单、设计变更通知单;

(3) 隐蔽工程验收单,工程质量事故的发生经过和处理记录,材料、半成品的试验和检验记录,永久性水准点和坐标记录,建筑物的沉降观测记录等;

(4) 材料、构件和设备的质量检验合格证或检测依据;

(5) 施工的试验记录,如混凝土、砂浆的抗压强度试验、地基试验、主体结构的检查及试验记录等;

(6) 施工记录,如地基处理、预应力构件及新材料、新工艺、新技术、新结构的施工记录、施工日志;

(7) 设备安装记录,如机械设备、暖气、卫生、电气等工程的安装和检验记录;

(8) 施工单位和设计单位提供的建筑物使用说明资料;

(9) 上级主管部门对工程的有关技术决定;

(10) 工程竣工结算资料和签证等。

以上技术档案资料随同工程交工,提交建设单位保存。

2. 施工企业自身保存的施工技术档案

建筑施工企业自身保存的技术档案,是供施工单位今后施工时的参考技术文件,主要是施工生产中积累的具有参考价值的经验资料。其主要内容包括施工组织设计,施工经验总结,新材料、新工艺、新技术、新结构、新设备的试验和使用效果;各种试验记录;重大质量、安全、机械事故的发生原因、情况分析和处理意见;重要的技术决定、技术管理的经验总结等。

工程技术档案来源于平时积累的各种技术资料。因此,施工生产和技术管理中,应注意广泛地征集各种技术资料。例如:混凝土和砂浆的强度试验报告;钢材的物理化学试验报告;构件荷载试验结论;地基处理记录;施工日志;各工程的施工组织设计等。技术资料收集起来后,要按照档案管理的要求进行分类整理。一般按工程项目分类,使同一工程的技术资料集中在一起,再在每个工程项目下按专业进行分类,便于归档后使用时查找。

技术档案工作要求做到资料完整、准确,便于查找和使用,能及时解决技术管理工作中的问题。

7.2.5　加强技术信息管理

建筑企业的技术信息是指与建筑生产、建筑技术有关的各种科技信息。包括有关的科技图书、科技刊物、科技报告、学术文章和论文、科技展品等。

现代建筑技术发展异常迅速,新材料、新工艺、新技术、新结构、新设备不断地涌现,建筑企业必须随时掌握其发展动态,才能及时地获得先进的技术,善于在别人探索和实践的基础上有所借鉴和创新,在技术上才能少走弯路,取得事半功倍的效果。如果闭关自守,什么事都全靠自己探索,不善于借鉴别人成功的经验,不了解科技发展的动态,势必跟不上形势的发展,迟早会被淘汰。

技术信息管理工作,就是有计划、有目的、有组织地收集、整理、存储、检索、报道、交流有关科技信息,为企业生产经营活动提供各方面有价值的科技信息资料,促进企业的技术进步。科技信息工作应当做到:①有针对性。针对企业生产中的薄弱环节收集有关信息,促进企业改进技术,力求走在科研和生产的前面,利用科技带动技术发展。②准确可靠。收集的信息一定要真实,避免给技术工作造成失误。③完整。收集的信息要系统、完整,不要疏漏,尽量给技术管理提供全面的分析资料,保证企业的技术工作全面发展。

7.3　技术管理制度

技术管理制度是开展各项技术活动所必须遵循的工作准则。建立和健全技术管理制度,是企业搞好技术管理工作的重要保证。企业的技术管理制度主要包括以下几个方面。

7.3.1　建立图纸会审制度

1. 图纸会审的目的

图纸会审,是指由建设单位或委托的监理单位组织其相关的设计单位和施工单位共同对施工图纸进行审查的工作。图纸会审一般是在施工单位对施工图纸进行了初审的基础上进行。其目的是为了领会设计意图,熟悉施工图纸的内容,明确技术要求,及早发现并消除图纸中的错误,以便正确无误地进行施工。

2. 图纸会审的要点

图纸会审的要点详见本书第 2 章。

7.3.2　建立技术交底制度

1. 技术交底的目的

技术交底是指在工程开工前,由上级技术负责人就施工中的有关技术问题向执行者进行交代的工作。技术交底的目的,在于把设计要求、技术要领、施工措施等层层落实到执行者,使其做到心中有数,以保证工程能够顺利进行,从而保证工程质量和施工进度。

2. 技术交底的主要内容

技术交底的主要内容包括:技术要求、技术措施、质量标准、工艺特点、注意事项等。交底工作从上到下逐级进行,交底内容上粗下细,越到基层越应具体。凡技术复杂的重点工程,应由公司总工程师就施工中的难点向分公司的主任工程师或项目技术负责人进行交底;一般的工程项目由分公司的主任工程师向项目技术负责人或技术人员进行交底;项目技术负责人或技术人员再对各分部分项工程向工人班组进行具体交底。上述各级交底中,以项目技术负责人或技术人员向工人班组进行交底最为重要,一般涉及实际操作。其主要内容有:

(1)工程项目的各项技术要求;

(2)尺寸、轴线、标高、预留孔洞、预埋铁件的位置等;

(3)使用材料的品种、规格、等级、质量标准、使用注意事项等;

(4)施工顺序、操作方法、工种配合、工序搭接、交叉作业的要求;

(5)安全技术;

(6)技术组织措施,产量、质量、消耗、安全指标等;

(7)机械设备使用注意事项及其他有关事项。

技术交底的形式是多种多样的,应视工程项目的规模大小和技术复杂程度以及交底内容的多少而定。一般采用口头、文字、图表等形式,必要时也可以用样板、实际操作等方式进行。

7.3.3　建立技术复核制度

1. 技术复核

技术复核,是指对施工过程中的重要部位的施工,依据有关标准和设计要求进行复查、核对等工作。技术复核的目的是避免在施工中发生重大差错,以保证工程质量。技术复核工作一般在分项工程正式施工前进行,复核的内容根据工程情况而定。一般土建工程施工重点复核以下内容。

(1)建筑物、构筑物的位置、坐标桩、标高桩、轴线尺寸等。

(2)基础:土质、位置、标高、轴线、尺寸等。

(3)钢筋混凝土工程:材料质量、等级、配合比设计,构件的型号、位置,钢筋搭接长度、接头长度、锚固长度,预埋件的位置,吊装构件的强度等。

(4)砖砌体:轴线、标高、砂浆配合比等。

（5）大样图：各种构件及构造部位大样图的尺寸和要求等。

2．技术核定

技术核定，是指在施工过程中依照规定的程序，对原设计进行的局部修改。在建筑工程的施工过程中，当发现设计图纸有错误，或施工条件发生了变化而不能照原设计施工时，就必须对设计进行修改，即为技术核定。例如：材料代换、构件代换、改变施工做法等。技术核定必须依照有关规定按程序进行，一般应在工程施工合同中写明，以分清责任和权限，保证施工生产顺利进行。通常情况下，不影响工程质量和使用功能的材料代换由施工单位自行核定。如：钢筋直径不同的代换。当变更较大，影响原设计标准、结构、功能、工程量时，必须经设计单位和建设单位认可并签署意见后方可实施；如建设单位、设计单位主动要求修改，应在规定的时间内以书面形式通知施工单位。

技术核定的实施对于大多数企业采取技术核定单的形式下达。按规定程序签署下达的技术核定单，具有与施工图纸相同的效力，必须严格执行。

7.3.4　建立材料及构配件检验制度

建筑材料、构配件、金属制品和设备的好坏，直接影响着建筑产品的优劣。因此，企业必须建立和健全材料及构配件检验制度，配备相应人员和必要的检测仪器设备，技术部门要把好材料检验关。

1．对技术部门、各级检验试验机构及施工技术人员的要求

（1）工作中要遵守国家有关技术标准、规范和设计要求，要遵守有关的操作规程，提出准确可靠的数据，确保试验、检验工作的质量。

（2）各级检验试验机构应按照规定对材料进行抽样检查，提供数据存入工程档案。其所用的仪器仪表和量具等，要做好检修和校验工作。

（3）施工技术人员在施工中应经常检查各种材料的质量和使用情况，禁止在施工中使用不符合质量要求的材料、构配件，并确定处理办法。

2．对原材料、构配件、设备检验的要求

（1）用于施工的原材料、成品、半成品、设备等，必须由供应部门提出合格证明文件。对没有证明文件或虽有证明文件但技术人员、质量管理部门认为有必要复验的材料，在使用前必须进行抽样、复验，证明其合格后才能使用。

（2）钢材、水泥、砖、焊条等结构用的材料，除应有出厂证明或检验单外，还要根据规范和设计要求进行检验。

（3）高低压电缆和高压绝缘材料，要进行耐压试验。

（4）混凝土、砂浆、防水材料的配合比，应先提出试配要求，经试验合格后才能使用。

（5）钢筋混凝土构件及预应力钢筋混凝土应按《钢筋混凝土施工及验收规范》的有关规定进行抽样试验。

（6）新材料、新产品、新构件，要在对其做出技术鉴定、制定出质量标准及操作规程后才能在工程上使用。

（7）在现场配制的建筑材料，如防水材料、防腐材料、耐火材料、绝缘材料、保温材料等，均应按实验室确定的配合比和操作方法进行施工。

常用土建工程施工中原材料的检验项目见表7-1。

表 7-1　常用材料检验项目

序号	材料名称		一般检验项目	其他检验项目
1	水泥		标准稠度、凝结时间、抗压和抗折强度	细度、体积安定性
2	钢材	热轧钢筋、冷拉钢筋、型钢、扁钢和钢板	拉力、冷弯	冲击、硬度、焊接件(焊缝金属、焊接接头)的机械性能
		冷拔低碳钢丝、碳素钢丝和刻痕钢丝	拉力、反复弯曲	
3	木材		含水率	顺纹抗压、抗拉、抗弯、抗剪等强度
4	普通粘土砖、页岩砖、空心砖、硅酸盐砌块		抗压、抗折	抗冻
5	天然石材		密度、孔隙率、抗压强度	抗冻
6	混凝土用砂、石	砂	颗粒级配、密度、松散密度、空隙率、含水率、含泥量	有机物含量、三氧化硫含量、云母含量
		石		针状和片状颗粒、软弱颗粒
7	混凝土		坍落度或工作度、密度、抗压强度	抗折、抗弯强度、抗冻、抗渗、干缩
8	砌筑砂浆		流动度(沉入度)、抗压强度	
9	石油沥青		针入度、延伸度、软化点	
10	沥青防水卷材		不透水性、耐热度、吸水性、抗拉强度	柔度
11	沥青胶(沥青玛琋脂)		耐热度、柔韧性、粘结力	
12	保温材料		密度、含水率、导热系数	抗折、抗压强度
13	耐火材料		密度、耐火度、抗压强度	吸水率、重烧线收缩、荷重软化温度等
14	水			pH、油、糖含量
15	塑料		耐热性、低温耐折、导热系数、透水性、抗拉强度及相对伸长率等	线膨胀系数、静弯曲强度、压缩强度
16	水硬性耐火混凝土		耐热度、密度、混凝土强度等级	荷重软化点、残余变形、线膨胀系数、耐急冷、急热性
17	耐酸耐碱混凝土		耐酸或耐碱度、密度、28天的抗压强度	
18	石膏		标准稠度、凝结时间、抗压、抗拉	
19	石灰		产浆量、活性氧化钙和活性氧化镁含量	细度、未消化颗粒含量
20	回填土		干密度、含水率、最佳含水率和最大干密度	
21	灰土		含水率、干密度	

7.3.5 建立工程质量检查和验收制度

质量检查是根据国家或主管部门颁发的有关质量标准,采用一定的测试手段,对原材料、构配件、半成品、施工过程的分部分项工程以及交工的工程进行检查、验收的工作。

质量检查和验收工作可以避免不合格的原材料、构配件进入施工过程,从而保证各个分项工程质量,进而保证整个工程的质量。它是维护国家和用户利益、维护企业信誉的重要手段,是企业质量管理中的一项重要工作。

1. 工程质量检查验收的依据

(1) 施工验收规范、操作规程,质量评定标准,有关主管部门颁发的关于保证工程质量的规章制度和技术文件;

(2) 批准的单位工程施工组织设计;

(3) 施工图纸及设计说明书,设计变更通知单,修改后图纸和技术核定单;

(4) 材料试验、检验报告、材料出厂质量保证书和证明单;

(5) 施工技术交底记录、图纸会审的会议纪要和记录;

(6) 各项技术管理制度。

2. 工程质量检查制度和方法

(1) 自检制度。自检制度是指由班组及操作者自我把关,保证交付合格产品的制度。自检必须建立在认真进行技术交底,真正发动群众和依靠群众的基础之上。班组要有一套完整的管理办法,包括建立质量管理小组,实行严格的质量控制。

(2) 互检制度。互检制度是指操作者之间互相进行质量检查的制度。其形式有班组互检、上下工序互检、同工序互检等。互检工作开展的好坏是班组管理水平的重要标志,也是操作质量能否持续提高的关键。

(3) 交接检查制度。交接检查制度是指前后工序或作业班组之间进行的交接检查制度。一般应由工长或施工技术负责人进行。这就要求操作者和作业班组树立整体观念和为下道工序(或作业班组)服务的思想,既要保证本工序(或本班组)的质量,又要为下道工序(或下一作业班组)创造有利条件,而下道工序(或作业班组)也重复如此,形成环环相扣、班班把关的局面。

(4) 分部、分项工程质量检查制度。由企业的质量检查部门和有关职能部门负责进行。对每个分部、分项工程的测量定位、放线、翻样、施工的质量以及所用的材料、半成品、成品的加工质量进行逐项检查,及时纠正偏差,解决有关问题,并做好检验的原始记录。

(5) 技术工作复核制度。即在各个分项工程施工前,由有关部门对各项技术工作进行严格的复核,发现问题,及时纠正。

3. 质量检验的内容

质量检验的内容主要包括施工准备工作中的检验、施工过程中的质量检验和交工验收中的质量检验等三个阶段的质量检验。

(1) 施工准备工作中的检验。包括基准点、标高、轴线的复核;机械设备安装的开箱检验、预组装;原材料、构配件的外形、规格、强度等物理、化学性能的检验,加工件的放样下料、图纸复核等。

(2) 施工过程中的质量检验。包括分部分项工程和隐蔽工程的检验。如:地基基础工程的土质、标高的检验,打桩工程中桩的数量、位置的检验,钢筋混凝土工程中的钢筋种类、规格、数量、强度等级、尺寸位置、焊接、绑扎、搭接情况的检验,模板的位置、尺寸、标高及稳定性的检验,管道工程的标高、坡度、焊接、防腐情况的检验,锅炉的焊接、试压等的检验。上道工序不合格,就不能转入下道工序施工。分部工程和隐蔽工程的检验记录是工程交工验收的重要凭证,也是重要的质量信息资料,应按有关技术档案规定妥善保管。

(3)交工验收中的质量检验。建筑施工(包括土建、装饰、水、暖、通风、电气照明等)完工后,施工单位要进行自检,通过自检,发现问题及时纠正,并在自检合格的基础上,由施工单位提出《验收交接申请报告》(即竣工报告,见表7-2)。然后再由建设单位组织设计单位、监理单位、施工单位及有关部门共同参与对竣工工程项目进行检查验收,包括检查建筑物的标高、轴线、预留孔洞、建筑物的外观状况和使用功能是否符合设计和有关规范的要求,交工的技术资料是否齐全、是否符合有关规定等。在这些检查内容符合要求的基础上,由施工单位向建设单位办理交工手续,并向建设单位移交全部的技术资料。

表 7-2　竣工报告

施工单位：_____

建设单位				
主管部门				
工程地点				
工程名称				
简　　称		工程 造价/元	全部	
用　　途			土建	
结　　构			装饰	
层　　数			卫生	
幢　　数			暖气	
建筑面积			电气	
其中：地下室			通风	
实际开工日期	年　　　月　　　日			
实际竣工日期	年　　　月　　　日			
日历工作天		实际作业天		
预制构件		吊装方法		
工程质量评价：		甩项、停工、交接情况：		

项目负责人：　　　　　　　　　　　　　　　　　　统计员：

7.3.6　建立技术组织措施计划制度

在施工过程中,必须结合工程项目的实际情况和降低工程成本及推广新技术、新材料、新结构的任务,在技术上和组织上采取一系列的措施,以达到上述目的,而以这些措施及其效果为主要内容制定的计划,就是技术组织措施计划。

建立技术组织措施计划制度的目的是为了更好地提高工程质量,节约原材料,降低工程成本,加快施工进度,提高劳动生产率,改善劳动条件,进而提高企业的经济效益和社会效益。

在实际工作中,常见的技术组织措施主要有以下几种:

(1) 加快施工进度、缩短工期方面的技术组织措施;

(2) 保证和提高工程质量的技术组织措施;

(3) 节约原材料、动力、燃料的技术组织措施;

(4) 充分利用地方材料,综合利用工业废料、废渣的技术组织措施;

(5) 推广新技术、新材料、新工艺、新结构的技术组织措施;

(6) 革新机具、提高机械化程度的技术组织措施;

(7) 改进施工机械设备的组织和管理,提高设备完好率、利用率的技术组织措施;

(8) 改进施工工艺和技术操作的技术组织措施;

(9) 保证安全施工的技术组织措施;

(10) 改善劳动组织、提高劳动生产率的技术组织措施;

(11) 发动群众广泛提出合理化建议,献计献策的技术组织措施;

(12) 各种技术经济指标的控制数字。

7.3.7　建立施工技术资料归档制度

施工技术资料是建筑施工企业进行技术工作、科学研究、生产组织的重要依据,也是企业生产经营活动的技术标准,它能系统地反映企业长期生产实践的科技工作成果,因此加强对技术资料的管理是企业一项重要的技术基础工作。

建立施工技术资料归档制度,是为了保证工程项目的顺利交工,保证各项工程交工后的合理使用,为今后工程项目的维修、维护、改建、扩建提供依据,也是为了更好地积累施工技术经济资料,不断提高施工技术水平的需要。因此施工技术部门必须从工程施工准备工作开始就建立起工程技术档案,不断地汇集整理有关资料,并把这一工作贯穿于整个施工过程,直到工程竣工交工验收结束。

凡是列入技术档案的技术文件、资料,都必须经有关技术负责人正式审定。所有的资料、文件都必须如实地反映情况,不得擅自修改、伪造或事后补作。工程技术档案必须严格加强管理,不得遗失和损坏。人员调动时要及时办理有关的交接手续。

施工技术资料归档内容,包括工程交工验收的技术档案和施工企业自身保存的技术档案等两个部分,其具体内容详见 7.2 节所述。

7.4　技术经济分析

对在施工前拟定的技术组织措施、技术方案应进行技术经济分析工作,在分析的基础上选择最佳的技术方案;而在工程完工后,也应进行技术经济分析,以便不断地总结经验和教训,提高企业的管理水平。技术经济分析是技术决策的基本方法,也是评价技术方案效果的基本方法。

7.4.1　开工前的技术方案分析

在工程开工前,应对工程对象拟定各种各样的技术组织措施和技术方案,在此基础上应对这些技术方案进行相关的技术经济分析。对技术方案进行分析,应设置一系列的技术经济指标,以反映技术方案的技术和经济特征。这些技术经济指标可分为两大类:一类是技术指标;另一类是经济指标。

技术指标反映技术方案的技术状况,不同性质的技术方案须用不同的技术指标体系。如技术装备方案,其主要技术指标就有:工作效率、工作质量、安全性能、灵活性、适用性、维修性和耐用性等。

经济指标反映技术方案的经济效果,主要有成本、资金占用、经济效益等。

技术方案的一般技术经济分析指标参见表7-3。

表 7-3　技术方案的技术经济分析指标

序号	分析项目		指标名称
1	技术指标	施工方案	技术可行程度 施工难易程度 机械设备施工率
		进度计划	总工期 交叉作业率 施工连续程度 施工均衡程度
		施工平面图	占地面积 交通运输可靠程度 水电供应保证程度 平面布置对施工的满足程度
2	经济指标		工程总成本 主要材料消耗量 机械设备消耗量 人工消耗量 临时设施费 二次搬运费 环境污染防治费 现场设备利用率 劳动生产率

7.4.2　施工项目完工后的技术经济分析

施工工程项目通过施工生产,在交工验收后,作为施工企业自身也应进行有关的技术经济分析工作,这些工作主要是针对施工活动进行全面系统的技术评价和经济分析,以不断地总结经验,吸取教训,从而不断提高企业的技术水平和管理水平。

1. 施工项目的综合分析

综合分析,是对施工项目实施中各个方面都作分析,从而综合评价项目的经济效益和管理效果。综合分析一般从两个方面进行分析评价,即效果指标和消耗指标。

1) 效果指标

反映施工项目的效果指标主要有:

(1) 工程质量评定等级。指单位工程在竣工验收后,最后评定的质量等级是合格还是不合格。合格为施工质量符合设计、施工要求;而不合格则说明施工质量不符合设计、施工要求,需要进行修补、返工等。

(2) 实际工期与工期缩短(拖延)指标。实际工期是指从开工到竣工的日历天数。工期缩短(拖延)是指实际工期与合同工期的差额,若实际工期小于合同工期,则工期缩短(提前),项目实施效果较好;反之,则工期拖延,实施效果差。当然,对工期缩短(拖延)要作具体分析,因为影响工期的因素很多。

(3) 利润和成本利润率。利润是指承包价格与实际成本的差额;成本利润率是利润额与实际成本之比,用成本利润率可以分析成本与利润之间的关系。利润额的大小与工程成本的高低成反比,利润指标从正反两个方面反映出劳动消耗的情况。而成本利润率则可以从正反两个方面反映劳动消耗的经济效果。

(4) 劳动生产率指标。该指标是指工程承包价格与实际用工日数之比,能反映项目实施的生产效果。劳动生产率高则说明生产效果好。

2) 消耗指标

这里所说的消耗是指用工、材料及机械台班量的消耗。

(1) 单方用工、劳动效率以及节约工日

$$单方用工 = \frac{实际用工(工日)}{建筑面积(m^2)}$$

$$劳动效率 = \frac{预算用工(工日)}{实际用工(工日)} \times 100\%$$

$$节约工日 = 预算用工 - 实际用工$$

(2) 主要材料节约量及材料成本降低率(即钢材、木材、水泥等)

$$主要材料节约量 = 预算用量 - 实际用量$$

$$材料成本降低率 = \frac{承包价的材料成本 - 实际材料成本}{承包价的材料成本} \times 100\%$$

(3) 主要施工机械利用率及机械成本降低率

$$主要施工机械利用率 = \frac{预算台班数}{实际台班数} \times 100\%$$

$$施工项目机械成本降低率 = \frac{预算机械成本 - 实际机械成本}{预算机械成本} \times 100\%$$

(4) 成本降低额和成本降低率

$$成本降低额 = 承包成本 - 实际成本$$

$$成本降低率 = \frac{承包成本 - 实际成本}{承包成本} \times 100\%$$

通过以上相对指标和差额指标的计算所表示的效果与消耗的关系,从中就可以分析施工项目的管理水平和效益。同时,这种建立在效益分析基础上的全面分析,是用数据资料判断项目施工全过程的管理状况,并及时加以总结分析,这样,为以后的项目管理提供客观依据,从而不断地提高管理水平。

2．施工项目单项分析

施工项目单项分析是针对某项指标进行剖析,从而找出在施工项目管理中所取得的成绩或存在问题的具体原因,并且提出应该如何加强和改善的具体内容。单项分析主要应对质量、工期、成本等三大基本目标进行分析。比如,工程质量等级评定为合格,就可以总结质量管理中的经验,如果有普遍的适用性,则可以加以推广;如工程质量等级评定为不合格,那么应进一步找出影响项目质量的某分部、分项工程中所存在质量管理上的原因,在分析原因的同时,提出整改措施,在今后的质量管理中引以为戒。

通过单项分析,就能及时了解和掌握项目经理部存在的各种不足或优势所在,以便在今后的项目管理中注意扬长避短。同时,通过对企业施工的相应指标的对比,还可以了解企业各方面不足的改进和完善情况,增强企业自身发展的能力。

7.5 技术革新和技术开发

7.5.1 技术革新

技术革新,是指在技术进步的前提下,把科学技术的成果转化为现实的生产能力,应用于企业生产的各个环节,用先进的技术对企业现有的落后技术进行改造和更新。建筑企业要提高技术素质,就必须不断地进行技术革新,通过技术革新,可以提高企业的施工技术水平,确保工程质量、缩短施工工期、降低工程成本、提高经济效益。

1．技术革新的主要内容

(1) 改进施工工艺和操作方法。随着建筑技术的飞速发展,新技术、新材料、新工艺、新结构、新设备不断涌现,建筑施工企业必须在施工中不断地改进施工工艺和操作方法,以新的施工工艺和操作方法来适应现代建筑的发展需要,才能保证工程施工质量,提高施工进度,降低工程成本。

(2) 改进施工机械和工具。针对现在落后的施工过程,特别是劳动强度大、劳动条件差、生产效率低的工种,应积极地、有计划地进行施工机械和工具的改革、更新,用工作效率高的施工机械和工具代替原有的落后施工机械和工具,以提高劳动生产率,改善工人的作业条件。

(3) 改进材料的使用。在保证工程质量的前提下,大力推广新型的、节能的、优质的建筑材料;推行材料的综合利用,努力降低消耗,节约使用资源。特别是针对我国人口多土地少的现实情况,应禁止或减少使用粘土砖,用新型的墙体材料代替,以节约使用耕地。

2．技术革新的组织管理

(1) 领导和群众相结合。对技术革新,领导必须首先要重视,要把技术革新视为提高企业竞争力的重要措施来抓。此外,还必须依靠群众,想方设法调动各方面的积极性,发挥群众的创造力,才能取得良好的效果。

(2) 紧密结合施工生产实际。针对现在施工生产中的关键问题和薄弱环节,有重点地进行技术改造。

（3）注意技术和经济的统一。在拟定、评价技改方案时,应注意从技术和经济两方面进行,要选择那些技术上先进可靠、经济上合理可行的方案推广使用。

（4）充分发挥奖励的作用。利用精神和物质等奖励手段,鼓励对技术革新有贡献的职工,在企业造就人人提建议、搞革新的局面,推动企业的技术进步。

7.5.2 技术开发

1. 技术开发的意义

技术开发,是指把科学技术的研究成果进一步应用于生产实践的开拓过程。技术开发主要包括新技术、新材料、新工艺、新结构、新设备的开发,它的目的在于运用科学研究中所获得的知识,以试验为主要手段,验证技术可行性和经济合理性,通过实验室试验和中间试验（有些还要进行工业性试验）等一系列步骤,提供完整的技术开发成果,使科学技术转变为直接生产力,并不断以科研成果推动生产持续发展。

2. 技术开发的途径

技术开发必须走在生产的前面,以源源不断的新技术推动生产发展。建筑企业只有依靠技术开发,不断地采用新技术、新材料、新工艺、新结构、新设备和新的管理技术,才能改善企业的技术状况,提高企业的竞争能力,使企业取得新的发展。

建筑企业的技术开发的途径主要有施工技术和管理技术两方面。

（1）施工技术的开发。施工技术开发包括施工机械设备的改造、更新换代和施工工艺水平的提高。通过施工机械设备的改造、更新换代和施工工艺水平的提高,不断地适应生产发展的需要。这是企业技术开发的核心。

（2）管理技术的开发。管理技术的开发主要是引进各种先进的管理方法和手段,完善管理制度。先进技术和施工工艺水平的发挥,还必须依靠先进的管理手段,只有两者共同结合,才能发挥出它们应有的水平。引进各种先进的管理方法和手段,完善管理制度是提高建筑工程质量、降低工程成本、提高劳动生产率的重要途径。

3. 技术开发的程序

技术开发工作应遵循以下开发程序。

（1）技术预测。建筑施工企业进行技术开发,必须首先对建筑的发展动态以及企业现有技术水平、技术薄弱环节等进行深入的调查分析,预测施工技术未来的发展趋势。

（2）选择技术开发课题。选择技术开发课题,是技术决策的问题,它是技术开发工作的关键环节。课题选择恰当,成功的可能性就大。不论是上级主管部门提出的课题,还是企业自选的课题,都应通过可行性论证,由适当的学术组织（如常设的专业技术学会或临时组成的专家组）就拟议中的课题在生产上的必要性、技术上的先进性,现有科研条件和预期的经济、社会、环境效益等提出审议意见,最后由主管部门或企业技术领导做出决策。

选择技术开发课题,应注意以下几点:

① 应从本企业的生产实际出发,研究和解决生产技术上的关键问题;

② 必须和本企业的技术革新活动相结合;

③ 充分利用已有技术装备和技术力量,必要时与科研机构、大专院校协作,共同进行攻关;

④ 要给科研人员创造良好的学习、研究环境和必要的生产条件,使他们能集中精力,致力于开发工作。

(3) 组织研制和试验。开发课题一旦选定,就应集中人力、物力、财力,加速研制和试验,按计划拿出成果。

(4) 分析评价。对研制和试验的成果进行分析评价,提出改进意见,为推广应用做准备。

(5) 推广应用。将研究成果在生产实践中加以应用,并对推广应用的效果加以总结,为今后进一步开发积累经验。

技术开发的程序如图 7-2 所示。

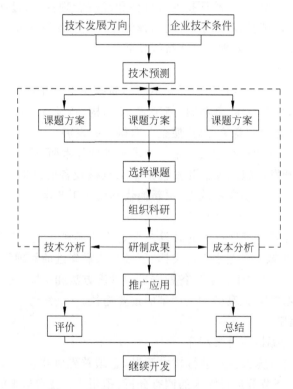

图 7-2   技术开发程序

4. 技术开发的组织管理

企业的技术开发工作应紧密联系企业的生产实际需要,开发的课题要经一定的学术组织审议,进行可行性论证,再由主管领导做出决策;研究试验方案要经本单位的技术主管审查批准,人力配备、器材供应、试验条件以及资金供应等保证按计划逐项落实,对工作进展情况要定期检查,并及时协调各方面的关系,解决出现的问题;研究或开发成果要及时组织专家进行鉴定和评议,内容比较复杂、研究周期较长的项目,还应组织阶段和分项成果的评议;通过鉴定的成果要在施工中推广应用,并对应用情况进行跟踪,及时发现并解决应用中出现的问题,帮助企业切实掌握新技术。

复习思考题

7-1　简述技术管理的概念。技术管理的任务是什么?

7-2　技术管理工作的内容包括哪些?

7-3　什么是技术标准、技术规程? 常用的技术标准和技术规程有哪些?

7-4　技术交底的目的是什么? 技术交底的主要内容有哪些?

7-5　简述工程质量检查验收的依据。常见的工程质量检查制度有哪些?

7-6　一般土建工程施工中技术复核的主要内容有哪些?

第8章

建筑工程招投标与合同管理

8.1 建筑工程施工招投标概述

8.1.1 建筑工程施工招标与投标的概念

1. 建筑工程施工招标

建筑工程施工招标,是指招标单位(又称发包单位或业主)根据拟建施工工程项目的规模、内容、条件和要求拟成招标文件,然后通过不同的招标方式和程序发出公告,邀请具有投标资质的施工企业或公司前来参加该工程的投标竞争,根据投标单位的工程质量、工期及报价,择优选择施工承包商的过程。

2. 建筑工程施工投标

建筑工程施工投标,是指建筑施工企业或公司根据招标文件的要求,结合本身资质及建筑市场供求信息,对拟投标工程进行估价计算、开列清单、写明工期和建筑质量的保证措施,然后按规定的投标时间和程序报送投标文件,在竞争中获取承包工程资格的过程。

建筑工程招投标制是市场经济的产物,是期货交易的一种方式。在我国社会主义市场经济条件下,不少地区对符合招标条件的建筑工程项目都采用了招投标方式,全国各省、市、自治区都相应地制定了招投标管理办法,各级政府有关部门也建立了招投标管理机构。这将进一步推动建筑行业的发展,对提高建筑工程质量、规范建筑市场具有十分重要的意义。

8.1.2 建筑工程施工招标与投标的作用

建筑工程施工招标与投标具有以下作用。

(1) 提高施工企业的经营管理水平。

招标、投标可以使建设单位和施工企业进入建筑市场进行公平交易、平等竞争,促进施工企业提高经营管理水平和工作效率,从而能以高质量、低成本及最优工期以及良好企业信誉参与市场竞争。

（2）提高施工企业的技术水平、保证工程质量。

通过招投标，可以迫使施工企业采用先进的施工工艺和施工机械，从而达到提高工程质量的目的。

（3）加快了建设工程速度，使工期更加合理。

实行招标、投标制，可以使工程合同工期明显低于现行定额工期，使建设工程提前产生经济效益。

（4）降低工程造价、节约建设资金。

施工企业为了中标，往往在保证有利可图的前提下采用低报价策略，在保证工程质量及工期的条件下，相对降低了工程造价。

（5）简化了工程结算手续，减少了双方之间不应有的争议。

由于决标造价即为合同价，工程竣工后，即可办理结算手续，并及时办理固定资产移交手续。

8.1.3　建筑工程承发包

1. 建筑工程承发包的概念

建筑工程承发包，是指根据协议规定，作为交易一方的施工企业（承包方），负责为交易另一方的建设单位（发包方）完成全部或其中部分工程施工，发包方对承包方完成工程施工付给相应报酬的过程。完成施工任务的一方为承包方，给予报酬的一方为发包方。承发包双方之间存在的经济关系是通过承发包合同明确的。

2. 建筑工程承发包的方式

承发包通常可采用包工包料、包工半包料和包工不包料等方式进行。

1）包工包料承发包方式

包工包料，是指承包方对所承建的建筑工程所需的全部人工、材料和机械台班等按承包合同规定的造价承包下来的一种经营方式。这样，承包方可以独立核算成本、自负盈亏，有利于承包方采取有效措施，提高工作效率，降低材料损耗。

2）包工半包料承发包方式

包工半包料，是指承包方对所承包的建筑工程所需的人工、施工机械、管理费用等费用实行全包，材料按承包合同规定由承发包双方各包其中的一部分。如新型建筑材料、进口材料及承包方无法采购的材料或某些材料价格、材料消耗无法准确计算，一般可由发包方负责采购供应，承包方按实际消耗或按实际价格向发包方办理结算。

3）包工不包料承发包方式

包工不包料，是指承包方只向发包方提供劳务，按合同规定向发包方收取人工费及全部或部分管理费。建筑工程所需的材料一律由发包方采购供应。

尽管上述承发包的基本内容与招投标相比较有相同之处，但它没有招标择优、货比"三家"的余地。对于承包方不存在竞争，因此它也就不存在鼓励先进、鞭策落后，施工中易出现扯皮、讨价还价、高估冒算，使工程造价无法控制。而实行招投标制是将竞争机制引入工程建设，承包方是通过投标竞争实现自己的施工任务和销售对象，也就是使产品得到社会的承认，从而完成施工计划并实现盈利。

8.2   建设工程项目招标

8.2.1   建设工程招投标的范围与方式

1. 建设工程招投标的范围

我国《招标投标法》指出,凡在中华人民共和国境内进行下列工程建设项目包括项目的勘察、设计、施工、监理以及与工程建设有关的重要设备、材料等的采购,必须进行招标:

(1) 大型基础设施、公用事业等关系社会公共利益、公众安全的项目。

① 煤炭、石油、天然气、电力、新能源等能源项目;

② 铁路、公路、管道、水运、航空及其他交通运输业项目;

③ 邮政、电信枢纽、通信、信息网络等邮电通信项目;

④ 防洪、灌溉、排涝、引(供)水等水利项目;

⑤ 道路、桥梁、地铁和轻轨交通、污水排放和处理、垃圾处理、公共停车场等设施和市政项目;

⑥ 科技、教育、文化、卫生和社会福利等项目;

⑦ 体育、旅游等项目;

⑧ 商品住宅,包括经济适用房;

⑨ 其他基础设施项目和公用事业项目。

(2) 全部或者部分使用国有资金投资或者国家融资的项目。主要包括使用各级财政预算资金的项目,使用纳入财政预算管理的各级政府性专项建设基金的项目,使用国有企事业单位自有资金且国有投资者实际拥有控股权的项目,使用国家发行债券或国家政策性贷款的项目,国家授权投资主体融资的项目,使用国家对外借款或担保所筹资金的项目等。

(3) 使用国际组织或者外国政府贷款、援助资金的项目。主要包括使用世界银行、亚洲开发银行等国际组织贷款的项目,使用外国政府及其机构贷款的项目,使用外国政府或国际组织援助的项目等。

(4) 以上(1)~(3)条规定范围内的各类工程建设项目。包括项目的勘察、施工、监理及与工程建设有关的重要材料、设备等的采购,达到下列标准之一的,必须进行招标:

① 施工单项合同估算价在 200 万元人民币以上的项目;

② 重要设备、材料等货物的采购,单项合同估算价在 100 万元人民币以上的项目;

③ 勘察、监理、设计等服务的采购,单项合同估算价在 50 万元人民币以上的项目;

④ 单项合同估算价低于以上规定标准但项目总投资额在 3000 万元人民币以上的项目。

2. 建设工程招投标的方式

建设工程的招标方式包括公开招标、邀请招标。

1) 公开招标

公开招标是指招标人通过报刊、广播或电视等公共传播媒介介绍、发布招标公告或信息而进行招标。它是一种无限制的竞争方式。公开招标的优点是招标人有较大的选择范围，可在众多的投标人中选定报价合理、工期较短、信誉良好的承包商，有助于打破垄断，实行公平竞争。

2）邀请招标

邀请招标是指招标人以投标邀请书的方式邀请特定的法人或者其他组织投标。招标人采用邀请招标方式的，应当向3个以上具备承担招标项目的能力、资信良好的特定的法人或者其他组织发出投标邀请书。邀请招标虽然也能够邀请到有经验和资信可靠的投标者投标，保证履行合同，但限制了竞争范围，可能会失去技术上和报价上有竞争力的投标者。

邀请招标的使用范围：

（1）因技术复杂、专业性强或者其他特殊要求等原因，只有少数几家潜在投标人可供选择的；

（2）采购规模小，为合理减少采购费用和采购时间而不适宜公开招标的；

（3）法律或者国务院规定的其他不适宜公开招标的。

8.2.2　建设工程施工招标

1．建设单位施工招标应具备的条件

（1）是法人或依法成立的其他组织；

（2）有与招标工程相适应的经济、技术、管理人员；

（3）有组织编制招标文件的能力；

（4）有组织开标、评标、定标的能力。

如果建设单位不具备上述（1）～（4）项等条件的，须委托具有相应资质的中介机构代理招标，建设单位与中介机构签订委托代理招标的协议，并报招标管理机构备案。

2．建设项目施工招标应当具备的条件

（1）概算已批准；

（2）建设项目已经列入国家、部门或地方的年度固定资产投资计划；

（3）建设用地的征地工作已经完成；

（4）有能够满足施工需要的施工图纸及技术资料；

（5）建设资金和主要建筑材料、设备的来源已经落实；

（6）已经建设项目所在地规划部门批准，施工现场的"五通一平"已经完成或一并列入施工招标范围。

8.2.3　建设工程施工招标程序

招标投标要遵循一定的程序。工程建设已经形成了一套相对固定的招标投标程序。按照国际惯例，国际竞争性招标的基本程序是：招标→投标→开标→评标→定标→签订合同。这些程序有的由招标人单方面组织进行，有的委托招标代理组织进行，招标人和投标人共同参与。

公开招标程序见图8-1。

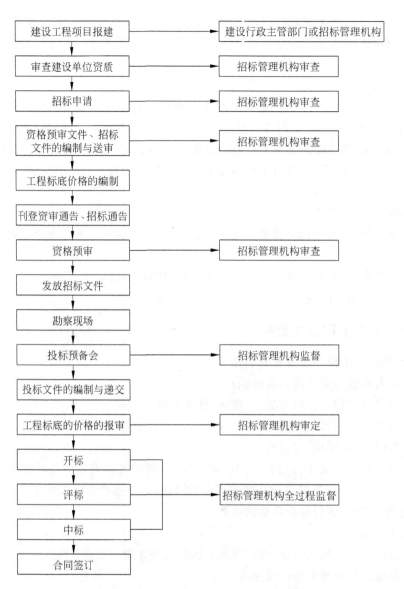

图 8-1　建设工程施工公开招标程序流程图

8.2.4　招标前的准备工作

主要包括：建设工程项目报建；审查建设单位资质；招标申请；资格预审文件、招标文件的编制与送审；刊登资审通告、招标通告等。

8.2.5　建设工程施工招标文件的编制

1. 编制招标文件

我国《招标投标法》规定，招标人应当根据招标项目的特点和需要编制招标文件。招标文件应当包括招标项目的技术要求，对投标人资格审查的标准，投标报价要求和评标标准等所有实质性要求和条件以及拟签订合同的主要条款。国家对招标项目的技术、标准有规定的,招标人应当按照其规定在招标文件中提出相应要求。

　　建设工程招标文件是由招标单位或其委托的咨询机构编制并发布的。它既是投标单位编制投标文件的依据,也是招标单位与将来中标单位签订工程承包合同的基础,招标文件中提出的各项要求,对整个招标工作乃至承发包双方都有约束力。

　　2. 招标文件的内容

　　按照建设部《建设工程施工招标文件范本》规定,施工招标文件包括以下内容:

　　(1) 投标须知;

　　(2) 招标项目的性质、数量、资金落实情况、标段划分;

　　(3) 技术规格;

　　(4) 招标价格的要求及其计算方式;

　　(5) 评标的标准和方法;

　　(6) 交货、竣工或提供服务的时间;

　　(7) 投标人应当提供的有关资格和资信证明文件;

　　(8) 投标保证金的数额或其他形式的担保;

　　(9) 投标文件的编制要求;

　　(10) 提交投标文件的方式、地点和截止时间;

　　(11) 开标地点和投标有效期;

　　(12) 合同格式和主要合同条款。

　　除以上基本内容外,招标文件还包含需要载明的其他情况。

8.2.6　工程标底的编制

　　1. 标底编制的原则

　　(1) 统一工程项目划分,统一计量单位,统一计算规则;

　　(2) 以施工图纸、招标文件和国家规定的技术标准、工程造价定额为依据;

　　(3) 标底价格一般应控制在批准的总概算(或修正概算)及投资包干的限额内;

　　(4) 一个工程只能编一个标底;

　　(5) 标底必须经过招标管理机构的审定;

　　(6) 标底审定后必须及时妥善封存、严格保密、不得泄露。

　　2. 标底编制的基本依据

　　(1) 招标商务条款;

　　(2) 工程施工图纸、编制工程量清单的基础资料及施工建设地点现场的地质、水文等资料;

　　(3) 编制标底前的施工图纸设计交底及施工方案交底。

8.2.7　资格预审

　　资格预审安排在刊登资审通告和招标公告后,发放招标文件之前。资格预审的目的是为了排除那些不合格的投标人,进而降低招标人的采购成本,提高招标工作的效率。资格预审的程序如下:

　　(1) 发布资格预审公告。发布资格预审公告要发布在国家指定的媒介上。

（2）发出资格预审文件。

（3）对潜在投标人资格进行审查和评定。资格审查的内容包括基本资格审查和专业资格审查。基本资格审查是指对申请人的合法地位和信誉进行审查；专业资格审查是对已经具备基本资格的申请人履行拟定招标采购项目能力的审查。审查的重点是专业资格审查，主要内容包括：以往的施工经历，为承担本项目所配备的人员和机械设备的状况，施工技术和财务状况等。

（4）发出资格预审合格通知书。

8.2.8　勘察现场与召开投标预备会

1. 勘察现场

勘察现场的主要目的是使投标人了解工程场地和周围环境，为便于投标人提出问题并得到解答。勘察现场一般安排在投标预备会的前1～2日。投标人在勘察现场中如有疑问应该在投标预备会前以书面的形式向招标人提出。

2. 召开投标预备会

投标人对招标文件、图纸和有关技术资料、勘察现场中提出的疑问，可以以书面回函的形式解答，并将解答同时送达所有投标人；还可以召开招标预备会的形式解答，并将会议记录同时送达所有投标人。投标预备会一般安排在发放招标文件7日后28日前举行，在管理机构的监督下，由招标单位组织召开。

8.2.9　开标与评标

《招标投标法》规定，开标应当在招标文件确定的提交投标文件截止时间的同一时间公开进行；开标地点应当为招标文件中预先确定的地点。开标由招标人主持，邀请所有投标人参加。开标时，由投标人或者推选的代表检查投标文件的密封情况，也可以由招标人委托的公证机构检查并公证；经确认无误后，由工作人员当众拆封，宣读投标人名称、投标价格和投标文件的其他主要内容。招标人在招标文件要求提交投标文件的截止时间前收到的所有投标文件，开标时都应当当众予以拆封、宣读。开标过程应当记录，并存档备查。

1. 开标

按照《招标文件范本》的规定，开标应遵循如下各项。

（1）开标会议宣布开始后，应首先请各投标单位代表确认其投标文件的密封完整性，并签字予以确认。当众宣读评标原则、评标办法。由招标单位依据招标文件的要求，核查投标单位提交的证件和资料，并审查投标文件的完整性、文件的签署、投标担保等，但提交合格"撤回通知"和逾期送达的投标文件不予启封。

（2）唱标顺序应按各投标单位报送投标文件时间先后的逆顺序进行。当众宣读有效标函的投标单位名称、投标报价、工期、质量、主要材料用量、修改或撤回通知、投标保证金、优惠条件，以及招标单位认为有必要的内容。

（3）投标单位法定代表人或授权代表未参加开标会议的视为自动弃权。投标文件有下列情况之一者将视为无效：

① 投标文件未按规定标志、密封；

② 未经法定代表人签署或未加盖投标单位公章或未加盖法定代表人印鉴;

③ 未按规定的格式填写,内容不全或字迹模糊辨认不清;

④ 投标截止时间以后送达的投标文件。

2. 设立评标机构

《招标投标法》规定,评标由招标人依法组建的评标委员会负责。依法必须进行招标的项目,其评标委员会由招标人的代表和有关技术、经济等方面的专家组成,成员人数为5人以上单数,其中技术、经济等方面的专家不得少于成员总数的2/3。

技术、经济等专家由招标人从国务院有关部门或者省、自治区、直辖市人民政府有关部门提供的专家名册或者招标代理机构的专家库内的相关专业的专家名单中确定;一般招标项目可以采取随机抽取方式,特殊招标项目可以由招标人直接确定。

与投标人有利害关系的人不得进入相关项目的评标委员会,已经进入的应当更换。评标委员会成员的名单在中标结果确定前应当保密。

3. 评标的原则及程序

《招标投标法》明确规定,招标人应当采取必要的措施,保证评标在严格保密的情况下进行。任何单位和个人不得非法干预、影响评标的过程和结果。

评标委员会可以要求投标人对投标文件中含义不明确的内容作必要的澄清或者说明,但是澄清或者说明不得超出投标文件的范围或者改变投标文件的实质性内容。评标委员会应当按照招标文件确定的评标标准和方法,对投标文件进行评审和比较;设有标底的,应当参考标底。评标委员会完成评标后,应当向招标人提出书面评标报告,并推荐合格的中标候选人。招标人根据评标委员会提出的书面评标报告和推荐的中标候选人确定中标人。招标人也可以授权评标委员会直接确定中标人。评标委员会成员应当客观、公正地履行职务,遵守职业道德,对所提出的评审意见承担个人责任。评标委员会成员不得私下接触投标人,不得收受投标人的财物或者其他好处。评标委员会成员和参与评标的有关工作人员不得透露对投标文件的评审和比较、中标候选人的推荐情况以及与评标有关的其他情况。

在建设工程领域中,评标要遵循如下原则和程序。

1) 评标的原则

(1) 竞争优选;

(2) 公正、科学合理;

(3) 质量好,信誉高,价格合理,工期适当,施工方案先进可行;

(4) 反不正当竞争;

(5) 规范性与灵活性相结合。

2) 评标程序

未经资格预审的投标单位,在评标前须进行资格审查,只有资格合格的投标单位,其投标文件才能进行评价与比较。在评标开始前,为了有助于投标文件的评价和比较,评标机构可以个别要求投标单位澄清其投标文件。有关澄清的要求与答复以书面形式进行,但不允许更改投标报价或投标的实质性内容。

评标可按两段三审进行。两段指初审和终审;三审指符合性评审、技术性评审和商务评审。评标只对有效投标进行评审。

3）评标方法

评标的方法主要有经评审的最低投标价法、综合评议法、最低投标价法和接近标底法。

8.2.10 中标

1. 中标单位

经过评标后,就可确定出中标单位。我国《招标投标法》规定,中标人的投标应当符合下列条件之一:

（1）能够最大限度地满足招标文件中规定的各项综合评价标准。

（2）能够满足招标文件的实质性要求,并且经评审的投标价格最低;但是投标价低于成本的除外。

评标委员会经评审,认为所有投标都不符合招标文件要求的,可以否认所有投标。必须进行招标的项目的所有投标被否决的,招标人应当依照本法重新招标。在确定中标人前,招标人不得与投标人就投标价格、投标方案等实质性内容进行谈判。

《招标投标法》中还规定,中标人确定后,招标人应当向中标人发出中标通知书,并同时将中标结果通知所有未中标的投标人。中标通知书对招标人和中标人具有法律效力。中标通知书发出后,招标人改变中标结果的,或者中标人放弃中标项目的,应当依法承担法律责任。招标人和中标人应当自中标通知书发出之日起 30 日内,按照招标文件和中标人的投标文件订立书面合同。招标人和中标人不得再行订立背离合同实质性内容的其他协议。招件要求中标人提交履约保证金的,中标人应当提交。

依法必须进行招标的项目,招标人应当自确定中标人之日起 15 日内,向有关行政监督部门提交招标投标情况的书面报告。

中标人应当按照合同约定履行义务,完成中标项目。中标人不得向他人转让中标项目,也不得将中标项目肢解后分别向他人转让。中标人按照合同约定或者经招标人同意,可以将中标项目的部分非主体、非关键性工程分包给他人完成。接受分包的人应当具备相应的资格条件,并不得再次分包。中标人应当就分包项目向招标人负责,接受分包的人就分包项目承担连带责任。

2. 中标和履约担保

根据建设部《招标文件范本》的规定,确定中标单位后,招标单位应于 5 日内持评标报告到招标管理机构核准,招标管理机构在 2 日内提出核准意见,经核准同意后,招标单位向中标单位发放"中标通知书",中标单位收到中标通知书后,按规定提交履约担保,并在规定日期、时间和地点与建设单位进行合同签订。中标的投标单位向建设单位提交的履约担保可由在中国注册的银行出具银行保函,银行保函为合同价格的 10%;也可由具有独立法人资格的经济实体企业出具履约担保书,履约担保书为合同价格的 30%～50%(投标单位可任选一种)。投标单位应使用招标文件中提供的履约担保格式。如果中标单位不按规定执行,招标单位将有充分的理由废除授标,并没收其投标保证金。在中标单位按规定提供了履约担保后,招标单位应及时将未中标的结果通知其他投标单位。

8.3　建筑工程施工投标

8.3.1　建筑施工企业投标应具备的条件

根据建设部颁发的《工程建设施工招标投标管理办法》的规定,投标单位应具备下列条件方可参加投标:

(1) 企业营业执照和相应等级的资质证书;

(2) 企业简历;

(3) 自有资金情况;

(4) 全员职工人数,包括持证上岗的技术人员、技术工人数量及平均技术等级等;

(5) 企业自有主要施工机械设备情况;

(6) 近三年承揽的主要工程及质量情况;

(7) 在建工程和尚未开工工程情况。

8.3.2　建筑工程投标的准备工作

1. 成立投标工作机构

为了在投标中获胜,并积累有关资料,在投标前成立以企业经理为首、总工程师或主任工程师及合同预算人员为主的投标工作机构,此外,材料部门、财务部门、生产技术部门的人员也是必不可少的参谋成员。

2. 收集招标、投标信息

收集招标、投标信息,了解工程的制约因素,可以帮助投标单位在投标报价时心中有数,这是企业在投标竞争中成败的关键。通常收集的信息有以下几个方面:

(1) 国家基本建设形势,如投资规模、方向、重点、现行经济法规、税收制度、银行利率等;

(2) 工程所在地的交通运输、材料和设备价格及劳动力供应情况;

(3) 招标单位在工期、造价、质量方向的要求和侧重点等;

(4) 参加投标企业的技术水平、经营管理水平及社会信誉;

(5) 类似工程的施工方案、报价、工期和质量情况,做到心中有数,报价准确;

(6) 当地施工条件、自然条件、器材供应情况及专业分包的能力和分包条件;

(7) 同类工程的技术经济指标、施工方案及形象进度执行情况;

(8) 本企业施工力量和施工任务饱满情况等。

3. 决定是否参加投标

是否参加某工程的投标,可从收集的信息中具体分析,归纳起来有以下几点:

(1) 工人和技术人员的技术水平是否与招标工程的要求一致;

(2) 机械设备能力是否达到要求;

(3) 对工程的熟悉程度和管理经验;

(4) 竞争的激烈程度;

(5) 中标后对今后企业产生的影响。

如大部分条件能胜任,即可初步做出可以投标的判断。

4. 选择投标工程项目

一旦决定参加投标,还应根据自己的经营状况和本企业的能力,最大限度地发挥企业优势来确定所选择的投标工程。一般应考虑以下几点:

(1)拟投标的工程与本企业的特点和实力相当,能较自如地发挥出企业的技术装备能力,完成工程项目最有把握。

(2)拟投标的工程效益、利润高,社会影响大,而本企业也具有一定实力。即使在竞争特别激烈的情况下,也不放弃保本微利的原则。

(3)招标工程的条件比较优越。如投标单位资信度高、资金及材料供应有保证、施工条件较好等。

8.3.3　建筑工程施工投标程序

建筑工程施工投标的一般程序如图 8-2 所示。

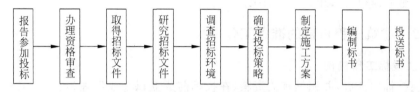

图 8-2　建筑工程施工投标程序

8.3.4　建筑工程投标文件的编制

建筑工程投标文件的编制,一般分为以下几个步骤:

(1)熟悉招标书、图纸、资料,若有不详之处,可以口头或书面向招标单位询问;

(2)参加招标单位召集的施工现场情况介绍和答疑会;

(3)调查研究、收集有关资料,如交通运输、材料供应和价格等情况;

(4)复查、计算图纸工程量;

(5)编制和套用投标单价;

(6)计算取费标准或确定采用取费标准;

(7)计算投标造价,并核对和调整投标造价;

(8)决策投标报价。

投标文件应按统一的投标书要求填写,并按规定的投标日期密封后投送招标单位。投标书的主要内容有:标书标面、标书主文、工程量清单及工程主要材料、设备标价明细表等。

8.3.5　建筑工程投标报价

建筑工程投标报价,即建筑工程投标价格,是指投标单位为了中标而向招标单位报出的拟投标的建筑工程的价格。投标报价的正确与否,对投标单位能否中标以及中标后的盈利情况将起决定性的作用。

1. 建筑工程报价的基本原则

(1)报价要按国家有关规定,并体现企业生产经营管理水平。

（2）报价计算要主次分明，详略得当。

（3）报价要以施工方案为基础。所采用的施工方案，应在技术上先进、生产上可行、经济上合理，并能满足质量要求。

（4）报价计算要从实际出发，把实际可能发生的一切费用逐项计算，避免漏项和重复。

2. 建筑工程投标报价的计算程序

建筑工程投标报价的计算程序如图 8-3 所示。

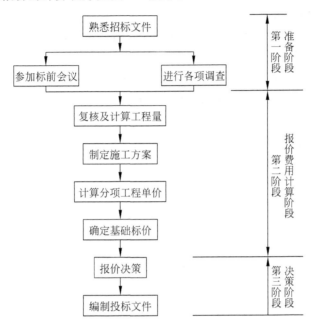

图 8-3　建筑工程投标报价的计算程序

建筑工程投标报价的计算程序，可以划分为三个阶段。

第一阶段，是准备阶段。包括熟悉招标文件、参加标前会议、了解调查施工现场以及材料的市场情况。

第二阶段，是投标报价费用的计算阶段。即分析并计算报价的有关费用以及费率标准。

第三阶段，是决策阶段。即确定投标工程的报价并编写投标文件。

3. 复核及计算工程量

在进行报价计算前，应对实物工程量清单进行复核，确保标价计算的准确性。复核内容，主要有工程项目是否齐全、工程量计算是否正确、工程做法及用料是否与图纸相符等。

目前国内一些工程招标文件中没有直接给出工程量，而是提供设计图纸及有关说明。招标单位要根据给定资料，进行工程量计算，其计算顺序是按施工顺序或定额顺序进行，这样套用定额方便。但计算时应避免重复和遗漏。还有一些工程是根据工程项目本身内容确定计算顺序。例如，在装饰工程中，应根据室内或室外装饰，分别确定几个基数，如室内净高，内墙长，门、窗尺寸等。在计算时合理安排，利用基数连续计算，减少了计算工程量，也利于推广电子计算机的应用。

4. 计算分项工程单价

分项工程单价计算应按工程预算定额来确定，并考虑本企业的技术水平和管理水平适当向下浮动,以提高报价的竞争力。

分项工程单价的计算步骤:

1)确定基础单价

人工工资和机械台班单价,以工程所在地的工程预算定额或单位估价表来计算。材料和设备按招标文件规定的供应方式,分别确定预算价格。对企业自行采购的各种材料,根据实际情况确定预算价格。

2)确定人工、材料、机械设备消耗量

以工程预算定额为基础,并考虑企业实际情况,确定人工、材料、机械设备的消耗量。

3)确定分项工程单价

$$分项工程单价 = \sum(基础单价 \times 相应消耗量)$$

把各单项工程单价汇编成表,即编制分项工程单价分析表,以备报价使用。

5. 确定基础标价

基础标价由直接费、间接费、利润和税金、不可预见费组成,并考虑本企业的实际情况和竞争形势最终确定。

1)直接费的计算

用每一项分项工程单价乘以相应分项工程量,即可得出各分项工程的定额直接费,累加后再加上其他直接费,即可得出该工程的直接费。

2)间接费的计算

间接费可按当地现行的工程间接费率标准计算,也可根据企业实际管理水平,实际测算出间接费。

3)利润和税金的确定

应根据投标竞争的激烈程度合理确定利润率;税金则按当地政府规定的税种、税率计算。

6. 报价决策

基础标价确定后不一定就是正式报价。报价是决策者根据多方面情况分析、运用报价策略和技巧做出的最终造价。

常用的投标报价策略和技巧有以下几种:

(1)免担风险,提高报价。对于技术难度较大、没有把握的工程,可采用高报价来降低承担的风险,但此法不易中标。

(2)活口报价。在投标中报低价,但留下一些活口,在施工过程中处理(如变更签证、工程量增加等),其结果不是低标,而是高标。

(3)多方案报价。对工程本身存在多个方案时,投标单位可采用此报价,最终与招标单位协商处理。

(4)薄利保本报价。在竞争激烈的时候,而企业施工任务又不饱和的情况下,为了中标,按较低的报价水平报价。

(5)亏损报价。当企业无施工任务或企业为了创立品牌而占领某一地区市场时,可采用此法。

(6)服务报价。这种报价方案不改变标价,而是在某些方面扩大服务范围(如延长保修期、提高质量等级等),以赢得良好的社会信誉。

8.4 建筑工程承包合同

8.4.1 建筑工程承包合同的概念和作用

1. 建筑工程承包合同的概念

合同是指两个或两个以上的当事人为实现某个目的依法签订的确定各自权利与义务的协议。

建筑工程承包合同是指承发包双方为完成建筑工程任务,依法签订的经济契约。它是保证工程施工得以实施的重要手段。

2. 建筑工程承包合同的作用

(1) 建筑工程承包合同通过法律条款明确了双方的权利、义务和责任,并表达在书面上,能得到国家法律的保护。确保工程任务能按照预控目标顺利完成。

(2) 建筑工程承包合同为工程监理部门和签约的双方提供了监督和检查的依据,有利于提高工程质量。

(3) 建筑工程承包合同有利于承发包企业人员增强法律意识,对提高施工企业经营管理水平具有重要作用。

(4) 建筑工程承包合同有利于实现双方的权利与义务。因此,可充分调动签约双方各方面的积极性,对有效地共同完成工程项目具有深远意义。

8.4.2 建筑工程承包合同的种类及法律特征

1. 建筑工程承包合同的种类

建筑工程承包合同通常是承包企业同建设单位、分包单位、外协单位、设计单位、金融单位之间签订的各种经济合同。合同分类如下:

1) 按签约单位的不同划分

(1) 施工企业与建设单位之间的合同。

(2) 总包与分包之间的施工合同。

(3) 施工企业与外协单位之间的合同。如建筑材料订货合同、成品半成品加工订货合同、外部用工劳务合同等。

(4) 施工企业与金融机构之间的合同。如银行借(贷)款合同、流动资金贷款合同、抵押金贷款合同等。

2) 按取费方式不同划分

(1) 固定总价合同(或称总价不变合同)

总价不变合同是指签约双方按固定不变的工程投标报价进行结算,不因工程量、设备、材料价格、工资等变动而调整合同价格的合同。其优点是建筑工程造价一次包死,避免扯皮。但承包企业要承担工程量与单价的双重风险。

(2) 单价合同

单价合同,是指按照实际完成的工程量和承包企业的投标单价结算的合同。其优点是工程量可以按实际完成的数量进行调整,对复杂的工程或采用新型的施工工艺的工程较为适用。

（3）成本加酬金合同

成本加酬金合同，是指工程成本实报实销，另加一定额度的酬金（利润）的合同。酬金额度，视工程施工难易程度确定。其特点是承包企业不承担任何风险，但要求签约双方都有高度的信任与交往，酬金是由双方协商确定的。

2. 建筑工程承包合同的法律特征

建筑工程承包合同本身具有独特的法律特征，归纳起来有以下几点。

（1）工程承包合同法律关系的客体和内容，必须是工程建设的内容。如建筑工程、园林等。

（2）工程承包合同法律关系的当事人必须是从事建筑工程的法人或社会组织。

（3）工程承包合同规定的工程造价必须专款专用，并由开户银行办理概（预）结算手续，银行对合同履行进行监督。

（4）工程承包合同法律关系的当事人在提前履行合同条款后，按规定应由建设单位给予奖励。

8.4.3 建筑工程承包合同的主要条款

1. 标的

标的是指要建造的工程项目。在建筑工程承包合同中，要明确工程项目名称、工程范围、工程量、工期和质量。

2. 数量和质量

合同数量要明确计量单位，如米、平方米、立方米、千克、吨等，在质量上要明确所采用的验收标准、质量等级和验收方法。

3. 价款或酬金

价款或酬金，合同中要明确货币的名称、支付方式、单价、总价等。

4. 履行期限、地点和方式

合同履行包括工程开始至工程完成的全过程及工程期限、地点及结算方式。

5. 违约责任

签约双方有一方违反承包合同，将受到违约罚款。违约罚款有违约金和赔偿金。

1）违约金

违约金是合同规定的对违约行为的一种经济制裁方法。违约金由签约双方协商确定。

2）赔偿金

由违约方赔偿对方造成的经济损失，赔偿金的数量根据直接损失计算，或根据直接损失加间接损失一并计算。

8.4.4 建筑工程承包合同的签订程序

签订承包合同，都要经过两个过程，即要约和承诺。

要约是指当事人一方向另一方提出签订合同的建议和要求，拟定合同的初步内容。

要约的内容要点是：

（1）明确表示签订工程承包合同的愿望和要求；

（2）提出合同应明确的主要条款；

（3）提出对方是否同意要约表示的期限。

承诺，是指受约人完全同意要约人提出的要约内容的一种表示。承诺后合同即成立。如受约方不完全同意要约方的意见，对部分内容提出修改或另有附加条件时，不视为承诺，而应看作二次要约。签订合同的过程是签约双方要约再要约的反复协商过程，直到双方完全一致同意，方能说是承诺。

8.4.5　建筑工程承包合同的主要内容

建筑工程承包合同应内容完整、目标明确、文字简练、含义明确。对关键词应作必要的定义。根据我国《建筑（装饰）安装工程承包合同条款》中的规定，建筑工程承包合同的主要内容如下：

1）简要说明

2）签订工程承包合同的依据

上级主管部门批准的有关文件、经批准的建设计划、施工许可证。

3）工程的名称和地点

4）工程造价

应明确合同中的工程造价，是以中标后的中标价为准，并以此价作为结算工程款的依据。

5）工程范围和内容

应按施工图列出工程项目一览表，注明工程量、计划投资、开竣工日期、工期要求等。

6）施工准备工作分工

明确签约双方施工前及施工过程中的施工准备工作分工及完成时间。

7）承包方式

如包工包料或包工不包料等，施工期间出现承包方式调整的处理方法等。

8）技术资料供应

明确签约双方应提供有关技术资料的内容、份数、时间及其他有关事项。

9）物资供应方式

明确双方物资供应的内容、分工和办法，时间和管理方式等。

10）工程质量和交工验收

明确工程质量等级、竣工后的验收方法、保修条件及保修期等。

11）工程拨款和结算方式

明确工程预付款、工程进度款的拨付方法及设计变更、材料调价、现场签证等处理方法、延期付款计息方法和工程结算方法等。

12）奖罚

明确提前拖后工期的奖罚办法，规定违约金及赔偿金额度及支付办法。

13）仲裁

合同当事人双方发生争执而调解无效时，由仲裁机构或法律机关进行裁决和判决。

14）合同份数和生效方式

明确合同正本和副本的份数及合同生效的时间。

15）其他条款

8.4.6　建筑工程承包合同纠纷的调解和仲裁

我国《经济合同法》明确规定,经济合同发生纠纷时,当事人应及时协商解决。协调不成时任何一方均可向国家批准的经济合同管理机关提出申请调解或仲裁,也可向人民法院提出起诉。

解决工程承包合同纠纷一般有以下三种方法。

1）双方自行协商解决

合同履行过程中,由于改变建设方案、变更计划、改变投资规模等增减了工程内容,打乱了原施工部署,此时双方应协商签订补充合同。由于合同变更,给对方造成的经济损失,应本着公正合理的原则,由提出变更合同一方负责,并及时办理经济签证手续。当发生争议时,双方应本着实事求是的原则,尽量求得合理解决。

2）仲裁机关仲裁

工程承包合同仲裁,是指争议双方经协商、调解无效,由当事人一方或双方申请由国家批准的仲裁机构进行裁决处理。

3）司法解决

司法解决合同纠纷,是指争议双方或一方对仲裁不服时,可在收到仲裁裁决书之日起的15日之内,向法院起诉。15日内不起诉的,仲裁裁决即具有法律效力。

8.5　工程索赔

8.5.1　建筑工程索赔概述

1. 工程索赔的概念

工程索赔是在工程承包合同履行中,当事人一方由于另一方未履行合同所规定的义务或出现了应当由对方承担的风险而遭受损失时,向另一方提出赔偿要求的行为。

在实际工作中,“索赔”是双向的,我国《建设工程施工合同示范文本》中的“索赔”就是双向的,既包括承包人向发包人的索赔,也包括发包人向承包人的索赔。不过,在国际工程的索赔实践习惯上,工程承包界将承包商向业主的施工索赔称为“索赔”(claims);将业主向承包商的索赔称为“反索赔”(counter claims)。但在工程实践中,由于发包人索赔数量较小,而且处理方便,可以通过冲账、扣拨工程款、扣保证金等实现对承包人的索赔;而承包人对发包人的索赔则比较困难一些。通常情况下,索赔是指承包人(施工单位)在合同实施过程中,对非自身原因造成的工程延期、费用增加而要求发包人(业主)给予补偿损失的一种权利要求。

2. 工程索赔的性质

索赔的性质属于经济补偿行为,而不是惩罚,索赔属于正确履行合同的正当权利要求。索赔方所受到的损害,与索赔方的行为并不一定存在法律上的因果关系。导致索赔事件的发生,可以是一定行为造成的,也可能由不可抗力事件引起,可以是对方当事人的行为导致的,也可能由任何第三方行为所导致。索赔在一般情况下都可以通过协商方式友好解决,若双方无法达成妥协时,争议可通过仲裁解决。

3. 工程索赔的分类

工程索赔依据不同的标准可以进行不同的分类。

1) 按索赔的原因分类

按索赔发生的原因分类,分为增加(或减少)工程量索赔;地基变化索赔;工期延长索赔;加速施工索赔;不利自然条件和人为障碍索赔;工程范围变更索赔;合同文件错误索赔;工程延期索赔;暂停施工索赔;终止合同索赔;设计合同索赔;拖延支付工程款索赔;物价上涨索赔;业主的风险索赔;特殊风险索赔;不可抗拒天灾索赔;业主违约索赔;法律、法规变化索赔。

在上述各项原因引起的索赔中,常见的有 4 种,即工程范围变更索赔、工期延期索赔、不利自然条件和人为障碍索赔或称施工现场变化索赔、加速施工索赔。

2) 按索赔的目的分类

索赔主要分为两类,即工期索赔和费用索赔。

(1) 工期索赔是指承包商向业主要求延长施工的时间,使原规定的工程竣工日期顺延。一旦获得批准工期延长,承包商就可以免除承担误期损害赔偿的责任。

(2) 费用索赔是承包商向业主要求补偿非承包商原因引起的经济损失或者额外开支。承包商能够获得费用补偿的前提是施工过程中发生的费用超过了合同中的规定,而且不属于承包商的责任,也不属于承包商的风险范围。

3) 按索赔的依据分类

(1) 合同内的索赔:承包商向业主提出的索赔要求,可以在该项目的合同文件中找到文字依据,这些有关索赔的条款都是合同文件中明文规定的,称为明示条款。凡是合同文件中列有明示条款的,都属于合同内索赔。

(2) 合同外的索赔:承包商向业主提出的索赔要求,在工程项目合同文件中没有明确的文字表述,但可以根据这些条款隐含的内容合理推断出承包商具有索赔的权利,这种在合同条件中虽没有明确表述但可以依法推定出来的索赔条款称为默示条款。依据默示条款提出的索赔,同样具有法律效力。

(3) 道义索赔:指业主了解承包商为完成某项困难工作,承受了额外的费用损失,出于善良的意愿达成双方友好关系的考虑,同意给承包商以适当的经济补偿。

4) 按索赔的处理方式分类

(1) 单项索赔:指采取一事一索赔的方式。即在某一索赔事件发生后,立即报送索赔通知书,编写索赔报告书,要求单项解决支付,不与其他的索赔事项混在一起。它是工程索赔最常用的方式。

(2) 综合索赔:又称总索赔,俗称一揽子索赔,是在工程完工前或工程移交前,承包商将整个工程中所发生的数起未能解决的单项索赔集中起来进行综合考虑,提出一份综合的索赔报告。采用综合索赔是在特定情况下的一种被迫行为。在合同实施过程中,有些单项索赔问题比较复杂,不能立即解决,为了不影响工程进度,经双方协商同意留待以后解决。

5）按索赔的对象分类

索赔的对象是指被索赔的一方,它一般有责任向索赔者提供合同规定的费用赔偿。根据索赔的对象的不同,索赔可以分为两类:索赔和反索赔。在国际工程实践中,通常把承包商向业主提出的、为了取得补偿或工期延长的要求称为"索赔";把业主向承包商提出的、由于承包商违约而导致业主经济损失的补偿要求称为"反索赔"。

4. 工程索赔的特征

工程索赔具有下列几个方面的特征。

（1）索赔是一种正当权利要求。它是依据合同的规定,向承担责任方索回不应该由自己承担的损失。索赔的目的是补偿索赔方在工期和(或)费用上的损失。

（2）索赔是双向的。合同的双方都可以向对方提出索赔要求,被索赔方可以对索赔方提出异议,阻止对方不合理的索赔要求。但在工程实践中,业主索赔数量较小,而且处理方便,可以通过冲账、扣拨工程款、扣保证金等实现对承包商的索赔;而承包商对业主的索赔则比较困难。

（3）索赔必须以合同和法律为依据。索赔成功的主要依据是合同和法律及与此有关的证据。没有依据合同和法律提出的各种证据,索赔不能成立。

（4）索赔必须建立在违约事实和损害后果都已经客观存在的基础上。违约事实可以表现为违约方的作为或不作为,而其后果是给守约方造成了明确的工期和(或)费用的损失。

8.5.2　工程索赔的内容与特点

工程索赔的主要特点在于,这类索赔往往是由于业主或其他非承包商方面原因,致使承包商在项目施工中付出了额外的费用或造成损失,承包商通过合法途径和程序,运用谈判、仲裁或诉讼等手段,要求业主偿付其在施工中的费用损失或延长工期。我国建设工程索赔的主要内容与特点有以下几个方面。

1）不利的自然条件与人为障碍引起的索赔

不利的自然条件是指施工中遭遇到的实际自然条件比招标文件中所描述的更为困难和恶劣,这些不利的自然条件和人为障碍是一个有经验的承包商无法预见到的,它的存在增加了施工的难度,导致承包商必须花费更多的时间和费用。在这种情况下,承包商可以提出索赔要求。

2）工期延长和延误的索赔

工期延长和延误的费用索赔通常包括两个方面:一是承包商要求延长工期;二是承包商要求偿付由于非承包商原因导致工程延误而造成的损失。一般这两方面的索赔报告要求分别编制。因为工期和费用索赔并不一定同时成立。例如,由于特殊气候、罢工等原因,承包商可以要求延长工期,但不能要求赔偿;也有些延误时间并不在关键路线上,承包商可能得不到延长工期的承诺,但是,如果承包商能提出证据说明其延误造成的损失,就可能有权获得这些损失的赔偿;有时两种索赔可能混在一起,既可以要求延长工期,又可以获得对其损失的赔偿。

若按产生的原因,将其分为可原谅拖期和不可原谅拖期两类。工期索赔处理的原则见表 8-1。

表 8-1 工期索赔处理原则

索赔原因	是否可原谅	责任者	拖期原因	处理原则	索赔结果
工期进度拖延	可原谅拖期	业主/工程师	1. 修改设计 2. 施工条件变化 3. 业主原因拖期 4. 工程师原因拖期	要给予工期延长,可补偿经济损失	工期 + 经济补偿
		客观原因	1. 异常恶劣气候 2. 工人罢工 3. 天灾	可给予工期延长,不给予经济补偿	工期
	不可原谅拖期	承包商	1. 工效不高 2. 施工组织不好 3. 设备材料供应不及时	不延长工期,不补偿经济损失,向业主支付误期损失赔偿费	索赔失败无权索赔

3)加速施工的索赔

当工程项目的施工计划进度受到干扰,导致项目不能按时竣工,业主的经济效益受到影响时,有时业主和工程师会发布加速施工指令,要求承包商投入更多资源、加班赶工来完成工程项目。这可能会导致工程成本的增加,引起承包商的索赔。

4)因施工临时中断和工效降低引起的索赔

由于业主和工程师原因造成的临时停工或施工中断,特别是根据业主和工程师的不合理指令造成了工效的大幅度降低,从而导致费用支出增加,承包商可提出索赔。

5)业主不正当地终止工程而引起的索赔

由于业主不正当地终止工程,承包商有权要求补偿损失,其数额是承包商在被终止工程上的人工、材料、机械设备的全部支出,以及各项管理费用、保险费、贷款利息、保函费用的支出(减去已结算的工程款),并有权要求赔偿其盈利损失。

6)业主风险和特殊风险引起的索赔

由于业主承担的风险的损失和费用增大时,承包商可据此提出索赔。

7)物价上涨引起的索赔

由于物价上涨的因素,带来了人工费、材料费甚至施工机械费的不断增长,导致工程成本大幅度上升,承包商的利润受到严重影响,也会引起承包商提出索赔要求。

8)拖欠支付工程款引起的索赔

一般合同中都有支付工程款的时间限制及延期付款利息的利率要求。如果业主不按时支付中期工程进度款或最终工程款,承包商可据此规定,向业主索要拖欠的工程款并索赔利息,敦促业主迅速偿付。

9)法规、货币及汇率变化引起的索赔

10)因合同条文模糊不清甚至错误引起的索赔

8.5.3 索赔的基本程序及规定

在工程项目施工阶段,每出现一个索赔事件,都应按照国家有关规定、国际惯例和工程项目合同条件的规定,认真及时地协商解决。关于施工索赔的一般处理程序,一般按以下5个步骤进行:提出索赔要求;报送索赔资料;会议协商解决;邀请中间人调解;提交仲裁。以上5个步骤,可以归纳为两个阶段,即友好协商解决和诉讼仲裁。友好协商解决阶段,包括从提供索赔要求到邀请中间人调解的4个过程,诉讼仲裁阶段为提交仲裁过程。下面分别介绍我国和FIDIC(国际咨询工程师联合会 Fédération Internationale Des Ingénieurs Conseils,法文缩写 FIDIC)施工合同的有关索赔程序及规定。

1. 我国现行有关索赔程序和时限规定

我国《建设工程施工合同文本》有关规定中对索赔的程序和时间要求有明确而严格的限定,主要包括以下内容。

(1)甲方未能按合同约定履行自己的各项义务或发生错误以及应由甲方承担责任的其他情况,造成工期延误或向乙方延期支付合同价款及乙方的其他经济损失,乙方可按以下程序以书面形式向甲方索赔:

① 索赔事件发生后28日内,向工程师发出索赔意向通知。

② 发出索赔意向通知后28日内,向工程师提出补偿经济损失和(或)延长工期的索赔报告及有关资料。

③ 工程师在收到乙方送交的索赔报告和有关资料后,于28日内给予答复,或要求乙方进一步补充索赔理由和证据。

④ 工程师在收到乙方送交的索赔报告和有关资料后28日内未予答复或未对乙方作进一步要求,视为该项索赔已经认可。

⑤ 当该索赔事件持续进行时,乙方应当阶段性向工程师发出索赔意向,在索赔事件终了后28日内,向工程师送交索赔的有关资料和最终索赔报告。索赔答复程序与③、④规定相同。

(2)乙方未能按合同约定履行自己的各项义务或发生错误给甲方造成损失,甲方也按以上各条款确定的时限向乙方提出索赔。

对上述这些具体规定,可将其归纳于图8-4。

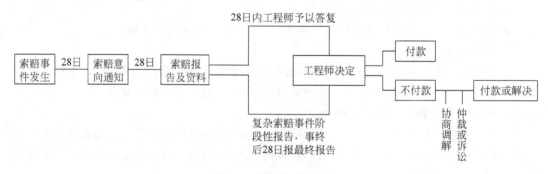

图8-4　索赔的时限规定

2. FIDIC 施工合同条件规定的索赔程序

FIDIC 合同条件只对承包商的索赔做出了如下规定。

(1)承包商发出索赔通知:如果承包商认为有权得到竣工时间的任何延长期和(或)任何追加付款,承包商应当向工程师发出通知,说明索赔的事件或情况。该通知应当尽快在承包商察觉或者应当察觉该事件或情况后28日内发出。

(2)承包商未及时发出索赔通知的后果:如果承包商未能在上述28日期限内发出索赔

通知,则竣工时间不得延长,承包商无权获得追加付款,而业主应免除有关该索赔的全部责任。

（3）承包商递交详细的索赔报告:在承包商察觉或者应当察觉该时间或情况后42日内,或在承包商可能建议并经工程师认可的其他期限内,承包商应当向工程师递交一份充分详细的索赔报告,包括索赔的依据、要求延长的时间和(或)追加付款的全部详细资料。如果引起索赔的事件或者情况具有连续影响,则:

① 上述充分详细索赔报告应被视为中间的;

② 承包商应当按月递交进一步的中间索赔报告,说明累计索赔延误时间和(或)金额,以及所有可能的合理要求的详细资料;

③ 承包商应当在索赔的事件或者情况产生影响结束后28日内,或在承包商可能建议并经工程师认可的其他期限内,递交一份最终索赔报告。

（4）工程师的答复:工程师在收到索赔报告或对过去索赔的任何进一步证明资料后42日内,或在工程师可能建议并经承包商认可的其他期限内,做出回应,表示批准或不批准,或不批准并附具体意见。工程师应当商定或者确定应当给予竣工时间的延长期及承包商有权得到的追加付款。

3. 索赔的一般程序

1）提出索赔意向通知

凡是由于业主或工程师方面的原因,或由于其他非承包商原因,造成工程拖期或费用增加时,承包商均有权提出索赔,但应在合同规定的时间内向工程师发出索赔意向通知。

当出现索赔事件时,承包商应在引起索赔的事件第一次发生之后的28日内将其索赔意向通知工程师,并送业主一份副本。同时承包商应继续施工,并保持同期记录。如承包商能主动请工程师检查索赔事件发生时的同期记录,并请工程师说明是否须作其他记录,这对保证索赔成功是非常必要的。

承包商应允许工程师审查所有与索赔事件有关的同期记录,在工程师要求时,应向工程师提供同期记录的副本。

2）报送索赔资料

（1）报送索赔资料的时间:承包商应在发生索赔事件后尽快准备索赔资料,在向工程师发出索赔通知后的28日内,或在工程师同意的合理时间内向工程师报送一份索赔报告,说明索赔款额和索赔的依据。

如果索赔事件具有连续性影响,承包商的上述报告将被认为是第一次临时详细报告,并每隔28日或按工程师可能合理要求的时间间隔,提交进一步的临时详细报告,说明索赔的费用额和工期延长值,并提供相应的证明资料。承包商在索赔事件所产生的影响结束后28日内向工程师发出一份最终详细报告,说明索赔的总额、工期延长的天数和全部的索赔证据。

（2）索赔报告编写:承包商的索赔可分为工期索赔和费用索赔。一般地,对大型、复杂工程应分别编写和报送,对小型工程可合二为一。

3）索赔处理

如果承包商提供的索赔报告可使工程师确定应付的全部或部分金额时,则工程师应在当月的中间支付证书中包括承包商已证明的全部或部分索赔款额;如果承包商不满意工程师对索赔的处理决定,则须采取下列方法之一对工程师的决定做出反应。

（1）向工程师发出对该索赔事件保留继续进行索赔权力的意向通知,等到颁发整个工程的移交证书后,在提交的竣工报表中做出进一步的索赔。

（2）在合同规定的时间内进行友好协商解决,如果未能友好解决,则可提交仲裁。

8.5.4　索赔的依据及索赔文件

1. 索赔的依据

承包商向业主索赔的目的,是希望获得赔偿或得到工期延长,也可能既希望得到费用补偿,又希望得到工期延长。为此目的,承包商要进行大量的索赔论证工作,提出翔实的索赔依据。常见的索赔依据种类如下:

（1）招标文件、工程合同及附件、业主认可的施工组织设计、工程图纸、技术规范等;

（2）工程各项有关设计交底记录、变更图纸、变更施工指令等;

（3）工程各项经业主或监理工程师签认的签证;

（4）工程各项往来信件、指令、信函、通知、答复等;

（5）工程各项会议纪要;

（6）施工计划及现场实施情况记录;

（7）施工日报及工长工作日志、备忘录;

（8）工程送电、送水、道路开通、封闭的日期及数量记录;

（9）工程停电、停水和干扰事件影响的日期及恢复施工的日期;

（10）工程预付款、进度款拨付的数额及日期记录;

（11）工程图纸、图纸变更、交底记录的送达份数及日期记录;

（12）工程有关施工部位的照片及录像等;

（13）工程现场气候记录,有关天气的温度、风力、雨雪等;

（14）工程验收报告及各项技术鉴定报告等;

（15）工程材料采购、订货、运输、进场、验收、使用等方面的凭据;

（16）工程会计核算资料;

（17）国家、省、市有关影响工程造价、工期的文件、规定等。

2. 索赔文件

索赔文件是承包商向业主索赔的正式书面材料,也是业主审议承包商索赔请求的主要依据。索赔文件通常包括 3 个部分。

1）索赔信

索赔信是一封承包商致业主或其代表的简短的信函,应包括以下内容:

（1）说明索赔事件;

（2）列举索赔理由;

（3）提出索赔金额与工期;

（4）附件说明。

整个索赔信是提纲挈领的材料,它把其他材料贯通起来。

2）索赔报告

索赔报告是索赔材料的正文,其结构一般包含 3 个主要部分。首先是报告的标题,应言简意赅地概括索赔的核心内容;其次是事实与理由,这部分应该叙述客观事实,合理引用合同规定,建立事实与损失之间的因果关系,说明索赔的合理合法性;最后是损失计算与要求赔偿金额及工期,这部分只须列举各项明细数据及汇总数据即可。

3) 附件

(1) 索赔报告中所列举事实、理由、影响等的证明文件和证据;

(2) 详细计算书,这是为了证实索赔金额的真实性而设置的,为了简明可以大量运用图表。

3. 工程索赔报告的内容

索赔报告的具体内容,随该索赔事件的性质和特点而有所不同。但从报告的必要内容与文字结构方面而论,一个完整的索赔报告应包括以下4个部分。

1) 总论部分

本部分一般包括以下内容:序言;索赔事项概述;具体索赔要求;索赔报告编写;审核人员名单。

首先应概要论述索赔事件的发生日期与过程,承包商为该索赔事件付出的努力和附加开支,承包商的具体索赔要求。在总论部分最后,附上索赔报告编写组主要人员及审核人员名单,注明有关人员的职称、职务及施工经验,以表示该索赔报告的严肃性和权威性。总论部分的阐述要简明扼要,说明问题。

2) 根据部分

本部分主要是说明自己具有的索赔权利,这是索赔能否成立的关键。根据部分的内容主要来自工程项目的合同文件,并参照有关法律规定。该部分中承包商应应用合同中的具体条款,说明自己理应获得经济补偿或工期延长。一般来说,根据部分应包括以下内容:索赔事件的发生情况;已递交索赔意向书的情况;索赔事件的处理过程;索赔要求的合同根据;所附的证据资料。

在写法结构上,按照索赔事件发生、发展、处理和最终解决的过程编写,并明确全文引用的有关合同条款,使建设单位和监理工程师能历史地、逻辑地了解索赔事件的始末,并充分认识该项索赔的合理性和合法性。

3) 计算部分

索赔计算的目的,是以具体的计算方法和计算过程说明自己应得经济补偿的款额或延长时间。如果说根据部分的任务是解决索赔能否成立,则计算部分的任务就是决定应得到多少索赔款额和工期。前者是定性的,后者是定量的。

在款额计算部分,承包商必须阐明下列问题:

(1) 索赔款的要求总额。

(2) 各项索赔款的计算,如额外开支的人工费、材料费、管理费和所失利润。

(3) 指明各项开支的计算依据及证据资料,承包商应注意采用合适的计价方法。至于采用哪一种计价方法,应根据索赔事件的特点及自己掌握的证据因事而异。

4) 证据部分

证据部分包括该索赔事件所涉及的一切证据资料,以及对这些证据的说明。证据是索赔报告的重要组成部分,没有翔实可靠的证据,索赔是不能成功的。在引用证据时,要注意该证据的效力或可信程度。为此,对重要的证据资料最好附以文字说明或确认件。例如,对一个重要的电话内容,仅附上自己的记录本是不够的,最好附上经过双方签字确认的电话记录;或附上发给对方要求确认该电话记录的函件,即使对方未给复函,亦可说明责任在对方,因为对方未复函确认或修改,按惯例应理解为他已默认。

8.5.5　工程索赔的处理原则

工程索赔的处理应遵循以下原则。

(1) 索赔必须以合同为依据。

不论是风险事件的发生,还是当事人不完成合同工作,都必须在合同中找到相应的依据。当然,有些依据可能是合同中隐含的。工程师依据合同和事实对索赔进行处理是其公平性的重要表现。在不同的合同条件下,这些依据很可能是不同的。如因为不可抗力导致的索赔,在国内《建设工程施工合同文本》条件下,承包人机械设备损坏的损失,是由承包人承担的,不能向发包人索赔;但在 FIDIC 合同条件下,不可抗力事件一般都列为业主承担的风险,损失都应当由业主承担。如果到了具体的合同中,各个合同的协议条款不同,其依据的差别就更大了。

(2) 及时、合理地处理索赔。

索赔事件发生后,索赔的处理应当及时。索赔处理得不及时,对双方都会产生不利的影响,如承包人的索赔长期得不到解决,索赔积累的结果会导致其资金困难,同时会影响工程进度,给双方都带来不利的影响。处理索赔还必须坚持合理性原则,既考虑到国家的有关规定,也应当考虑到工程的实际情况。如:承包人提出索赔要求,机械停工按照机械台班单价计算损失显然是不合理的,因为机械停工不发生运行费用。

(3) 加强主动控制,减少工程索赔。

对于工程索赔应当加强主动控制,尽量减少索赔。这就要求在工程管理过程中,应当尽量将工作做到前面,减少索赔事件的发生。这样能够使工程顺利地进行,降低工程投资,减少施工工期。

8.5.6　反索赔

反索赔是指业主向承包商提出的索赔要求。反索赔一般是指工程师在对承包商提出的索赔进行审核评价时,指出其错误的合同依据和计算方法,否定其中的部分索赔款额或全部索赔款额;此外,也包括工程师依据合同内容,对承包商的违约行为提出反索赔要求。同样,反索赔也分为工期索赔和费用索赔。反索赔的根本目的是维护业主的利益,其工作内容包括以下两个方面。

1. 审定承包商的索赔报告

包括审定索赔权和审定索赔款额。

1) 审定索赔权

任何一项索赔必须依据合同的条款或内容提出,这也是审定承包商是否具有索赔权的主要内容。对承包商的索赔报告应进行如下审定。

(1) 索赔通知书。即审核承包商是否就索赔事件在合同规定的时间内向工程师发出索赔的意向通知。如果承包商未及时发出索赔通知,则认为是自动放弃索赔权力。

(2) 索赔依据。处理索赔的原则是以事实为依据,以合同为准绳。因此,承包商的索赔必须明确说明是依据合同的哪些条款提出的索赔,并有充分理由证明承包商对索赔事件不负任何责任。工程师有权否定不合理的或模棱两可的理由。

2)审定索赔款额

在肯定承包商有索赔权的前提下,工程师应对承包商的索赔款项的计算逐项核实,剔除不合理的计价项目和计价方法,同时说明不合理的原因,最后计算出索赔总价。

2. 向承包商提出索赔

业主对承包商的违约行为可提出费用索赔。但由于业主是买方,同时也是投资方,其最终目的是按时并保质保量完成项目,通常不单独向承包商提出费用索赔,而是采用保留索赔权的方式,对承包商的违约行为向其发出警告或索赔的意向通知。

如承包商内部组织不得力,导致施工速度过慢,已明显影响到总工期,工程师可向承包商发出警告,同时说明导致工程拖期的后果。如果在工程竣工日期还未完成项目,可颁发延误证书,说明工程应予完工的日期和承包商应对拖期完工负全部责任,则误期损害赔偿费的起算日期即为延误证书中注明的日期。这些书面的警告、指示和证书,对承包商都具有影响力和约束力。既维护了业主的利益,又不使双方的关系过于紧张,同时也有利于工程的顺利实施。

只有在特殊情况下,业主才向承包商提出反索赔。如由于承包商违约,导致合同提前终止,在双方进行清算时,业主可向承包商提出费用索赔。

复习思考题

8-1　建筑工程招投标的概念和性质是什么?

8-2　建筑工程招标的程序和主要内容有哪些?

8-3　简述标底编制的原则、评标的原则。

8-4　建筑工程投标的程序、策略和技巧有哪些?

8-5　哪些情况下标书视为废标?

8-6　简述建筑工程合同的含义和分类、构成。

8-7　简述建筑工程合同订立的原则和程序。

8-8　建筑施工合同的概念是什么?建筑施工合同管理的内容有哪些?

8-9　简述建设工程索赔的概念、特征和处理的原则。

第9章

建筑工程项目施工成本管理

9.1 成本管理概述

工程项目成本管理,就是在完成一个工程项目过程中,对所发生的成本费用支出,有组织、有系统地进行预测、计划、控制、核算、考核、分析等一系列科学管理工作的总称。其中,项目成本预测和计划为事前管理,即在成本发生之前,根据工程项目的结构类型、规模、工序、工期质量标准、物资准备等情况,运用一定的科学方法,进行成本指标的测算,并据以编制工程项目成本计划,作为降低工程项目成本的行动纲领和日常控制成本开支的依据。项目成本控制和核算为事中管理,即对工程项目施工生产过程中所发生的各项开支,根据成本计划实行严格的控制和监督,并正确计算与归集工程项目实际成本。项目成本考核和分析为事后管理,即通过对实际成本与计划成本的比较,检查项目成本计划的完成情况,进行分析,找出成本升降的主客观因素,总结经验、发现问题,从而进一步确定降低项目成本的具体措施,并为编制或调整下期项目成本计划提供依据。工程项目成本管理是以正确反映工程项目施工生产的经济成果,不断降低工程项目成本为宗旨的一项综合性管理工作。

工程项目成本管理的目的是:在预定的时间、预定的质量前提下,通过不断改善项目管理工作,充分采用经济、技术、组织措施和挖掘降低成本的潜力,以尽可能少的耗费,实现预定的目标成本。

工程项目成本管理的意义在于:它可以促进改善经营管理,提高企业管理水平;合理补偿施工耗费,保证企业再生产的顺利进行;促进企业加强经济核算,不断挖掘潜力,降低成本,提高经济效益。此外,它对实施项目管理还具有以下特定意义。

(1) 促进项目管理成本控制职能的实现。通过成本计划、决策、反馈、调整,可以对项目成本实行有效的控制。

(2) 促进项目经理对成本指标的实现。项目成本指标同其他指标一样,均由项目经理负责,避免了工程成本指标缺乏个人负责的状况。

(3) 促进强化成本管理的基础工作。项目管理是企业的基层"细胞"管理,大量的工作发生在生产第一线。加强项目成本管理,必然会不断强化成本管理的基础工作。

9.2　施工成本管理的任务与措施

9.2.1　施工成本管理的任务

施工成本管理就是要在保证工期和质量满足要求的情况下,利用组织措施、经济措施、技术措施、合同措施把成本控制在计划范围内,并进一步寻求最大程度的成本节约。施工成本管理的任务主要包括:成本预测、成本计划、成本控制、成本核算、成本分析和成本考核。

1. 施工成本预测

施工成本预测是指根据成本信息和施工项目的具体情况,运用一定的专门方法,对未来的成本水平及其可能发展趋势做出科学的估计,其实质就是在施工以前对成本进行估算。通过成本预测,可以使项目经理部在满足业主和施工企业要求的前提下,选择成本低、效益好的最佳成本方案,并能够在施工项目成本形成过程中,针对薄弱环节,加强成本控制,克服盲目性,提高预见性。因此,施工项目成本预测是施工项目成本决策与计划的依据。预测时,通常是对施工项目计划工期内影响其成本变化的各个因素进行分析,比照近期已完工施工项目或将完工施工项目的成本(单位成本),预测这些因素对工程成本中有关项目(成本项目)的影响程度,预测出工程的单位成本或总成本。

2. 施工成本计划

施工成本计划是指以货币形式编制施工项目在计划期内的生产费用、成本水平、成本降低率以及为降低成本所采取的主要措施和规划的书面方案。它是建立施工项目成本管理责任制、开展成本控制和核算的基础。一般来说,一个施工项目成本计划应包括从开工到竣工所必需的施工成本,它是该施工项目降低成本的指导文件,是设立目标成本的依据。可以说成本计划是目标成本的一种形式。

3. 施工成本控制

施工成本控制是指在施工过程中,对影响施工项目成本的各种因素加强管理,并采用各种有效措施,将施工中实际发生的各种消耗和支出严格控制在成本计划范围内,随时揭示并及时反馈,严格审查各项费用是否符合标准,计算实际成本和计划成本之间的差异并进行分析,消除施工中的损失浪费现象,发现和总结先进经验。

施工项目成本控制应贯穿于施工项目从投标阶段开始直到项目竣工验收的全过程,它是企业全面成本管理的重要环节。因此,必须明确各级管理组织和各级人员的责任和权限,这是成本控制的基础之一,必须给予足够的重视。施工成本控制可分为事先控制、事中控制(过程控制)和事后控制。

4. 施工成本核算

施工成本核算是指按照规定开支范围对施工费用进行归集,计算出施工费用的实际发生额,并根据成本核算对象,采用适当的方法,计算出该施工项目的总成本和单位成本。施工项目成本核算所提供的各种成本信息是成本预测、成本计划、成本控制、成本分析和成本考核等各个环节的依据。

5．施工成本分析

施工成本分析是指在成本形成过程中,对施工项目成本进行的对比评价和总结工作。它贯穿于施工成本管理的全过程,主要利用施工项目的成本核算资料,与计划成本、预算成本以及类似施工项目的实际成本等进行比较,了解成本的变动情况,同时要分析主要技术经济指标对成本的影响,系统地研究成本变动原因,检查成本计划的合理性,深入揭示成本变动的规律,以便有效地进行成本管理。

影响施工项目成本变动的因素有两个方面,一是外部的属于市场经济的因素,二是内部的属于企业经营管理的因素。作为项目经理,应该了解这些因素,但应将施工项目成本分析的重点放在影响施工项目成本升降的内部因素上。

成本分析的基本方法包括:比较法、因素分析法、差额计算法和比率法。

6．施工成本考核

施工成本考核是指施工项目完成后,对施工项目成本形成中的各责任者按施工项目成本目标责任制的有关规定,将成本的实际指标与计划、定额、预算进行对比和考核,评定施工项目成本计划的完成情况和各责任者的业绩,并以此给予相应的奖励和处罚。通过成本考核,做到有奖有惩,赏罚分明,才能有效地调动企业的每一个职工在各自的施工岗位上努力完成目标成本的积极性,为降低施工项目成本和增加企业的积累,做出自己的贡献。

9.2.2　施工成本管理的措施

为了取得施工成本管理的理想成果,应当从多方面采取措施实施管理,通常可以将这些措施归纳为组织措施、技术措施、经济措施、合同措施等 4 个方面。

1．组织措施

组织措施是指从施工成本管理的组织方面采取的措施,如实行项目经理责任制,落实施工成本管理的组织机构和人员,明确各级施工成本管理人员的任务和职能分工、权利和责任,编制本阶段施工成本控制工作计划和详细的工作流程图等。施工成本管理不仅是专业成本管理人员的工作,而且各级项目管理人员都负有成本控制责任。组织措施是其他各类措施的前提和保障,而且一般不需要增加什么费用,运用得当可以收到良好的效果。

2．技术措施

技术措施不仅对解决施工成本管理过程中的技术问题是不可缺少的,而且对纠正施工成本管理目标偏差也有相当重要的作用。因此,运用技术纠偏措施的关键,一是要能提出多个不同的技术方案,二是要对不同的技术方案进行技术经济分析。在实践中,要避免仅从技术角度选定方案而忽视对其经济效果的分析论证。

3．经济措施

经济措施是最易为人接受和采用的措施。管理人员应编制资金使用计划,确定、分解施工成本管理目标。对施工成本管理目标进行风险分析,并制定防范性对策。通过偏差原因分析和预测未完工程施工成本,可发现一些潜在的问题,这将引起未完工程施工成本的增加,对这些问题应以主动控制为出发点,及时采取预防措施。由此可见,经济措施的运用绝不仅仅是财务人员的事情。

4. 合同措施

成本管理要以合同为依据,因此合同措施就显得尤为重要。对于合同措施从广义上理解,除了参加合同谈判、修订合同条款、处理合同执行过程中的索赔问题、防止和处理好与业主和分包商之间的索赔之外,还应分析不同合同之间的相互联系和影响,对每一个合同作总体分析和具体分析等。

9.3 施工项目成本预测

成本预测是指通过取得的历史数据资料,采用经验总结、统计分析及数学模型的方法对成本进行判断和推测。通过项目施工成本预测,可以为建筑施工企业经营决策和项目管理部编制成本计划等提供数据。它是实行施工项目科学管理的一项重要工具,越来越被人们所重视,并日益发挥其作用。

成本预测在实际工作中虽然不经常提到,而实际上人们往往不知不觉中会用到,例如建筑施工企业在工程投标时或中标施工时都往往根据过去的经验对工程成本进行估计,这种估计实际上是一种预测,其发挥的作用是不能低估的。但是如何能够更加准确而有效地预测施工项目成本,仅依靠经验的估计很难做到,这需要掌握科学的、系统的预测方法,以使其在工程经营和管理中发挥更大的作用。

9.3.1 施工项目成本预测的作用

1. 投标决策的依据

建筑施工企业在选择投标项目过程中,往往需要根据项目是否赢利、利润大小等诸因素确定是否对工程投标。这样在投标决策时就要估计项目施工成本的情况,通过与施工图预算的比较,才能分析出项目是否赢利,以及利润大小等。

2. 编制成本计划的基础

计划是管理的关键的第一步。因此,编制可靠的计划具有十分重要的意义。但要编制出正确可靠的施工项目计划,必须遵循客观经济规律,从实际出发,对施工项目未来实施做出科学的预测。在编制成本计划之前,要在搜集、整理和分析有关施工项目成本、市场行情和施工消耗等资料基础上,对施工项目进展过程中的物价变动等情况和施工项目成本做出符合实际的预测。这样才能保证施工项目成本计划不脱离实际,切实起到控制施工项目成本的作用。

3. 成本管理的重要环节

成本预测是指在分析项目施工过程中各种经济与技术要素对成本升降的影响基础上,推算其成本水平变化的趋势及其规律性,预测施工项目的实际成本。它是预测和分析的有机结合,是事后反馈与事前控制的结合。通过成本预测,有利于及时发现问题,找出施工项目成本管理中的薄弱环节,采取措施,控制成本。

9.3.2 成本预测的过程

成本预测过程如图 9-1 所示。

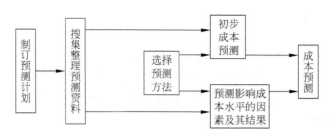

图9-1　成本预测过程示意图

1）制订预测计划

制订预测计划是预测工作顺利进行的保证。预测计划的内容主要包括：组织领导及工作布署，配合的部门，时间进度，搜集材料范围等。如果在预测过程中发现新情况和发现计划有缺陷，则可修订预测计划，以保证预测工作顺利进行并获得较好的预测质量。

2）搜集和整理预测资料

根据预测计划，搜集预测资料是进行预测的重要条件。预测资料一般有纵向和横向的两个方面数据。纵向资料是指施工单位各类材料的消耗及价格的历史数据，据以分析其发展趋势；横向资料是指同类施工项目的成本资料，据以分析所预测项目与同类项目的差异，并做出估计。

预测资料的真实与正确，决定了预测工作的质量，因此对搜集的资料进行细致的检查和整理是很有必要的。如各项指标的口径、单位、价格等是否一致；核算、汇集的时间资料是否完整，如有残缺，应采用估算、换算、查阅等方法进行补充；有没有可比性或重复的资料，要去伪存真，进行筛选，以保证预测资料的完整性、连续性和真实性。

3）选择预测方法

预测方法一般分为定性与定量两类。定性方法有专家会议法、主观概率法和德尔菲法等，主要是根据各方面的信息、情报或意见，进行推断预测。定量方法主要有移动平均法、指数平滑法和回归分析法等。

4）初步成本预测

初步成本预测主要是根据定性预测的方法及一些横向成本资料的定量预测，对施工项目成本进行初步估计这一步的结果往往比较粗糙，需要结合现在的成本水平进行修正，才能保证预测成本结果的质量。

5）预测影响成本水平的因素

影响工程成本水平的因素主要有物价变化、劳动生产率、物料消耗指标、项目管理办公费用开支等。可根据近期内其他工程实施情况、本企业职工及当地分包企业情况、市场行情等，推测未来哪些因素会对本施工项目的成本水平产生影响，其结果如何。

6）成本预测

根据初步的成本预测以及对成本水平变化因素预测结果，确定该施工项目的成本情况，包括人工费、材料费、机械使用费和其他直接费。

7）分析预测误差

成本预测是对施工项目实施之前的成本预计和推断，这往往与实施过程中及其后的实际成本有出入，从而产生预测误差。预测误差大小，反映预测的准确程度。如果误差较大，就应分析产生误差的原因,并积累经验。

9.4　施工成本计划的编制依据和编制方法

1. 施工成本计划的编制依据

成本计划的编制依据包括:合同报价书、施工预算;施工组织设计或施工方案;人、料机市场价格;公司颁布的材料指导价格、公司内部机械台班价格、劳动力内部挂牌价格;周转设备内部租赁价格、摊销损耗标准;已签订的工程合同、分包合同(或估价书);结构件外加工计划和合同;有关财务成本核算制度和财务历史资料;其他相关资料。

2. 施工成本计划的编制方法

1) 按施工成本构成编制施工成本计划

施工成本可以按成本构成分解为人工费、材料费、施工机械使用费、措施费和间接费,如图 9-2 所示。

图 9-2　按施工成本构成分解

2) 按子项目组成编制施工成本计划

大中型的工程项目通常是由若干单项工程构成的,而每个单项工程包括了多个单位工程,每个单位工程又由若干个分部分项工程构成,因此,首先要把项目总施工成本分解到单项工程和单位工程中,再进一步分解为分部工程和分项工程(见图 9-3)。

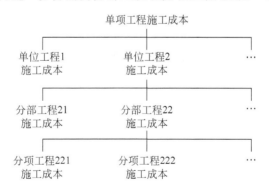

图 9-3　按子项目分解施工成本

3) 按工程进度编制施工成本计划

编制按时间进度的施工成本计划,通常可利用控制项目进度的网络图进一步扩充而得。即在建立网络图时,一方面,确定完成各项工作所需花费的时间,另一方面,确定完成这一工作的合适的施工成本支出计划。在实践中,将工程项目分解为既能方便地表示时间,又能方便地表示施工成本支出计划的工作是不容易的,通常如果项目分解程度对时间控制合适的话,则对施工成本支出计划可能分解过细,以至于不可能对每项工作确定其施工成本支出计划;反之亦然。因此在编制网络计划时,应在充分考虑进度控制对项目划分要求的同时,还要考虑确定施工成本支出计划对项目划分的要求,做到二者兼顾。

以上 3 种编制施工成本计划的方法并不是相互独立的。在实践中,往往是将这几种方法结合起来使用,从而达到扬长避短的效果。例如,将按子项目分解项目总施工成本与按施工成本构成分解项目总施工成本两种方法相结合,横向按施工成本构成分解,纵向按子项目分解,或相反。这种分解方法有助于检查各分部分项工程施工成本构成是否完整,有无重复计算或漏算;同时还有助于检查各项具体的施工成本支出的对象是否明确或落实,并且可以从数字上校核分解的结果有无错误。或者还可将按子项目分解项目总施工成本计划与按时间分解项目总施工成本计划结合起来,一般纵向按子项目分解,横向按时间分解。

9.5　施工成本控制的依据和步骤

9.5.1　施工成本控制的依据

施工成本控制的依据包括以下内容。

1. 工程承包合同

施工成本控制要以工程承包合同为依据,围绕降低工程成本这个目标,从预算收入和实际成本两方面,努力挖掘增收节支潜力,以求获得最大的经济效益。

2. 施工成本计划

施工成本计划是根据施工项目的具体情况制定的施工成本控制方案,既包括预定的具体成本控制目标,又包括实现控制目标的措施和规划,是施工成本控制的指导文件。

3. 进度报告

进度报告提供了每一时刻工程实际完成量、工程施工成本实际支付情况等重要信息。施工成本控制工作正是通过实际情况与施工成本计划相比较,找出两者之间的差别,分析偏差产生的原因,从而采取措施改进以后的工作。此外,进度报告还有助于管理者及时发现工程实施中存在的隐患,并在事态还未造成重大损失之前采取有效措施,尽量避免损失。

4. 工程变更

在项目的实施过程中,由于各方面的原因,工程变更是很难避免的。工程变更一般包括:设计变更、进度计划变更、施工条件变更、技术规范与标准变更、施工次序变更、工程数量变更等。一旦出现变更,工程量、工期、成本都必将发生变化,从而使得施工成本控制工作变得更加复杂和困难。因此,施工成本管理人员就应当通过对变更要求当中各类数据的计算、分析,随时掌握变更情况,包括已发生工程量、将要发生工程量、工期是否拖延、支付情况等重要信息,判断变更以及变更可能带来的索赔额度等。

除了上述几种施工成本控制工作的主要依据以外,有关施工组织设计、分包合同文本等也都是施工成本控制的依据。

9.5.2　施工成本控制的步骤

在确定了项目施工成本计划之后,必须定期地进行施工成本计划值与实际值的比较,当实际值偏离计划值时,分析产生偏差的原因,采取适当的纠偏措施,以确保施工成本控制目标的实现。其步骤如下:

（1）比较。按照某种确定的方式将施工成本计划值与实际值逐项进行比较，以发现施工成本是否已超支。

（2）分析。在比较的基础上，对比较的结果进行分析，以确定偏差的严重性及偏差产生的原因。这一步是施工成本控制工作的核心，其主要目的在于找出产生偏差的原因，从而采取有针对性的措施，减少或避免相同原因的再次发生或减少由此造成的损失。

（3）预测。根据项目实施情况估算整个项目完成时的施工成本。预测的目的在于为决策提供支持。

（4）纠偏。当工程项目的实际施工成本出现了偏差，应当根据工程的具体情况、偏差分析和预测的结果，采取适当的措施，以期达到使施工成本偏差尽可能小的目的。纠偏是施工成本控制中最具实质性的一步。只有通过纠偏，才能最终达到有效控制施工成本的目的。

（5）检查。它是指对工程的进展进行跟踪和检查，及时了解工程进展状况以及纠偏措施的执行情况和效果，为今后的工作积累经验。

复习思考题

9-1 简述施工成本管理的目的和意义。

9-2 简述施工成本管理的任务和措施。

9-3 简述施工成本预测的过程。

9-4 简述施工成本控制的依据和步骤。

第10章

建筑工程质量管理

10.1 质量管理概述

10.1.1 质量与施工质量的概念

GB/T 19000—2000 质量管理体系标准关于质量的定义是：一组固有特性满足要求的程度。该定义可理解为：质量不仅是指产品的质量，也包括某项活动或过程的工作质量，还包括质量管理活动体系运行的质量。质量的关注点是一组固有特性，而不是赋予的特性。质量是满足要求的程度，要求是指明示的、隐含的或必须履行的需要和期望。质量要求是动态的、发展的和相对的。

施工质量是指建设工程项目施工活动及其产品的质量，即通过施工使工程满足业主（顾客）需要并符合国家法律、法规、技术规范标准、设计文件及合同规定的要求，包括在安全、使用功能、耐久性、环境保护等方面所有明示和隐含需要的能力的特性综合。

质量有广义与狭义之分，狭义的质量是指产品的自身质量；广义的质量除产品自身质量外，还包括形成产品全过程的工序质量和工作质量。

1. 产品质量

产品质量是具有满足相应设计和使用的各项要求的属性。一般包括以下五种属性。

(1) 适用性：指产品所具有的满足使用者要求所具备的特性。

(2) 可靠性：指产品具有的坚实稳固的属性，并能满足抗风、抗震等自然力的要求。

(3) 耐久性：指产品在材料和构造上满足防水防腐要求，从而满足使用寿命要求的属性。

(4) 美观性：指产品在布局和造型上满足人们精神需求的属性。

(5) 经济性：指产品在形成中和交付使用后的经济节约属性。

2. 工序质量

工序质量是人、机器、材料、方法和环境对产品质量综合起作用的过程所体现的产品质量。

3. 工作质量

工作质量是指在建筑安装工程项目施工中所必须进行的组织管理、技术运用、思想政治工作、后勤服务等对提高工程施工质量的属性。

一般来说,产品质量、工序质量、工作质量三者存在以下关系:工作质量决定工序质量,而工序质量又决定产品质量;产品质量是工序质量的目的,而工序质量又是工作质量的目的。因此,必须通过保证和提高工作质量,在此基础上达到工程项目施工质量,最终生产出达到设计要求的产品质量。

10.1.2　质量管理与施工质量管理的概念

GB/T 19000—2000 质量管理体系标准关于质量管理的定义是:在质量方面指挥和控制组织的协调的活动。与质量有关的活动,通常包括质量方针和质量目标的建立、质量策划、质量控制、质量保证和质量改进等,所以,质量管理就是确定和建立质量方针、质量目标及职责,并在质量管理体系中通过质量策划、质量控制、质量保证和质量改进等手段来实施和实现全部质量管理职能的所有活动。

施工质量管理是指工程项目在施工安装和施工验收阶段,指挥和控制工程施工组织关于质量的相互协调的活动,使工程项目施工围绕着使产品质量满足不断更新的质量要求,而开展的策划、组织、计划、实施、检查、监督和审核等所有管理活动的总和。

施工企业质量管理的发展,一般认为经历了三个阶段,即质量检验阶段、统计质量管理阶段和全面质量管理阶段。

1. 质量检验阶段

质量检验是一种专门的工序,是从生产过程中独立出来的对产品进行严格的质量检验为主要特征的工序。其目的是通过对最终产品的测试与质量对比,剔除次品,保证出厂产品的质量是合格的。质量检验的特点是:事后控制,缺乏预防和控制作用,无法把质量问题消灭在产品设计和生产过程中。

2. 统计质量管理阶段

统计质量管理阶段是第二次世界大战初期发展起来的。主要是运用数理统计的方法,对生产过程中影响质量的各种因素实施质量控制,从而保证产品质量。统计质量管理的特点是:事中控制,即对产品生产的过程控制;但统计质量管理过分强调统计工具,忽视了人的因素和管理工作对质量的影响。

3. 全面质量管理阶段

全面质量管理是在质量检验和统计质量管理的基础上发展起来的,它按照现代生产技术发展的需要,以系统的观点来看待产品质量,注意产品的设计、生产、售后服务全过程的质量管理工作。

全面质量管理的特点是:事前控制,预防为主,能对影响质量问题的各类因素进行综合分析并进行有效控制。

以上三个阶段的本质区别是,质量检验阶段靠的是事后把关,是一种防守型的质量管理;统计质量管理阶段,靠在生产过程中对产品质量进行控制,把可能发生的质量问题消灭在生产过程之中,是一种预防型的质量管理;全面质量管理阶段则保留了前两者的长处,对整个系统采取措施,不断提高质量,可以说是一种进攻型或全攻全守的质量管理。

10.1.3　质量管理工作的主要内容

质量管理工作应贯穿施工过程的始终,也是企业、全体职工的共同责任。工程质量管理工作的主要内容有以下几个方面。

（1）认真贯彻国家和上级有关质量工作的方针政策，贯彻国家和上级颁发的各项技术标准、施工规范和技术规程等。

（2）组织贯彻保证工程质量的各项管理制度和运用全面质量管理等科学管理方法。

（3）制定保证工程质量的技术措施，推行新技术、新结构、新材料中保证工程质量的技术措施。

（4）进行工程质量检验，坚持事前控制、预防为主，组织班组检、互检、交接检，加强施工过程中的检查、做好预检和隐蔽工程检查工作，把质量问题消灭在施工过程中。

（5）进行工程质量的检验评定，按合同约定及质量标准和设计要求，对材料、成品、半成品进行验收；对结构工程质量、暖卫、电气、设备和协作单位承担的分项工程进行验收；组织分项工程、分部工程和单位工程竣工的质量检验评定工作。

（6）做好质量反馈工作，工程交付使用后，要进行回访，听取用户意见，检查工程质量变化情况，及时总结质量方面存在的问题，采取相应的技术措施，不断提高工程质量水平。

10.1.4　建设工程质量监督管理的基本制度

政府监督工程质量是一种国际惯例。建设工程质量关系到社会公众的利益和公共安全，因此无论是在发达国家，还是在发展中国家，政府均对工程质量进行监督管理。大多数发达国家政府的建设行政主管部门都把制定并执行住宅、城市、交通、环境建设等建设工程质量管理的法规作为主要任务，同时把大型项目和政府投资项目作为监督管理的重点。政府对建设工程项目的质量监督，主要侧重于宏观的社会效益，贯穿于建设的全过程，其作用是强制性的，其目的是保证工程项目的建设符合社会公共利益，保证国家的有关法规、标准及规范的执行。

建设工程质量监督管理制度具有以下几个特点：①具有权威性。建设工程质量监督体现的是国家意志，任何单位和个人从事工程建设活动都应当服从这种监督管理。②具有强制性。这种监督是由国家的强制力来保证的，任何单位和个人不服从这种监督管理都将受到法律的制裁。③具有综合性。这种监督管理并不局限于某一个阶段或某一个方面，而是贯穿于建设活动的全过程，并适用于建设单位、勘察单位、设计单位、施工单位和工程建设监理单位。

1. 建设工程质量监督管理法规

政府实施的工程质量监督管理以法律、法规和强制性标准为依据，以政府认可的第三方强制监督为主要方式。

（1）法律——《建筑法》于1997年11月1日经第八届全国人大常委会第二十八次会议审议通过，自1998年3月1日起施行。《建筑法》第六章规范了建筑工程质量管理，包括建筑工程的质量要求、质量义务和质量管理制度。《建筑法》第七章规范了建筑工程质量责任。

（2）行政法规——《建设工程质量管理条例》（以下简称《质量管理条例》）于2000年1月10日经国务院第二十五次常务会议通过，2000年1月30日发布实施。《质量管理条例》以参与建筑活动各方主体为主线，分别规定了建设单位、勘察单位、设计单位、施工单位和工程监理单位的质量责任和义务，确立了施工图设计文件审查制度、工程竣工验收制度、建设工程质量保修制度、工程质量监督管理制度等内容。《质量管理条例》对违法行为的种类和相应处罚做出了原则规定,同时还完善了责任追究制度,加大了处罚力度。

(3)技术规范。《强制性条文》虽然是技术法规的过渡成果,但《质量管理条例》确立了其法律地位,已经成为工程质量管理法律规范体系中重要的组成部分。

(4)地方性法规。是由省、自治区、直辖市、省级政府所在地的市、经国务院批准的较大市的人大及其常委会制定的,效力不超过本行政区域范围,作为地方司法依据之一的法规。

(5)规章。分为部门规章和地方政府规章两种。部门规章如《建筑工程施工许可管理办法》、《房屋建筑工程质量保修办法》等;地方政府规章是省、自治区、直辖市和较大市的人民政府根据法律、行政法规及相应的地方性法规而制定的规章。

2. 监督管理机构

建设工程质量监督机构是经省级以上建设行政主管部门,或有关专业部门考核认定的独立法人。建设工程质量监督机构接受县级以上地方政府建设行政主管部门或有关专业部门的委托,依法对建设工程质量进行强制性监督,并对委托部门负责。其主要监督的内容是地基基础、主体结构、环境质量和与此相关的工程建设各方主体的质量行为;主要手段是施工许可制度和竣工验收备案制度。

建设工程质量监督机构的主要任务:

(1)根据政府主管部门的委托受理建设工程项目的质量监督。

(2)制定质量监督方案。确定负责该项工程的质量监督工程师和助理质量监督工程师;明确监督的具体内容、监督方式;对地基基础、主体结构和其他涉及结构安全的重要部位和关键工序,做出实施监督的详细计划安排。

(3)检查施工现场工程建设各方主体的质量行为。核查施工现场工程建设各方主体及有关人员的资质和资格;检查勘察、设计、施工、监理单位的质量管理体系和质量责任制落实情况;检查有关质量文件、技术资料是否齐全并符合规定。

(4)检查建设工程的实体质量。按照质量监督工作方案,对建设工程地基基础、主体结构和其他涉及结构安全的关键部位进行现场实地抽查,对用于工程的主要建筑材料、构配件的质量进行抽查,对地基基础分部、主体结构分部工程和其他涉及结构安全的分部工程的质量验收进行监督。

(5)监督工程竣工验收。监督建设单位组织的工程竣工验收的组织形式、验收程序以及在验收过程中提供的有关资料和形成的质量评定文件是否符合有关规定,实体质量是否存在严重缺陷,工程质量的检验评定是否符合国家验收标准。

(6)报送工程质量监督报告。工程竣工验收后5日内,应向委托部门报送建设工程质量监督报告,内容包括对地基基础主体结构质量检查的结论,工程竣工验收的程序、内容和质量检验评定是否符合有关规定,以及历次抽查该工程发现的质量问题及处理情况等。

(7)对预制的建筑构件和商品混凝土质量进行监督。

(8)政府主管部门所委托的建设工程质量监督管理方面的其他工作。

3. 工程竣工验收备案制度

《质量管理条例》确立了建设工程竣工验收备案制度。该项制度是为加强政府监督管理,防止不合格工程流向社会的一个重要手段。根据《质量管理条例》和《房屋建筑工程和市政基础设施工程竣工验收备案管理暂行办法》(2000年4月4日建设部令第78号)的有关规定,建设单位应当在工程竣工验收合格后的15日内到县级以上人民政府建设行政主管部门或其他有关部门备案。建设单位办理工程竣工验收备案应提交以下文件。

（1）工程竣工验收备案表。

（2）工程竣工验收报告。竣工验收报告应当包括：工程报建日期、施工许可证号、施工图设计文件审查意见；勘察、设计、施工、工程监理等单位分别签署的质量合格文件及验收人员签署的竣工验收原始文件；市政基础设施的有关质量检测和功能性试验资料以及备案机关认为需要提供的有关资料。

（3）法律、行政法规规定应当由规划、公安、消防、环保等部门出具的认可文件或者准许使用文件。

（4）施工单位签署的工程质量保修书。

（5）法规、规章规定必须提供的其他文件。

（6）商品住宅还应当提交住宅质量保证书和住宅使用说明书。

建设行政主管部门或其他有关部门应当及时查验建设单位办理竣工验收备案时提交的上述文件是否齐备、是否真实，发现不齐备或不真实时，应当责令补齐或者修正。如在收齐建设单位的竣工验收备案文件后，依据质量监督机构的监督报告，发现建设单位在竣工验收过程中有违反国家有关建设工程质量管理规定行为的，应责令停止使用并重新组织竣工验收后，再办理竣工验收备案。

2001 年 6 月，建设部对 1997 年 12 月发布的《城市建设档案管理规定》作了修订，明确规定建设单位在组织竣工验收前，应当提请城建档案管理机构对工程档案进行预验收。预验收合格后，由城建档案管理机构出具工程档案认可文件。建设行政主管部门办理竣工验收备案时，应当查验工程档案认可文件。

10.1.5　工程施工质量保证

质量保证是指为了提供足够的信任表明实体能够满足质量要求，而在质量体系中实施并根据需要进行证实的全部有计划和有系统的活动。工程施工质量保证必须通过施工企业质量体系的建立和有效运行来实现。

1. 施工质量体系

1）ISO 9000 简介

ISO 9000 系列标准是在世界贸易交往合作日趋频繁、全面质量管理理论和实践的基础上，由国际标准化组织（ISO）进行全面分析、研究和总结，最后正式发布的。这套标准从1987 年正式发布以来受到世界各国的欢迎，已成为影响最大的质量管理方面的国际标准。1994 年和 2000 年该系列标准进行了重新修订，我国也采用了此标准。ISO 9000 族是指ISO/TC 176 技术委员会制定的所有国际标准。目前，这些标准包括：ISO 9000 至 ISO9004 的所有国际标准，包括各分标准；ISO 10001 至 ISO 10020 的所有国际标准，包括各分标准，属于支持性技术标准；ISO 8402 术语标准。

2）质量体系

质量体系是指为实施质量管理所需的组织结构、程序、过程和资源，是实施质量方针和目标的管理系统。质量体系的内容要以满足质量目标的需要为准，一个企业只有一个质量体系，质量体系在企业内外发挥的作用不同，对内实施质量管理，对外实施外部质量保证。

质量体系包括组织结构、程序、过程和资源 4 个部分。组织结构是企业为行使其职能而按某种方式建立的组织机构、职责、权限及相互关系。程序是为进行某项活动所规定的途径,可分为管理性程序和技术性程序,通过工作流程图来反映。过程是将输入转化为输出的一组彼此相关的资源和活动,质量体系的所有活动都是通过过程来完成的。

质量体系文件是进行质量管理、衡量组织质量保证能力的重要依据之一,是描述质量体系的文件,使组织的各项活动有法可依,有章可循。通过实施质量体系文件,控制各项影响质量的因素,使产品质量持续符合规定的要求,保证质量体系有效运行,因此,质量体系必须制定文件。质量体系应对所有质量文件的标识、分发、收集和保存做出适当的规定。质量体系文件可由多个层次的文件组成,一般包括质量手册、质量体系程序和其他质量文件。

2. 质量管理原则

为了实现质量目标,进行质量管理,必须建立质量管理体系。而质量管理的原则是建立质量管理体系的基本理论。多年来,基于质量管理的理论和实践经验,在质量管理领域形成了 8 项质量管理的基本原则和思想。

1)以顾客为关注焦点

顾客是组织存在的基础,所以组织应把满足顾客的需求和期望放在第一位,应当理解顾客当前和未来的需求,满足顾客要求并争取超越顾客期望。

2)领导作用

领导者应建立质量方针和质量目标,体现组织总的宗旨及方向。他们创造并保持使员工能充分参与实现组织目标的内部环境,并将质量方针、目标传达落实到组织的各职能部门和相关层次,让全体员工理解和执行。为了使建立的质量管理体系保持其持续的适宜性、充分性和有效性,最高管理者应亲自主持对质量管理体系的评审,并确定持续改进和实现质量方针、目标的各项措施。

3)全员参与

全体员工是每个组织的基础,组织的成功不仅取决于正确的领导,还有赖于全体人员的积极参与。所以应赋予各部门、各岗位人员应有的职责和权限,为全体员工创造一个良好的工作环境,激励他们的创造性和积极性,通过教育和培训增长他们的才干和能力,发挥员工的革新和创新精神。

4)过程方法

组织为了有效地运作,必须识别并管理许多相互关联的过程,系统地识别并管理组织所应用的过程,特别是这些过程之间的相互作用,称为"过程方法"。

在建立质量管理体系或制定质量方针和目标时,首先应识别和确定所需要的过程,确定可预测的结果,识别并测量过程的输入和输出,识别过程与组织职能之间的接口和联系,明确规定管理过程的职责和权限,识别过程的内部和外部顾客,识别在设计过程时还应考虑过程的步骤、活动、流程、控制措施、投入资源、培训、方法、信息、材料和其他资源等。只有这样才能充分利用资源、缩短周期,以较低的成本实现预期的结果。

5)管理的系统方法

一个组织的体系是由大量错综复杂、互相关联的过程组成的网络构成的。最高管理者要成功地领导和运作一个组织,要求运用系统的和透明的方式进行管理,也就是对过程网络实施系统管理,帮助组织提高实现目标的有效性和效率。

管理的系统方法包括确定顾客的需求和期望,建立组织的质量方针和目标,确定过程及过程的相互关系和作用,明确职责和资源需求,确立过程有效性的测量方法并用以测量现行过程的有效性,防止不合格,寻找改进机会,确立改进方向,实施改进、监控改进效果,评价结果,评审改进措施和确定后续措施等。这种建立和实施质量管理体系的方法,既可用于建立新体系,也可用于改进现行的体系。这种方法不仅可提高过程能力及产品质量,还可为持续改进打好基础,最终导致顾客满意和使组织获得成功。

6)持续改进

持续改进是组织的一个永恒目标。随着环境的变化、科学技术的进步和生产力的发展,人们对物质和精神的需求在不断提高,顾客的要求越来越高。因此,组织应不断调整自己的经营战略和策略,制定适应形势变化的策略和目标,提高组织的管理水平,这样才能适应竞争的生存环境。所以,持续改进是组织自身生存和发展的需要。它包括:了解现状,建立目标;寻找、实施、评价和解决办法;测量、验证和分析结果,并把它纳入文件等活动。

7)基于事实的决策方法

成功的结果取决于活动实施之前的精心策划和正确决策。决策的依据应采用准确的数据和信息,分析或依据信息做出判断是一种良好的决策方法。在对数据和信息进行科学分析时,可借助于其他辅助手段,统计技术是最重要的工具之一。

8)与供方互利的关系

供方提供的产品对于组织能否向顾客提供满意的产品可以产生重要的影响。因此,把供方、协作方、合作方都看作是组织经营战略同盟中的合作伙伴,形成共同的竞争优势,可以优化成本和资源,有利于组织和供方共同得到利益。

10.2 全面质量管理

10.2.1 全面质量管理的基本观点

1. 为用户服务的观点

凡是接收和使用建筑产品的单位和个人,都是建筑企业的用户,为用户服务就是为人民服务;凡是接收上道工序的产品进行再生产的下道工序,就是上道工序的用户,为用户服务就是为下道工序服务。如在抹灰或地面工程中,如果清底工序清理不彻底,即使下道工序地面干得再好,也避免不了空鼓裂纹。因此"为用户服务"、"下道工序就是用户"是全面质量管理的一个基本观点。

2. 预防为主的观点

在施工过程中,每个分部分项工程的质量随时受到操作者、施工工艺、原材料、施工机具、施工环境等的影响。只要其中某个因素发生异常,工程质量就随之波动,从而出现不同程度的质量问题。所谓预防为主的观点就是在建筑工程中把质量事故苗头消灭在萌芽状态,使它不能成为事实,使每道工序都处在控制状态中。

3. 全面管理的观点("三全"的观点)

全面管理就是在实施的工程项目中,进行全企业的管理、全过程的管理、全员参加的管理。

(1)全企业管理 质量管理工作不限于质量管理部门,企业的各部门都要参与质量管理工作,共同对产品的质量负责。

(2) 全过程管理 在施工企业,对于每件建筑产品必须从设计、施工准备、正式施工、竣工验收、交付使用、售后服务等全过程实施质量控制。

(3) 全员管理 质量控制工作必须落实到每一位职工,让他们都关心产品质量,把提高产品质量和本人的工作结合起来,通过全体职工的努力工作来提高产品质量。

4. 用数据说话的观点

数据是科学管理的基础。没有数据,或者资料不全、不准,科学管理就无从谈起。过去一些企业在管理中不重视数据,不注意搜集和积累数据,不懂得通过数据去控制质量,只采用"凭经验"、"大概齐"等不科学的管理方法,结果使工程质量严重失真。作为工程技术人员一定要懂得假的数据比没有数据更有害,只有采取实事求是的科学态度,认真对待每一个数据,把它作为控制质量的基础,才能掌握工程质量控制的主动权。

10.2.2 全面质量管理的基础工作

1. 标准化工作

所谓标准化是以制定、修订标准与贯彻执行标准,达到统一为主要内容的活动过程。标准化工作主要有三个方面,一是技术标准,二是管理标准,三是工作标准。管理标准保证了技术标准的贯彻执行,工作标准是管理标准的具体化。

2. 计量工作

计量工作是确保工程质量的重要手段和方法。工程质量依靠计量测试来保证。具体要求是:保证计量用的化验、分析仪器和设备做到配备齐全、完整无损、采值准确。同时也要求管理工作强化计量意识,对计量工作认真考核,使数据为决策提供依据。

3. 质量信息工作

质量信息是指在质量管理活动中的各种数据、报表、资料和文件,包括产品质量、工序质量和工作质量信息。质量信息是质量管理活动中非常重要的资源,也是质量管理不可缺少的依据。

4. 质量责任制

质量责任制是企业质量管理工作有关职责划分的工作制度。建立质量责任制就是把质量管理工作落实到企业的各个部门、各级机构、各个岗位和每个人,规定相应的责任和权力,用规章制度把各项质量管理工作组织起来,形成严密的管理体系。质量责任制按质量管理工作内容分为:企业领导责任制、工序质量责任制、质量检查责任制、质量事故处理责任制、质量管理部门责任制。

5. 质量教育工作

人是决定产品质量的关键因素,任何质量管理工作,都要依靠人去做。因此,应把对职工的教育、对人的资源开发视为战略任务。质量教育工作一般包括质量意识教育、质量管理知识教育和专业技术教育三方面的内容。

10.2.3 全面质量管理的保证体系

1. 质量保证体系的概念

质量保证,是指企业在产品质量方面向用户提供的担保,保证用户购买的产品在寿命期内符合规定要求,能正常使用。用户对产品质量的要求是多方面的,要求质量保证必须满足用户的要求。如反映质量目标的标准能满足用户要求;要求企业对产品在规定使用期限内提供的质量保证满足用户的要求。

质量保证体系就是施工企业建立的长期稳定的能保证工程质量满足用户要求的系统。工程质量保证体系是施工企业以保证和提高工程质量、给用户提供满意服务为目标,用系统的概念和方法将设计、施工中各环节的质量职能组织起来,形成一个有机整体,保证企业经济合理地生产出用户满意的产品。

2. 质量保证体系的内容

(1) 施工准备阶段的质量管理包括:图纸审查;编制施工组织设计;技术交底;材料、预制构件、半成品等的检验;施工机械设备的检修等。

(2) 施工过程中的质量管理包括:施工工艺管理;施工质量检查和验收;质量信息管理;现场文明施工管理。

(3) 产品使用阶段的质量管理包括:及时回访;建立保修制度。

3. 质量保证体系的运行

1) 质量保证体系的运转方式

包括:计划(P)、实施(D)、检查(C)、处理(A)四个阶段并严格按照科学的程序运转。

(1) 计划阶段:就是通过市场调查及用户要求、制定出质量目标计划,经过分析和诊断确定达到这些目标的具体措施和方法。具体分为四个步骤。

第一步:分析现状,找出影响质量的主要问题。

第二步:分析产生质量问题的各种影响因素。

第三步:从中找出影响质量问题的主要因素。

第四步:针对影响质量的主要因素制定措施,提出改进计划,并预计其效果。措施和活动计划应该具体明确。如为什么要制定这个措施;制定这个措施的目的是什么;这个措施在什么地方执行;这个措施在什么时间执行;这个措施由谁来执行;这个措施采用什么方法来执行。

(2) 实施阶段:就是按照计划和方法去实施。这个阶段只有一个步骤。

第五步:执行计划。

(3) 检查阶段:就是对照计划与执行结果,检查执行效果,及时发现问题,不断总结经验。这个阶段也只有一个步骤。

第六步:检查计划实施效果。

(4) 处理阶段:就是把经验加以总结,制定成标准、规程、制度,加以固定,作为今后工作的依据。对于遗留问题,作为改进的目标。这个阶段有两个步骤。

第七步:根据检查结果总结经验,制订出标准或制度,以便遵照执行。

第八步:将遗留问题转入下一循环。

2) 质量保证体系的运转特点

(1) 周而复始,循环不停。PDCA 循环是一个科学管理循环,每次循环都会把质量管理活动向前推进一步,如图 10-1 所示。

(2) 步步高。PDCA 循环每一次都在原水平上提高一步,每一次都有新的内容和目标。

就像爬楼梯一样,步步高,如图 10-2 所示。

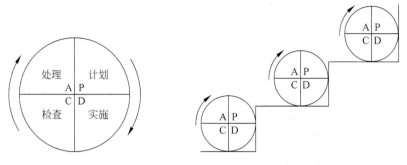

图 10-1　PDCA 循环　　　　　图 10-2　PDCA 循环提高过程图示

（3）大环套小环。PDCA 循环由许多大大小小的环嵌套组成,大环就是整个施工企业,小环就是施工项目班子。各环之间互相协调,互相促进,如图 10-3 所示。

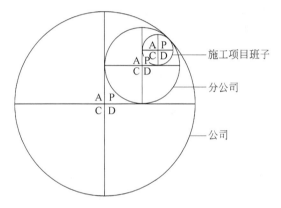

图 10-3　PDCA 循环关系图示

10.2.4　全面质量管理的常用统计分析方法

1. 排列图法

排列图法是用来寻找影响工程质量的主要因素的一种有效工具。排列图由两个纵坐标、一个横坐标、若干个直方形和一条曲线组成。其中左边的纵坐标表示频数,右边的纵坐标表示频率,横坐标表示影响质量的各种因素。若干个直方形分别表示质量影响因素的项目,直方形的高度则表示影响因素的大小程度,按大小由左向右排列,曲线表示各影响因素大小的累计百分数,这条曲线叫帕累特曲线。一般把影响因素分为 3 类,累计频率在 0～80% 范围的因素,称为 A 类因素,是主要因素;在 80%～90% 范围内的为 B 类,是次要因素;在 90%～100% 范围内的为 C 类,是一般因素。

下面用一个实例来说明排列图的画法。

例 10-1　某施工企业构件厂对一批构件进行检查,发现有 200 个检查点不合格,影响其质量的因素或缺陷及统计发生的次数见表 10-1。试分析影响构件质量的主要因素。

表 10-1　不合格项目统计表

影响质量的因素	频数	影响质量的因素	频数
钢筋强度	10	侧向弯曲	20
截面尺寸	50	预埋件	4
混凝土强度	105	表面缺陷	3
表面平整度	8	合计	200

解：（1）收集整理数据并按频数由大到小排序，见表 10-2。

（2）计算频率及累计频率。如混凝土强度不足的频率为 105/200＝52.5％。以此类推计算出各质量缺陷的频率并累加后依次填入表 10-2 中。

表 10-2　频数计算表

序号	影响质量的因素	频数	频率/%	累计频率/%
1	混凝土强度	105	52.5	52.5
2	截面尺寸	50	25	77.5
3	侧向弯曲	20	10	87.5
4	钢筋强度	10	5	92.5
5	表面平整度	8	4	96.5
6	预埋件	4	2	98.5
7	表面缺陷	3	1.5	100
	合计	200	100	

（3）画排列图。由表 10-2 按从上到下的次序在图中横坐标上从左向右标出各质量缺陷，依照频数及累计频率画出排列图，如图 10-4 所示。

（4）确定影响质量的主要因素。本例中 A 类因素有混凝土强度和截面尺寸两项为影响构件质量的主要因素，如图 10-4 所示。

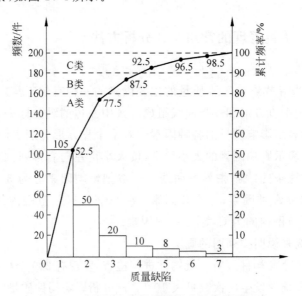

图 10-4　混凝土构件质量影响因素排列图

2. 因果分析图法

因果分析图又称特性要因图、树枝图或鱼刺图,是用来寻找某些质量问题产生原因的有效工具。其作法是:首先明确质量特性结果,画出质量特性的主干线;然后分析确定可以影响质量特性的大原因(大枝),一般有人(操作者)、机械、原材料(包括半成品)、方法(施工程序、方法)和环境(地区、气候、地形)等5个方面原因。再进一步分析确定影响质量的中、小和更小原因,即画出中小细枝,对重要的影响原因还要用标记或文字说明,以引起重视,见图10-5。绘图后应对照各种因素逐一落实,制定对策,限期改正。

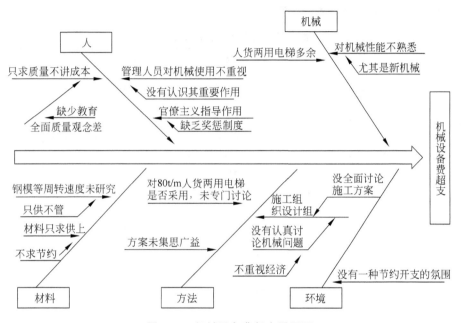

图 10-5　机械设备费超支因果图

画图时应注意找准质量特性结果,以便查找原因;同时要广泛正确征求意见,特别是现场有实践经验人员的意见,并集中有关人员,共同分析,确定主要原因;分析原因要深入细致,从大到小,从粗到细,抓住真正的原因。

3. 频数直方图

频数直方图又称质量分布图、矩形图,它是对数据进行加工整理、观察分析和掌握质量分布规律,判断生产过程是否正常的有效方法。除此之外,直方图还可用来估计工序不合格品率的高低,制定质量标准,确定公差范围,评价施工管理水平等。

在频数直方图中,以直方图的高度表示一定范围内数值所发生的频数(频率)。据此可掌握产品质量的波动情况,了解质量特征的分布规律,以便对质量状况进行分析判断。

1) 直方图的作图步骤

(1) 收集数据,一般数据数量用 N 表示。例:某工地 C30 混凝土试块 100 组,见表 10-3。

(2) 找出数据中的最大值与最小值。最大值为 34.7,最小值为 27.4。

(3) 计算极差,即全部数据的最大值与最小值之差。$R = X_{\max} - X_{\min} = 34.7 - 27.4 = 7.3$。

(4) 确定组数 K。组数根据数据数量确定。数量 50 以下,取 7 组以下;数量 50～100,

取 6～10 组；数量 100～250，取 7～12 组；数量 250 以上，取 10～20 组。本例组数选 $K=10$。

（5）计算组距 h。$h=R/K=7.3/10=0.73$，取 0.8。

（6）确定分组组界。

首先计算第一组的上、下界限值：第一组下界值 $=X_{\min}-0.05=27.35$，第一组上界值 $=X_{\min}-0.05+0.8=28.15$。

然后计算其余各组的上下界限值：第一组的上界限值就是第二组的下界限值，第二组的下界限值加上组距 h 就是第二组的上界限值，其余类推。

（7）整理数据，做出频数表，见表 10-4。

表 10-3　混凝土试块强度统计表

序号	数　据										最大值	最小值
1	32.3	31.9	32.6	30.1	32.0	31.1	32.7	31.6	29.4	31.9	32.7	29.4
2	32.2	32.0	28.7	31.0	29.5	31.4	31.7	30.9	31.8	31.6	32.2	28.7
3	31.4	34.1	31.4	34.0	33.5	32.6	30.9	30.8	31.6	30.4	34.1	30.4
4	31.5	32.7	32.6	32.0	32.4	31.7	32.7	29.4	31.7	31.6	32.7	29.4
5	30.9	32.9	31.4	30.8	33.1	33.0	31.3	32.9	31.7	32.4	33.1	30.8
6	30.3	30.4	30.6	30.9	31.0	31.4	33.0	31.3	31.9	31.8	33.0	30.4
7	31.9	30.9	31.1	31.3	31.9	31.3	30.8	30.5	31.4	31.3	31.9	30.5
8	31.7	31.6	32.2	31.6	32.7	32.6	27.4	31.6	31.9	32.0	32.7	27.4
9	34.7	30.3	31.2	32.0	34.3	33.5	31.6	31.3	31.6	31.0	34.7	30.3
10	30.8	32.0	31.3	29.7	30.5	31.6	31.7	30.4	31.1	32.7	32.7	29.7

表 10-4　频数分布表

序号	分组区间	频数	频率/%	序号	分组区间	频数	频率/%
1	27.35～28.15	1	1	7	32.15～32.95	16	16
2	28.15～28.95	1	1	8	32.95～33.75	5	5
3	28.95～29.75	4	4	9	33.75～34.55	3	3
4	29.75～30.55	7	7	10	34.55～35.35	1	1
5	30.55～31.35	25	25	合计		100	100
6	31.35～32.15	37	37				

（8）画频数直方图。直方图是一张坐标图，横坐标取分组的组界值，纵坐标取各组的频数。找出纵横坐标上点的分布情况，用直线连起来即成频数直方图，见图 10-6。

2）直方图分析

直方图的分析通常从以下两方面进行。

（1）分布状态的分析

通过对直方图分布状态的分析，可以判断生产过程是否正常。下面就一些常见的直方图形加以分析。

① 对称分布（正态分布），见图 10-7(a)。说明生产过程正常，质量稳定。

② 偏态分布，见图 10-7(b)、(c)。由于技术上、习惯上的原因产生，属异常生产情况。

③ 锯齿分布，见图 10-7(d)。这多数是由于分组的组数不当，组距不是测量单位的整倍数，或测试时所用方法和读数有问题所致。

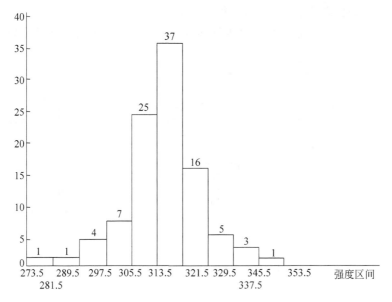

图 10-6　混凝土强度直方图

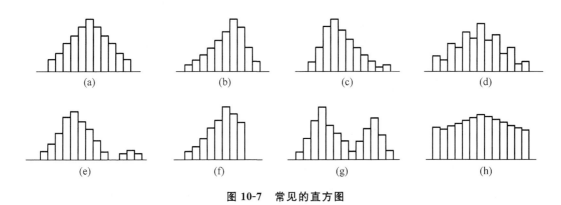

图 10-7　常见的直方图

④ 孤岛分布,见图 10-7(e)。这往往是因少量材料不合格,短期内工人操作不熟练所造成。

⑤ 陡壁分布,见图 10-7(f)。往往是由于剔除不合格品、等外品或超差返修后造成。

⑥ 双峰分布,见图 10-7(g)。一般是由于在抽样检查以前数据分类工作不够好,使两个分布混淆在一起所致。

⑦ 平峰分布,见图 10-8(h)。生产过程中有缓慢变化的因素起主导作用的结果。

(2) 同标准规格比较

将直方图与质量标准比较,判断实际施工能力。如图 10-8 所示,T 表示质量标准要求的界限,B 代表实际质量特性值分布范围。比较结果一般有以下几种情况。

① B 在 T 中间,两边各有一定余地,这是理想的情况,见图 10-8(a)。

② B 虽在 T 之内,但偏向一边,有超差的可能,要采取纠偏措施,见图 10-8(b)。

③ B 与 T 相重合,实际分布太宽,易大量超差,要采取措施减少数据的分散,见图 10-8(c)。

④ B 过分小于 T,说明加工过于精确,不经济,见图 10-8(d)。

⑤ 由于 B 过分偏离 T 的中心，造成很多废品，须调整，见图 10-8(e)。

⑥ 实际分布范围 B 过大，产生大量废品，说明工序能力不能满足技术要求，见图 10-8(f)。

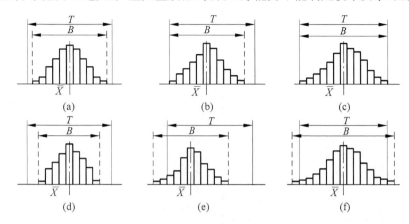

图 10-8　直方图与质量标准比较

4. 分层法

由于工程质量形成的影响因素较多，因此，对工程质量状况的调查和质量问题的分析，必须分门别类地进行，以便准确有效地找出问题及其原因，这就是分层法的基本思想。

调查分析的层次划分：根据管理需要和统计目的，通常可按以下分层方法取得原始数据。

（1）按时间分　月、日、上午、下午、白天、晚间、季节。

（2）按地点分　地域、城市、乡村、楼层、外墙、内墙。

（3）按材料分　产地、厂商、规格、品种。

（4）按测定分　方法、仪器、测定人、取样方式。

（5）按作业分　工法、班组、工长、工人、分包商。

（6）按工程分　住宅、办公楼、道路、桥梁、隧道。

（7）按合同分　总承包、专业分包、劳务分包。

例如一个焊工班组有 A、B、C 3 位工人实施焊接作业，共抽检 90 个焊接点，发现有 24 点不合格，占 26.7％。究竟问题在哪里？根据分层调查的统计数据表 10-5 可知，主要是作业工人 C 的焊接质量影响了总体的质量水平。

表 10-5　分层调查统计数据表

作业工人	抽检点数	不合格点数	个体不合格率/%	占不合格总数百分率/%
A	30	3	10	12.5
B	30	6	20	25
C	30	15	50	62.5
合计	90	24		26.7

5. 控制图法

控制图又叫管理图，是分析和控制质量分布动态的一种方法。产品的生产过程是连续不断的，产品质量的波动也是连续不断的，因此，对产品质量的形成过程进行动态监控是十分必要的。控制图法就是对质量分布进行动态监控的有效方法。

1）控制图的基本格式

如图 10-9 所示,横坐标表示样本的编号或测试时间,纵坐标表示质量特征。坐标内有三条线,中间一条为控制中心线,上下两条分别为上下控制界限,分别由统计原理确定。中心线就是统计数据平均值 μ；上下控制界限分别取 $\mu \pm 3\sigma$。σ 表示标准差。如果考虑偶然因素影响的生产过程,最多有 3‰ 的数据分布在控制界限以外。这种控制方法称为"千分之三"法则。

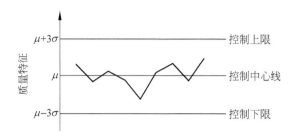

图 10-9　控制图基本格式

2）控制图的分析与应用

正常的控制图是质量特征数据值落在控制上下限之内,围绕中心线无规律地波动,则表明生产过程是正常的。如果质量特征数据值落在控制界限以外或仍在控制界限以内,但排列发生异常,则表明生产过程可能出现问题,并及时进行检查,针对异常原因采取相应措施,排除故障,使生产过程恢复正常。

质量特征数据排列异常通常包括以下情况：

（1）有连续 7 个数据值在中心线一侧,如图 10-10（a）所示。

（2）有连续 7 个数据值连续上升或下降,如图 10-10（b）所示。

（3）连续 11 个数据中,至少有 10 个数据值在中心线一侧,如图 10-10（c）所示。

（4）在接近控制界限的连续 3 个数据中,有两个数据值在控制界限的外部 $\frac{1}{3}$ 范围内,如图 10-10（d）所示。

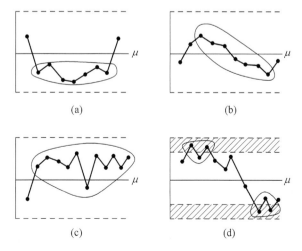

图 10-10　控制图的判断

(5) 数据值围绕中心线周期性波动。

以上介绍的频数直方图法、排列图法、因果分析图法、分层法和控制图法是建筑施工质量管理中应用较多的几种统计方法,其余方法还有统计分析表法及相关图法,读者可参考有关书籍。

10.3 建筑工程项目质量控制

10.3.1 项目质量控制概述

1. 项目质量控制的基本概念

工程项目的质量控制就是为了确保合同所规定的质量标准而进行的各项组织、管理工作和采取的一系列质量监控措施、手段和方法。它包括政府、建设单位和施工单位对工程质量的控制。项目质量控制贯穿于项目实施的全过程。在进行质量控制时,应掌握下列概念。

1) 预防和检查

预防是为了将错误排除在过程之外;检查是将错误排除在送达客户之前。

2) 偶然因素和系统因素

偶然因素的种类繁多,是对产品质量经常起作用的因素,但它们对产品质量的影响并不大,不会因此而造成废品。偶然因素引起的差异又称随机误差,这类因素既不易识别,也难以消除,或在经济上不值得消除。偶然因素包括原材料的微小差异,机具设备的正常磨损,工人操作的微小变化,温度、湿度微小的波动等。

系统因素如原材料规格、品种有误,机械设备发生故障,操作不按规程等。这类因素对质量影响较大,可以造成废品和次品;这类因素较易识别,应加以避免。

3) 偏差和控制线

偏差是工作的结果在允许的规定范围之内,并且是可以接受的;工作的结果在控制限度之内,则表明活动尚处于控制之中。

项目管理人员应具备统计质量控制的知识,特别是抽样检验和概率方面的知识,以便对质量控制的结果进行评价。

2. 项目质量控制

工程项目质量的形成是一个有序的系统过程,其质量的高低综合体现了项目决策、项目设计、项目施工及项目验收等各阶段、各环节的工作质量。工程项目质量控制就是对工程建设活动所涉及的各种影响因素进行控制,预防不合格产品的产生,通过提高工作质量来提高工程项目质量,使之达到工程合同规定的质量标准。工程项目质量控制一般可分为3个环节:一是对影响产品质量的各种技术和活动确立控制计划与标准,建立与之相应的组织机构;二是要按计划和程序实施,并在实施活动的过程中进行连续检验和评定;三是对不符合计划和程序的情况进行处置,并及时采取纠正措施。

工程项目质量控制按其实施者不同分为3个方面。

(1) 业主方面的质量控制——工程建设监理的质量控制。其特点是外部的、横向的控制。工程建设监理的质量控制,是指监理单位受业主委托,为保证工程合同规定的质量标准对工程项目进行的质量控制。其目的在于保证工程项目能够按照工程合同规定的质量要求达到业主的建设意图,取得良好的投资效益。其控制依据除国家制定的法律、法规外,主要是合同文件、设计图纸。在设计阶段及其前期的质量控制以审核可行性研究报告及设计文件、图纸为主,审核项目设计是否符合业主要求。在施工阶段驻现场实地监理,检查是否严格按图施工,并达到合同文件规定的质量标准。

(2) 政府方面的质量控制——政府监督机构的质量控制。其特点是外部的、纵向的控制。政府监督机构的质量控制,是指按专业部门建立有权威的工程质量监督机构,根据有关法规和技术标准,对本地区的工程质量进行监督检查。其目的在于维护社会公共利益,保证技术性法规和标准的贯彻执行。其控制依据主要是有关的法律文件和法定技术标准。在设计阶段及其前期的质量控制以审核设计纲要、选址报告、建设用地申请及设计图纸为主,施工阶段以不定期的检查为主,审核是否违反城市规划,是否符合有关技术法规和标准的规定,对环境影响的性质和程度大小,有无防止污染、公害的技术措施。

(3) 承包商方面的质量控制。其特点是内部的、自身的控制。承包商的质量控制,是指承包商根据国家规定及合同约定的质量标准,对工程项目建设过程进行的质量控制。其控制是依据招标文件和合同中规定的技术规范和图纸,参照工程量清单,制定相应的技术管理制度,作好施工组织设计,采用先进合理的施工工艺和技术,以保证工程质量目标的实现。

3. 质量控制的程序性及阶段性

1) 质量控制的程序性

任何工程项目都是由分项工程、分部工程和单位工程所组成,而工程项目的建设则是通过一道道工序来完成的。施工项目的质量控制过程是从工序质量到分项工程质量、分部工程质量、单位工程质量的全系统控制过程,见图10-11。

2) 质量控制的阶段性

为了加强对施工项目的质量控制,明确各施工阶段质量控制的重点,可把施工项目质量控制分为事前控制、事中控制和事后控制3个阶段。事前质量控制是指在正式施工前进行的质量控制,其控制重点是做好施工准备工作,且施工准备工作要贯穿于施工全过程中;事中质量控制是指在施工过程中进行的质量控制,其策略是全面控制施工过程、重点控制工序质量;事后质量控制是指在完成施工过程后形成产品的质量控制。

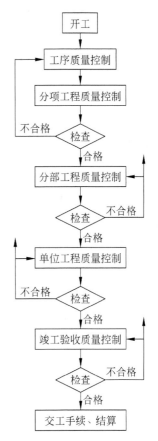

图 10-11 施工质量控制程序

10.3.2 影响工程质量因素的控制

在工程建设中,无论勘察、设计、施工或者机电设备的安装,影响质量的因素主要是"人、材料、机械、方法和环境"等五大方面,事先对这五方面的因素严格予以控制,是保证建设项目工程质量的关键。在这五大因素中,机由人控、料由人管、法为人创、环依人治,一切都离不开人,因此,在以质量管理为核心的建设工程项目管理中,人是处于中心位置的。

1. 人的控制

人作为控制的对象和控制的动力,起着避免产生失误、充分调动人的积极性、发挥"人的因素第一"的主导作用。

为了避免人的失误,调动人的主观能动性,增强人的责任感和质量观,达到以工作质量保工序质量、保工程质量的目的,除了加强政治思想教育、劳动纪律教育、职业道德教育、专业技术知识培训,健全岗位责任制,改善劳动条件,公平合理地激励外,还需根据工程项目的特点,从确保质量出发,本着适才适用、扬长避短的原则来控制人的使用。

2. 材料、构配件的质量控制

材料(包括原材料、成品、半成品、构配件)是工程施工的物质条件,材料质量是工程质量的基础。加强材料的质量控制,是提高工程质量的重要保证,是创造正常施工条件、实现投资控制和进度控制的前提。

在工程建设中,对材料质量的控制应着重做好以下工作:掌握材料信息,优选供货厂家;合理组织材料供应,确保施工正常进行;合理组织材料使用,减少材料的损失;加强材料运输、仓库、保管工作,健全现场材料管理制度;加强材料检查验收,严把材料质量关;重视材料的使用认证,以防错用或使用不合格材料。

材料质量控制的内容主要有:材料的质量标准,材料的性能,材料取样、试验方法,材料的适用范围和施工要求等。

3. 机械设备的控制

机械设备的控制,包括生产机械设备控制和施工机械设备控制。

在工程项目设计阶段,主要控制设备的选型和配套,要求按生产工艺、配套投产能充分发挥效能来确定设备类型。在工程项目施工阶段,主要控制设备按设计选型购置,设备按名称、型号、规格、数量的清单逐一检查验收,设备的安装符合有关设备的技术要求和质量标准,设备的试车运行正常、能配套投产。

在项目施工阶段,必须综合考虑施工现场条件、建筑结构形式、机械设备性能、施工工艺和方法、施工组织与管理、建筑技术经济等各种因素,制定合理的机械化施工方案,使之合理装备、配套使用、有机联系,充分发挥建筑机械的效能,力求获得较好的综合经济效益。

4. 方法的控制

方法控制是指对在工程项目整个建设周期内所采取的技术方案、工艺流程、组织措施、检测手段、施工组织设计等的控制。

其中,施工方案的正确与否,是直接影响工程项目的进度控制、质量控制、投资控制三大目标能否顺利实现的关键。往往由于施工方案考虑不周而拖延进度,影响质量,增加投资。为此,在制定和审核施工方案时,必须结合工程实际,从技术、组织、管理、工艺、操作、经济等方面进行全面分析、综合考虑,力求方案技术可行、经济合理、工艺先进、措施得力、操作方便,有利于提高质量、加快进度、降低成本。

5. 环境因素的控制

影响工程项目质量的环境因素较多,有:工程技术环境,如工程地质、水文、气象等;工程管理环境,如质量保证体系、质量管理制度等;劳动环境,如劳动组合、劳动工具、工作面等。环境因素对工程质量的影响,具有复杂而多变的特点,往往前一工序就是后一工序的环境,前一分项、分部工程也就是后一分项、分部工程的环境。因此,根据工程特点和具体条件,应对影响质量的环境因素采取有效的措施严加控制。

对环境因素的控制,与施工方案和技术措施紧密相关。应针对工程的特点,拟定季节性施工保证质量和安全的有效措施,以免工程质量受到冻害、干裂、冲刷、坍塌的危害。同时,要不断改善施工现场的环境和作业环境;要加强对自然环境和文物的保护;要尽可能减少施工所产生的危害对环境的污染;要健全施工现场管理制度,合理地布置,使施工现场秩序化、标准化、规范化,实现文明施工。

10.4 工程质量事故处理

10.4.1 工程质量事故概述

1. 工程质量事故的定义

凡工程质量不符合建筑安装质量检验评定标准、相关施工及验收规范或设计图纸要求,造成一定经济损失或永久性缺陷的,都是工程质量事故。

2. 工程质量事故的分类

工程质量事故分为重大质量事故和一般质量事故。

重大质量事故分为4个等级:

(1) 直接经济损失在300万元以上的为一级重大质量事故;

(2) 直接经济损失在100万元以上,不满300万元的为二级重大质量事故;

(3) 直接经济损失在20万元以上,不满100万元的为三级重大质量事故;

(4) 直接经济损失在10万元以上,不满30万元的为四级重大质量事故。

一般质量事故是指直接经济损失在5000元以上,不满10万元的。

直接经济损失在5000元以下的质量问题,由企业自行处理。

3. 工程质量事故的特点

工程项目质量事故有复杂性、严重性、可变性、多发性等特点。

1) 复杂性

建设工程项目质量事故的复杂性主要表现在质量问题的影响因素比较复杂,一个质量问题往往是由多方面因素造成的,而由于质量问题是多方面因素造成的,所以就使得质量问题性质的分析、判断和质量问题的处理复杂化。

2) 严重性

建设工程项目质量事故的后果比较严重,通常会影响工程项目的施工进度,延长工期,增加施工费用,造成经济损失;严重的会给工程项目造成隐患,影响工程项目的安全和正常使用;更严重的会造成结构物和建筑物倒塌,造成人员和财产的严重损失。

3) 可变性

建设工程项目有时在建成初期从表面上看质量很好,但是经过一段时间的使用,各种缺陷和质量问题就暴露出来。而且工程项目的质量问题往往还会随时间的变化而不断发展,从一般的质量缺陷逐渐发展演变为严重的质量事故。如结构的裂缝会随着地基的沉陷、荷载的变化、周围温度及湿度等环境的变化而不断扩大,一个细微的裂缝也可以发展为结构构件的断裂和结构物的倒塌。

4）多发性

建设工程项目的许多质量问题,甚至同一类型的质量问题,往往会经常和重复发生,形成多发性的质量通病,如房屋地面起砂、空鼓,屋面和卫生间漏水,墙面裂缝等。

10.4.2　工程质量事故原因

造成质量事故的原因很多,主要有以下几种。

1）违背建设程序

不经可行性论证,不作调查分析就拍板定案;没有搞清工程地质、水文地质就仓促开工;无证设计,无图施工;在水文气象资料缺乏、工程地质和水文地质情况不明、施工工艺不过关的条件下盲目兴建;任意修改设计,不按图纸施工;工程竣工不进行试车运转、不经验收就交付使用等盲干现象,致使不少工程项目留有严重隐患,房屋倒塌事故也常有发生。

2）工程地质勘察原因

未认真进行地质勘察,提供地质资料、数据有误;地质勘察时,钻孔间距太大,不能全面反映地基的实际情况,如当基岩地面起伏变化较大时,软土层厚薄相差亦甚大;地质勘察钻孔深度不够,没有查清地下软土层、滑坡、墓穴、孔洞等地层构造;地质勘察报告不详细、不准确等,均会导致采用错误的基础方案,造成地基不均匀沉降、失稳,使上部结构及墙体开裂、破坏、倒塌。

3）未加固处理好地基

对软弱土、冲填土、杂填土、湿陷性黄土、膨胀土、岩层出露、溶岩、土洞等不均匀地基未进行加固处理或处理不当,均是导致重大质量问题的原因。必须根据不同地基的工程特性,按照地基处理应与上部结构相结合使其共同工作的原则,从地基处理、设计措施、结构措施、防水措施、施工措施等方面综合考虑治理。

4）设计计算问题

设计考虑不周、结构构造不合理、计算简图不正确、计算荷载取值过小、内力分析有误、沉降缝及伸缩缝设置不当、悬挑结构未进行抗倾覆验算等,都是诱发质量问题的隐患。

5）建筑材料及制品不合格

诸如钢筋物理力学性能不符合标准,水泥受潮、过期、结块、安定性不良、砂石级配不合理、有害物含量过多,混凝土配合比不准,外加剂性能、掺量不符合要求时,均会影响混凝土强度、和易性、密实性、抗渗性,导致混凝土结构强度不足、裂缝、渗漏、蜂窝、露筋等质量问题。预制构件断面尺寸不准,支承锚固长度不足,未可靠建立预应力值,钢筋漏放、错位,板面开裂等,必然会导致出现断裂、垮塌现象。

6）施工和管理问题

许多工程质量问题,往往是由施工和管理所造成。如图纸未经会审,擅自修改设计;不按图施工;不按有关施工验收规范施工;不按有关操作规程施工;施工管理紊乱,施工方案考虑不周,施工顺序错误;技术组织措施不当,技术交底不清,违章作业;不重视质量检查和验收工作等,这些都是导致质量问题的祸根。

7）自然条件影响

建设工程项目施工周期长,露天作业多,受自然条件影响大,温度、湿度、日照、雷电、供水、大风、暴雨等都能造成重大的质量事故,施工中应特别重视,采取有效措施予以预防。

8）建筑结构使用问题

建筑物使用不当，亦易造成质量问题。如不经校核、验算就在原有建筑物上任意加层，使用荷载超过原设计的容许荷载；任意开槽、打洞，削弱承重结构的截面等。

9）生产设备本身存在缺陷

10.4.3 工程质量事故处理程序

工程质量事故发生后，一般可以按以下程序进行处理，见图10-12。

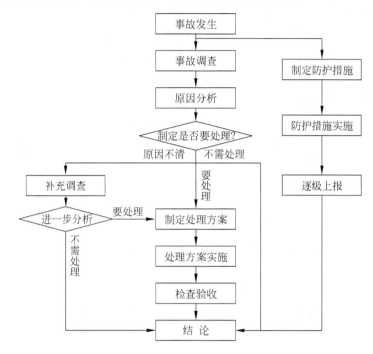

图10-12 质量事故分析处理程序

（1）当发现工程出现质量缺陷或事故后，应停止有质量缺陷部位和其有关部位及下道工序施工，需要时，还应采取适当的防护措施。同时，要及时上报主管部门。

（2）进行质量事故调查，主要目的是要明确事故的范围、缺陷程度、性质、影响和原因，为事故的分析处理提供依据。调查力求全面、准确、客观。

（3）在事故调查的基础上进行事故原因分析，正确判断事故原因。事故原因分析是确定事故处理措施方案的基础。只有对调查提供的充分的调查资料、数据进行详细、深入地分析后，才能由表及里、去伪存真，找出造成事故的真正原因。事故调查分析报告一般包括质量事故的情况、事故性质、事故原因、事故评估，设计、施工以及使用单位对事故的意见和要求，事故涉及的人员与主要责任者的情况等内容。

（4）研究制定事故处理方案。事故处理方案的制定应以事故原因分析为基础。如果某些事故一时认识不清，而且事故一时不致产生严重的恶化，可以继续进行调查、观测，以便掌握更充分的资料数据，作进一步分析，找出原因，以利于制定方案。

制定的事故处理方案应安全可靠，不留隐患，以满足建筑物的功能和使用要求，以及技术可行、经济合理等原则。通常有以下4类不同性质的处理方案。

① 修补处理　这是最常采用的一类处理方案。通常当工程的某些部分的质量虽未达到规定的规范、标准或设计要求,存在一定的缺陷,但经过修补后还可达到要求的标准,又不影响使用功能或外观要求的情况下,可以做出进行修补处理的决定。

② 返工处理　当工程质量未达到规定的标准或要求,有明显的严重质量问题,对结构的使用和安全有重大影响,而又无法通过修补的办法纠正所出现的缺陷情况下,可以做出返工处理的决定。

③ 限制使用　当工程质量缺陷按修补方式处理无法保证达到规定的使用要求和安全,而又无法返工处理的情况下,不得已时可以做出诸如结构卸荷或减荷以及限制使用的决定。

④ 不作处理　某些工程质量缺陷虽然不符合规定的要求或标准,但如其情况不严重,对工程或结构的使用及安全影响不大或经过后续工序可以弥补或经复核验算仍能满足设计要求者,经过分析、论证和慎重考虑后,也可以做出不作专门处理的决定。

(5) 按确定的处理方案对质量缺陷进行处理。发生的质量事故不论是否由于施工承包单位方面的责任原因造成的,质量缺陷的处理通常都是由施工承包单位负责实施。如果不是施工单位方面的责任原因,则处理质量缺陷所需的费用或延误的工期,应给予施工单位补偿。

(6) 在质量缺陷处理完毕后,应组织有关人员对处理结果进行严格的检查、鉴定和验收,由监理工程师写出"质量事故处理报告",提交业主或建设单位,并上报有关主管部门。

10.4.4　质量事故处理的鉴定验收

质量事故的处理是否达到预期目的,是否仍留有隐患,应通过检查鉴定和验收做出确认。

检查鉴定应严格按施工验收规范及有关标准的规定进行,必要时还应通过实际量测、试验和仪表检测等方法获取必要的数据。检查和鉴定的结论可能有以下几种。

(1) 事故已排除,可继续施工。

(2) 隐患已消除,结构安全有保证。

(3) 经修补、处理后,完全能够满足使用要求。

(4) 基本上满足使用要求,但使用时应有附加的限制条件,例如限制荷载等。

(5) 对耐久性的结论。

(6) 对建筑物外观影响的结论等。

(7) 对短期难以做出结论者,可提出进一步观测检验的意见。

事故处理后,应提交事故处理报告,其内容包括:事故调查报告,事故原因分析,事故处理依据,事故处理方案、方法及技术措施,处理施工过程的各种原始记录资料,检查验收记录,事故结论等。

10.5　质量检验与质量验收

10.5.1　建筑安装工程的质量检查

工程质量检查是建筑企业质量管理的重要措施,其目的是掌握质量动态,发现质量隐患,对工程质量实行有效的控制。

1. 工程质量检查的依据

工程质量检查主要依据国家颁发的建筑安装工程施工及验收规范、施工技术操作规程和质量验收统一标准,原材料、半成品、构配件的质量检验标准,设计图纸及有关文件。

2. 工程质量检查的方法

工程质量检查就是对检验项目中的性能进行量测、检查、试验等,并将结果与标准规定要求进行比较,以确定每项性能是否合格。检查时可采用在监理单位或建设单位监督下,由施工单位有关人员现场取样,并送至具备相应资质的检测单位进行检测的方法。

由于工程技术特性和质量标准各不相同,质量的检查方法也有多种,归纳起来有两大类。

(1)直观检查　指凭检查人员的感官,借助于简单工具进行实测。通常有"看"、"摸"、"敲"、"照"、"靠"、"吊"、"量"、"套"等8种方法。

"看",指通过目测并对照规范和标准检查工程的外观;

"摸",指通过手感判断工程表面的质量,如抹灰面光洁度等;

"敲",指用工具敲击工程的某一部位,从声音判断质量情况,如墙面瓷砖是否空鼓;

"照",指人眼看不到的高度、深度或亮度不足之处,借助照明或测试工具检查;

"靠",指用工具紧贴被查部位,测量表面平整度;

"吊",指用线锤等测量工具测量垂直度;

"量",指用度量工具检查几何尺寸;

"套",指运用工具对棱角或线角进行检查。

(2)仪器检查　是指用一定的测试设备、仪器进行检查。如测试混凝土的抗压强度,钢材的抗拉强度试验,管道容器的水压、气压试验,电气设备的绝缘耐压试验,钢结构焊缝检验等。

10.5.2　建设工程质量检验评定与验收

1. 建设工程质量的评定

一个建筑或构筑物的建成,由施工准备工作开始到交付使用,要经过若干工序、若干工种的配合施工。所以,一个工程质量的优劣,能否通过竣工验收,取决于各个施工工序和各工种的操作质量。为便于控制、检查和鉴定每个施工工序和工种的质量,须将一个单位工程划分为若干分部工程;每个分部工程,又划分为若干个分项工程。以各分项工程的质量来综合鉴定分部工程的质量,以各分部工程的质量来鉴定单位工程的质量。在鉴定的基础上,再与合同要求相对照,以决定能否验收。因此,分项工程是质量管理的基础,是工程质量管理的基本单元,还是鉴定分部工程、单位工程质量等级的基础,还是能否验收的基础。

1)检验批

检验批虽然是工程验收的最小单元,但它是分项工程乃至整个建筑工程质量验收的基础。检验批是施工过程中条件相同并具有一定数量的材料、构配件或施工安装项目的总称,由于其质量基本均匀一致,因此可以作为检验的基础单位组合在一起,按批验收。

检验批验收时应进行资料检查和实物检验。资料检查主要是检查从原材料进场到检验批验收的各施工工序的操作依据、质量检查情况以及控制质量的各项管理制度等;实物检验,应检验主控项目和一般项目。检验批质量合格应符合下列规定:

（1）主控项目和一般项目的质量经抽样检验合格。主控项目是指建筑工程中对安全、卫生、环境保护和公众利益起决定性作用的检验项目。一般项目是指除主控项目以外的检验项目。

（2）具有完整的施工操作依据和质量检查记录。

检验批由监理工程师或建设单位项目技术负责人组织施工单位项目专业质量（技术）负责人等进行验收。

2）分项工程

分项工程验收是在其所含的检验批验收的基础上进行的，对涉及安全和使用功能的地基基础、主体结构、安装分部工程应进行有关见证取样试验或抽样检验，同时还应进行观感质量验收，由参加验收的各方人员以观察、触摸或简单量测的方式对观感质量综合做出评价，对"差"的检查点应通过返修处理等补救。分项工程质量验收合格应符合以下规定：

（1）分项工程所含检验批均应符合合格质量的规定。

（2）分项工程所含检验批的质量验收记录应完整。

分项工程由监理工程师或建设单位项目技术负责人组织施工单位项目专业质量（技术）负责人等进行验收。

3）分部工程

分部工程验收是在其所含各分项工程验收的基础上进行的。其验收合格应符合下列条件：

（1）分部（子分部）工程所含分项工程的质量均验收合格。

（2）质量控制资料完整。

（3）地基与基础、主体结构和设备安装等分部工程有关安全及功能的检验、抽样检测结果应符合有关规定。

（4）观感质量验收应符合要求。

分部（子分部）工程应由总监理工程师或建设单位项目负责人组织施工单位的项目负责人和项目技术、质量负责人及有关人员进行验收。由于地基基础、主体结构的技术性能要求严格，技术性强，关系到整个工程的安全，故对于这些分部工程的验收，勘测、设计单位工程项目负责人也应参加相关分部工程的验收。

4）单位（子单位）工程

单位工程质量验收是该单位工程质量的竣工验收，在单位（子单位）工程验收时，对涉及安全和使用功能的分部工程应进行资料的复查，不仅要检查其完整性（无漏检缺项），而且对分部工程验收时补充进行的见证抽样检验报告也要复核。此外对主要使用功能还须进行抽查，抽查项目是在检查资料文件的基础上由参加验收的各方人员商定，并用计量、计数的抽样方法确定检查部分。最后还应由参加验收的各方人员共同进行观感质量检查，检查的方法、内容、结论与分部（子分部）工程质量验收相同。单位工程质量验收合格应符合下列规定：

（1）单位（子单位）工程所含分部（子分部）工程的质量均应验收合格。

（2）质量控制资料完整。

（3）单位（子单位）工程所含分部工程有关安全和功能的检验资料完整。

（4）主要功能项目的抽查结果应符合相关专业质量验收规范的规定

（5）观感质量验收符合要求。竣工验收时,须由参加验收的各方人员共同进行观感质量检查,最后共同确定是否通过验收。

单位工程完成后,施工承包单位首先应依据质量标准、设计图纸等自行组织有关人员进行检查和评定（自检）,在自检符合要求的基础上,填写工程竣工报验单和单位工程质量竣工验收记录,并向建设单位提交工程验收报告和完整的质量资料,请建设单位组织验收。

2. 建筑工程质量不符合要求时的处理

当建筑工程质量验收不符合验收标准的要求时,可按下列方式处理。

（1）在检验批验收时,其主控项目不能满足验收规范规定或一般项目超过偏差限值的子项不符合检验规定的要求时,对其中的严重缺陷应返工重做,对一般缺陷则通过翻修或更换器具、设备进行处理。通过返工处理的检验批,应重新进行验收。

（2）在检验批发现试块强度等不满足要求,但经具有资质的法定检测单位检测鉴定能够达到设计要求的,则认为检验批合格,应予以验收。

（3）如检验批经检测鉴定达不到设计要求,但经原设计单位核算,认为能够满足结构安全和使用功能时,则对该检验批可予以验收。

（4）经返修或加固处理的分项、分部工程,虽然改变外形尺寸,但仍能满足安全使用要求,可按技术处理方案和协商文件进行验收。通过返修或加固处理仍不能满足安全使用要求的分部工程、单位（子单位）工程,则严禁验收。

更为严重的缺陷或者超过检验批的更大范围内的缺陷,可能影响结构的安全性和使用功能。若经法定检测单位检测鉴定,确认达不到规范标准的相应要求,即不能满足最低限度的安全储备和使用功能要求,则必须按一定的技术方案进行加固处理,使之达到能满足安全使用的基本要求。这样有可能会造成一些永久性的缺陷,为了避免社会财富更大的损失,在不影响安全和使用功能条件下,可以按处理技术方案和协商文件进行验收,但责任方应承担经济责任。这种做法符合国际上"让步接受"的惯例。

3. 见证取样和送检

见证取样和送检是指在建设单位或工程监理单位人员的见证下,由施工单位的现场试验人员对工程中涉及结构安全的试块、试件和材料在现场取样,并送至经过省级以上建设行政主管部门对其资质认可和质量技术监督部门对其计量认证的质量检测单位进行检测。

见证人员应由建设单位或该监理单位具备建筑施工试验知识的专业技术人员担任,并应由建设单位或监理单位书面通知施工单位、检测单位和负责该项工程的质量监督机构。在见证取样和送检时,取样人员应在试样或其包装上做出标识、封志,标识和封志应标明工程名称、取样部位、取样日期、样品名称和样品数量,并由见证人员和取样人员签字。见证人员应填写见证记录,并将其归入施工技术档案。

见证取样的试块、试件和材料送检时,送检单位应填写委托单,委托单应有见证人员和送检人员签字,检测单位在检查委托单及试样上的标识和封志无误后,方可进行检测。

见证取样和送检的比例不得低于有关技术标准中规定取样数量的30%。

4. 隐蔽工程验收

隐蔽工程是指在施工过程中上一道工序结束后,即被下一道工序所掩盖而无法再进行检查的工程部位。隐蔽工程完工后,施工单位在自检合格的基础上,向监理单位提出报验申请表。监理单位在接到施工单位的报验申请表后,应该在24小时内派出监理人员到施工现场,采用必要的检查工具对该隐蔽工程进行检查,将检查结果与设计图纸、施工规范和质量标准对照,判断其质量是否符合规定要求,并填写隐蔽工程检查记录;如果质量不符合规定要求,监理人员也应以书面形式签发通知单通知施工单位,令其返工处理,返工处理后再重新进行检查验收。隐蔽工程检查验收的程序见图 10-13。

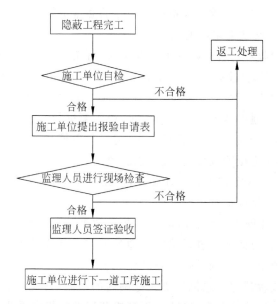

图 10-13 隐蔽工程验收程序

5. 建筑工程的竣工验收

1）竣工验收的依据

竣工验收的依据主要有:上级主管部门的有关工程竣工验收的文件和规定;施工承包合同;已批准的设计文件(包括施工图纸、设计说明书、设计变更洽商记录);各种设备的技术说明书;国家和部门颁布的施工规范、质量标准、验收规范;建筑安装工程统计规定;有关的协作配合协议书。

2）竣工验收的基本条件

（1）完成建设工程设计和合同约定的各项内容。

（2）有完整的技术档案和施工管理资料。

（3）有工程使用的主要建筑材料、建筑构配件和设备的进场试验报告。

（4）有勘测、设计、施工、工程监理等单位分别签署的质量合格文件。

（5）按设计内容完成,工程质量和使用功能符合规范规定的设计要求,并按合同规定完成了协议内容。

3）竣工验收的程序和内容

工程项目的竣工验收应根据项目规模的大小组成验收委员会或验收小组来进行。对于国家批准建设的大中型工程项目,由国家或国家委托有关部门来组织验收,各省、市、自治区建委参与验收;对于地方兴建的大中型工程项目,由各省、市、自治区主管部门组织验收;对于小型工程项目,由地、市级主管部门或建设单位组织验收。

工程项目的竣工验收工作,通常分为 3 个阶段,即准备阶段、初步验收(预验收)和正式验收。对于小型工程也可分为两个阶段,即准备阶段和正式验收。

（1）竣工验收的准备工作

在竣工验收准备阶段,监理单位应做好以下工作。

① 施工单位组织人力绘制竣工图纸,整编竣工资料,主要包括地基基础、主体结构、装修和水、暖、电、卫设备安装等施工各阶段的质量检验资料。

② 设计单位提供有关的设计技术资料。

③ 组织人员编制竣工决算,起草竣工验收报告等各种文件和表格。

（2）预验收（竣工初验）

当工程项目达到竣工验收条件后,施工承包单位在自检（自审、自查、自评）合格的基础上,填写工程竣工报验单,并将全部竣工资料报送监理单位,申请竣工验收。

监理单位在接到施工承包单位报送的工程竣工报验单后,应由总监理工程师组织专业监理工程师依据有关法律、法规、工程建设强制性标准、设计文件及施工合同,对竣工资料进行审查,并对工程质量进行全面检查,对检查出的问题督促施工承包单位及时整改。对需要进行功能试验的工程项目,监理工程师应督促施工承包单位及时进行试验,并对试验情况进行现场监督、检查,认真审查试验报告。在监理单位预验收合格后,由总监理工程师签署工程竣工报验单,并向建设单位提出质量评估报告。工程质量评估报告应由总监理工程师和监理单位技术负责人审核签字。

（3）正式验收

建设单位在接到项目监理单位的质量评估报告和竣工报验单后,经过审查,确认符合竣工验收条件和标准,即可组织正式验收。

由建设单位组织设计单位、施工单位、监理单位组成验收小组进行竣工验收,并签署验收意见。对必须进行整改的质量问题,施工单位进行整改完成后,监理单位应进行复验。对某些剩余工程和缺陷工程,在不影响交付使用的前提下,由四方协商规定施工单位在竣工验收后限定的时间内完成。正式竣工验收完成后,由建设单位和项目总监理工程师共同签署竣工移交证书。

正式竣工验收的程序一般是:

① 建设单位、勘察设计单位分别汇报工程合同履约情况和在工程建设各环节执行法律、法规和工程建设强制性标准情况。

② 听取施工单位报告工程项目施工情况、自验情况及竣工情况。

③ 听取监理单位报告工程监理内容和监理情况,以及对工程竣工的意见。

④ 组织竣工验收小组全体人员进行现场检查;了解工程现状,查验工程质量,发现存在和遗留的问题。

⑤ 竣工验收小组查阅建设、勘察、设计、施工、监理单位的工程档案资料,结合施工单位和监理单位的情况汇报,以及现场检查情况,对工程项目进行全面鉴定和评价,并形成工程竣工验收意见。

⑥ 经过竣工验收小组检查鉴定,确认工程项目质量符合竣工验收条件和标准的规定,以及承包合同的要求后,即可签发工程竣工验收证明书。

⑦ 办理竣工资料移交手续。

⑧ 办理工程移交手续。

在工程项目竣工验收中,质量监督机构将对工程项目竣工验收组织形式、验收程序、验收标准等情况进行现场监督,发现有违反建设工程质量管理规定的行为,将责令改正,并将对工程竣工验收的监督情况作为工程质量监督报告的重要内容。

4) 建筑工程竣工备案制

《建设工程质量管理条例》第四十九条规定:"建设单位应当自建设工程竣工验收合格之日起七日内,将建设工程竣工验收报告和规划、公安消防、环保等部门出具的认可文件或者准许使用文件报建设行政主管部门或其他有关部门备案。"建设部以第 78 号令的形式发布了《房屋建筑工程和市政基础设施竣工验收管理暂行办法》。

建设工程竣工验收备案制度是加强政府监督管理防止不合格工程流向社会的一个重要手段。建设单位应依据国家有关规定,在工程竣工验收合格后的 15 日内按有关程序规定要求,到县级以上人民政府建设行政主管部门或其他有关部门备案。建设单位办理工程竣工验收备案应提交以下材料:

(1) 房屋建设工程竣工验收备案表;

(2) 建设工程竣工验收报告(包括工程报建日期、施工许可证号、施工图审查意见,勘察、设计、施工、监理等单位分别签署的工程验收文件及验收人员签署的竣工验收原始文件,市政基础设施的有关质量检测和功能性试验资料以及备案机关认为需要提供的有关资料);

(3) 法律、行政法规规定应由规划、消防、环保等部门出具的认可文件或者准许使用的文件;

(4) 施工单位签署的工程质量保修书、住宅工程的住宅工程质量保修书和住宅工程使用说明书;

(5) 法规、规范规定必须提供的其他文件。

6. 工程项目的保修

1) 工程项目的保修范围

(1) 屋面、地下室、外墙阳台、卫生间、厨房等处的渗水、漏水问题。

(2) 各种通水管道(如自来水、热水、污水、雨水等)的漏水问题;各种气体管道的漏气问题;通气孔和烟道的不通问题。

(3) 水泥地面有较大面积空鼓、裂缝或起砂问题。

(4) 内墙抹灰有较大面积起泡,乃至空鼓脱落或墙面浆活碱脱皮问题;外墙粉刷自动脱落问题。

(5) 暖气管线安装不良、局部不热、管线接口处漏水问题。

(6) 地基基础、主体结构等存在质量问题,影响工程正常使用时。

2) 工程项目的保修期

(1) 基础设施工程、房屋建筑的地基基础工程和主体结构工程,为设计文件规定的该工程的合理使用年限。

(2) 屋面防水工程,有防水要求的卫生间、房间和外墙面的防漏为 5 年。

(3) 供热与供冷系统为两个采暖期和供冷期。

(4) 电气管线、给排水管道、设备安装和装修工程为 5 年。

在保修期内,属于施工单位施工过程中造成的质量问题,要负责维修,不留隐患。一般施工项目竣工后,各承包单位的工程款保留 5% 左右,作为保修金,按照合同在保修期满退回承包单位。如属于设计原因造成的质量问题,在征得甲方和设计单位认可后,协助修补,其费用由设计单位承担。

施工单位在接到用户来访、来信的质量投诉后,应立即组织力量维修,发现影响安全的质量问题应紧急处理。项目经理对于回访中发现的质量问题,应组织有关人员进行分析,制定措施,作为进一步改进和提高质量的依据。

对所有的回访和保修都必须予以记录,并提交书面报告,作为技术资料归档。施工单位还应不定期听取用户对工程质量的意见。对于某些质量纠纷或问题应尽量协商解决,若无法达成统一意见则由有关仲裁部门进行仲裁。

复习思考题

10-1　什么是质量、质量管理、质量体系?

10-2　什么是产品质量、工序质量、工作质量?简述三者之间的关系。

10-3　质量管理的原则有哪些?

10-4　全面质量管理的基本观点有哪些?

10-5　简述质量保证体系的运转方式及特点。

10-6　全面质量管理的常用统计分析方法有哪些?

10-7　影响工程质量的因素有哪些?

10-8　什么是工程质量事故?简述工程质量事故的分类及特点。

10-9　造成质量事故的原因有哪些?

10-10　单位工程质量验收合格应符合哪些规定?

10-11　当建筑工程质量验收不符合验收标准的要求时应如何处理?

10-12　建设单位办理工程竣工验收备案应提交哪些材料?

第11章

施工项目进度管理

11.1 施工项目进度控制概述

11.1.1 施工项目进度控制的概念

施工项目进度控制是指在既定的工期内,编制出最优的施工进度计划,在执行该计划的施工中,经常检查施工实际进度情况,并将其与计划进度相比较,若出现偏差,便分析产生的原因和对工期的影响程度,找出必要的调整措施,修改原计划,不断地如此循环,直至工程竣工验收。施工项目进度控制的总目标是确保施工项目的既定目标工期的实现,在保证施工质量和不增加施工实际成本的条件下,适当缩短工期。

11.1.2 施工项目进度控制的一般规定

1. 施工项目进度控制的方法

施工项目进度控制方法主要是规划、控制和协调。确定施工项目总进度目标和分进度目标,实施全过程控制,当出现实际进度与计划进度偏离时,及时采取措施调整,并协调与施工进度有关的单位、部门和工作队组之间的进度关系。项目进度控制的具体规定有以下几个方面。

(1) 项目进度控制应以实际施工合同约定的竣工日期为最终目标。

(2) 项目进度控制总目标应进行分解。可按单位工程分解为交工分目标,可按承包专业或施工阶段分解为完工分目标,亦可按年、季、月计划期分解为时间目标。

(3) 项目进度控制应建立以项目经理为责任主体,由项目负责人,计划人员、调度人员、作业队长及班组长参加的项目进度控制体系。

2. 项目进度控制的措施

应采用组织措施、技术措施、合同措施、经济措施和信息管理措施对施工进度实施有效控制。通过落实进度控制人员工作责任,建立进度控制组织系统及控制工作制度。采用科学的方法不断收集施工实际进度的有关资料,定期向建设单位提供比较报告。

3. 项目进度控制的任务

项目进度控制的任务是编制施工总进度计划并控制其执行,按期完成整个施工项目的任务；编制单位工程、分部分项工程施工进度计划，并控制其执行，按期完成分部分项工程施工任务；编制季度、月(旬)作业计划，并控制其执行，完成规定的目标。

4. 项目进度控制的程序

(1) 根据施工合同确定的开工日期、总工期和竣工日期确定施工进度目标，明确计划开工日期、计划总工期和计划竣工日期，并确定项目分期分批的开工、竣工日期。

(2) 编制施工进度计划。施工进度计划应根据工艺关系、组织关系、搭接关系、起止时间、劳动力计划、材料计划、机械计划及其他保证性计划等因素综合确定。

(3) 向监理工程师提出开工申请报告，并应按监理工程师下达的开工令指定的日期开工。

(4) 实施施工进度计划。当出现进度偏差(不必要的提前或延误)时，应及时进行调整，并应不断预测未来进度状况。

(5) 全部任务完成后应进行进度控制总结并写进度控制报告。

11.1.3　施工项目进度控制的原理

1. 动态控制原理

项目进度控制是一个不断进行的动态控制，也是一个循环进行的过程。当实际进度与计划进度不一致时，采取相应措施，使两者在新的起点上重合，使实际工作按计划进行。但在新的干扰因素作用下，又会产生新的偏差。施工进度计划控制就是采用这种动态循环的控制方法直至交工验收。

2. 系统原理

为了对施工项目实施进度计划控制，必须有施工项目总进度计划、单位工程施工进度计划、分部分项工程进度计划及季度和月(旬)作业计划。这些计划组成一个施工项目进度计划系统。

施工项目实施全过程的各级负责人，包括项目经理、施工队长、班组长及其所属全体成员组成施工项目实施的完整组织系统，遵照计划目标努力完成施工任务。

为了保证项目进度实施还有一个项目进度的检查控制系统，使计划控制得以落实，保证计划按期实施。

3. 信息反馈原理

信息反馈是施工项目进度控制的依据，施工中实际进度通过信息反馈给项目进度控制人员，经过加工，再将信息逐级向上反馈，直到主控室，主控室整理统计各方面信息，并经过加工整理做出决策，调整计划，使其符合预定工期目标。

4. 弹性原理

在编制施工项目进度计划时应留有余地，即使施工进度计划具有弹性。在项目进度控制时，可利用这些弹性，缩短有关工作的时间，使检查前拖延的工期通过缩短剩余计划工期的方法仍能达到预期的计划目标。

5. 封闭循环原理

项目进度控制通过计划、实施、检查、比较分析、确定调整措施，比较和分析实际进度与计划进度之间的偏差，找出产生原因和解决办法，确定调整措施，再修改原进度计划，形成一个封闭的循环系统。

6. 网络计划技术原理

网络计划技术是编制施工进度计划的重要工具,利用网络技术可进行工期优化、费用优化和资源优化,使进度计划更加科学合理。

11.2 施工项目进度计划的实施与检查

11.2.1 项目进度计划的实施

项目进度计划的实施就是施工活动的进展,也是用施工进度计划指导施工活动、落实和完成计划。项目施工进度计划应通过编制年、季、月、旬、周施工进度计划实现。年、季、月、旬、周施工进度计划应逐级落实,最终通过施工任务书由班组实施。在施工进度计划实施过程中应进行下列工作。

(1)跟踪计划的实施并进行监督,当发现进度计划执行受到干扰时,应采取调度措施。

(2)在计划图上进行实际进度记录,并跟踪记载每个施工过程的开始日期、完成日期,记录每日完成数量、施工现场发生的情况、干扰因素的排除情况。

(3)执行施工合同中对进度、开工及延期开工、暂停施工、工期延误、工程竣工的承诺。

(4)跟踪形象进度并对工程量、总产值、耗用的人工、材料和机械台班等的数量进行统计与分析,编制统计报表。

(5)落实控制进度措施应具体到执行人、目标、任务、检查方法和考核办法。

(6)处理进度索赔。

对于分包工程,分包人应根据项目施工进度计划编制分包工程施工进度计划并组织实施。项目经理部应将分包工程施工进度计划纳入项目进度控制范畴,并协助分包人解决项目进度控制中的相关问题。在进度控制中,应确保资源供应进度计划的实现。当出现下列情况时,应采取措施处理:

第一种情况:当发现资源供应出现中断、供应数量不足或供应时间不能满足要求时,应及时通知供货单位,同时动用经常储备材料。

第二种情况:由于工程变更引起资源需求的数量变更和品种变化时,应及时调整资源供应计划。

第三种情况:当发包人提供的资源供应进度发生变化不能满足施工进度要求时,应督促发包人执行原计划,并对造成的工期延误及经济损失进行索赔。

11.2.2 项目进度计划的检查

项目进度计划检查主要是控制人员经常地、定期地跟踪检查施工实际进度情况,收集施工项目进度信息,统计整理和对比分析,确定实际进度与计划进度之间关系的工作。通常包括以下几个方面。

1. 跟踪检查施工实际进度

对施工进度计划进行检查应依据施工进度计划实施记录进行。跟踪检查的时间间隔,根据施工项目的类型、规模、施工条件和对进度执行要求的程度确定。一般每月、半月、旬、周检查一次。检查和收集资料可采用进度报表或定期召开进度工作汇报会方式。《建设工

程项目管理规范》(GB/T 50326—2001)中,对施工进度计划检查采取了日检查或定期检查的方式,其检查内容包括:

(1) 检查期内实际完成和累计完成工程量;

(2) 实际参加施工的人力、机械数量及生产效率;

(3) 窝工人数、窝工机械台班数量及其原因分析;

(4) 进度偏差情况;

(5) 进度管理情况;

(6) 影响进度的特殊原因及分析。

2. 整理统计检查数据

对收集到的施工项目实际进度数据,要进行必要的整理、按计划控制的工作项目进行统计,形成与计划进度具有可比性的数据、相同的量纲和形象进度。一般可以按实物工程量、工作量和劳动消耗量统计实际检查的数据,以便与相应的计划完成量相对比。

3. 实际进度与计划进度对比

实际进度与计划进度对比的方法有:横道图比较法、S形曲线比较法和"香蕉"形曲线比较法、前锋线比较法和列表法等。以上方法从不同角度得出实际进度与计划进度相一致、超前、拖后的三种情况。

4. 施工项目进度检查结果的处理

施工项目进度检查的结果,按照检查报告制度的规定,形成进度控制报告向有关主管人员和部门汇报。进度控制报告一般由计划负责人或进度管理人员与其他项目管理人员协作编写。报告时间一般与进度检查时间相协调,也可按月、旬、周等间隔时间进行编写上报。

进度控制报告的内容主要包括:项目实施概况、管理概况、进度概要;项目施工进度、形象进度及简要说明;施工图纸提供进度;材料、物资、构配件供应进度;劳务记录及预测;日历计划;对建设单位、业主和施工者的变更指令等。《建设工程项目管理规范》(GB/T 50326—2001)中,对月度施工进度控制报告内容做了如下规定:

(1) 进度执行情况的综合描述;

(2) 实际施工进度图;

(3) 工程变更、价格调整、索赔及工程款收支情况;

(4) 进度偏差的状况和导致偏差的原因分析;

(5) 解决问题的措施;

(6) 计划调整意见。

11.3　施工项目进度计划的调整

11.3.1　施工项目进度比较方法

工程建设进度比较与计划调整是工程进度控制的主要环节,其中进度比较是调整的基础。常见的比较方法有以下几种。

1. 横道图比较法

横道图是人们常用的,很简单、形象和直观编制施工进度计划的方法。若把项目施工中检查实际进度收集的信息经过整理后直接用横道线并列标于原计划的横道线上,进行实际进度与计划进度的比较,这就是横道图比较法。例如某钢筋混凝土基础工程的施工实际进度计划与计划进度比较见表11-1。表中实线表示计划进度,双线部分则表示工程施工的实际进度。从比较中可以看出,第 8 天末进行施工进度检查时,挖土方工作已经按期完成;支模板的工作比计划进度拖后 1 天,施工任务拖后了 17%;绑扎钢筋工作已完成了 4 天的任务,施工实际进度与计划进度一致。

通过上述记录与比较,找出了实际进度与计划进度之间的偏差,以便控制者采取有效措施调整进度计划。这种方法是人们在施工中进行施工项目进度控制最常用的一种既简单又熟悉的方法。它适用于施工中各项工作都是按均匀速度进行,即每项工作在单位时间内完成的任务量相等。

表 11-1 某钢筋混凝土施工实际进度与计划进度比较表

工作编号	工作名称	工作时间/天	施工进度															
			1	2	3	4	5	6	7	8	9	10	11	12	13	14	15	16	17
1	挖土方	6	▬	▬	▬	▬	▬	▬											
2	支模板	6			▬	▬	▬	▬	▬	▬									
3	绑扎钢筋	9					▬	▬	▬	▬	▬	▬	▬	▬	▬				
4	浇混凝土	6											▬	▬	▬	▬	▬	▬	
5	回填土	6												▬	▬	▬	▬	▬	▬

▲
检查日期

根据施工项目实施中各项工作的速度不一定相同,以及进度计划控制要求和提供的信息不同,横道图比较法又分为以下几种。

1) 匀速施工横道图比较法

匀速施工是指每项工作施工速度都是均匀的,即在单位时间内完成的任务量都是相等的,累计完成的任务量与时间成直线变化,如图 11-1 所示。完成任务量可以用实物工程量、劳动量或费用支出表示。为了便于比较,通常用上述物理量的百分比。其作图步骤为:

(1) 编制横道图进度计划。

(2) 在进度计划上标出检查日期。

(3) 将检查收集的实际进度数据按比例用双线标于进度计划线的下方,见表11-1。

(4) 比较分析实际进度与计划进度,得出如下三种结果:

① 双线右端与检查日期相重合,表明实际进度与计划进度相一致;

② 双线右端在检查日期的左侧,表明实际进度拖后;

③ 双线右端在检查日期的右侧,表明实际进度超前。

该方法只适用于工作自始至终施工速度是均匀不变的情况及累计完成的任务量与时间成正比的情况,如图 11-1 所示。

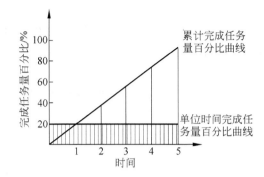

图 11-1 匀速施工时间与完成任务量关系曲线图

2）双比例单侧横道图比较法

匀速施工横道图比较法只适用施工进展速度是不变的情况下的施工实际进度与计划进度之间的比较。当工作在不同的单位时间里的进展速度不同时，累计完成的任务量与时间的关系是非线性的，如图 11-2 所示，按匀速施工横道图比较法绘制的实际进度双线，不能反映实际进度与计划进度完成任务量的比较情况。这种情况的进度比较可以采用双比例单侧横道图比较法。

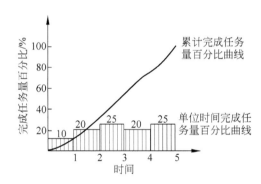

图 11-2 非匀速施工时间与完成任务量关系曲线图

双比例单侧横道图比较法是适用于工作的进度按变速进展的情况下，工作实际进度与计划进度进行比较的一种方法。它是在表示工作实际进度的双线同时，在表上标出某对应时刻完成任务的累计百分比，将该百分比与其同时刻计划百分比相比较，判断工作实际进度与计划进度之间的关系的一种方法。其基本步骤为：

（1）编制横道图进度计划。

（2）在横道线上方标出各工作主要时间的计划完成任务累计百分比。

（3）在计划横道线的下方标出工作的相应日期实际完成任务的累计百分比。

（4）用双线标出实际进度线，并从开工日标起，同时反映出施工过程中工作的连续与间断情况。

（5）对照横道线上方计划完成累计量与同时间的下方实际完成累计量，比较出实际进度与计划进度之偏差，可能有三种情况：

① 同一时刻上下两个累计百分比相等，表明实际进度与计划进度一致；

② 同一时刻上面的累计百分比大于下面的累计百分比，表明该时刻实际进度拖后，拖

后的量为二者之差,如图 11-3 所示;

③ 同一时刻上面的累计百分比小于下面的累计百分比,表明该时刻实际进度超前,超前的量为二者之差,如图 11-3 所示。

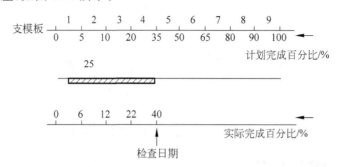

图 11-3   双比例单侧横道图比较图

此法适用于进展速度为变化的情况下的进度比较,并能提供某一指定时间二者比较的信息。这就要求实施部门必须按规定的时间记录当时的任务完成情况。

由于工作进度是变化的,因此横道图中进度横线,无论计划的还是实际的,都只表示工作的开始时间、持续时间和完成时间,并不表示计划完成量和实际完成量,这两个量分别通过标注在横道线上方及下方的累计百分比数量表示。实际进度线是从实际工程的开始日期画起,若工作实际施工间断,也可在图中将双线作相应的空白。

例 11-1   某工程的支模板工程按施工计划安排需 9 天完成,每天统计累计完成任务的百分比、工作的每天实际进度和检查日累计完成任务的百分比,如图 11-3 所示。

解:(1)编制横道图进度计划。为了简单只表示支模板工程的时间和进度横线,如图 11-3 所示。

(2)在横道线上方标出支模板工程每天计划完成的累计百分比分别为 5%、10%、20%、35%、50%、65%、80%、90%、100%。

(3)在横道线的下方标出工作 1 天、2 天、3 天末和检查日期的实际完成任务的百分比,分别为:6%、12%、22% 和 40%。

(4)用双线标出实际进度线。从图 11-3 中看出,实际开始工作时间比计划时间晚半天,进程中连续工作。

(5)比较实际进度与计划进度的偏差。从图 11-3 中可以看出,第一天末实际进度比计划进度超前 1%,以后各天超前量分别为 2%、2%、5%。

3)双比例双侧横道图比较法

双比例双侧横道图比较法,也是适用于工作进度为变速进展的情况下,工作实际进度与计划进度比较的方法。它是将表示工作实际进度的双线按检查的时间和完成的百分比交替地绘制在计划横道线上下两侧,其长度表示该时间内完成的任务量。工作的计划完成累计百分比标于横道线的上方,工作的实际完成累计百分比标于横道线的下方检查日期处,通过两个上下相对应的百分比相比较,判断该工作的实际进度与计划进度之间的关系。

其比较方法的步骤为:

(1)编制横道图进度计划。

（2）在计划横道图上方标出各工作主要时间的计划完成任务累计百分比。

（3）在计划横道图下方标出各工作相对应日期实际完成任务累计百分比。

（4）用双线依次在横道线上下方交替地绘制每次检查实际完成的百分比。

（5）比较实际进度与计划进度。通过标在横道线上下方的两个累计百分比，比较各时间段两种进度的偏差，同样可能有上述三种情况。

例 11-2　若前述题在施工中每天检查一次；用双比例双侧横道图比较法进行施工实际进度与计划进度的比较，如图 11-4 所示。

解：（1）编制横道图进度计划，如图 11-4 所示。

（2）在横道图上方标出每天计划累计完成任务的百分比。

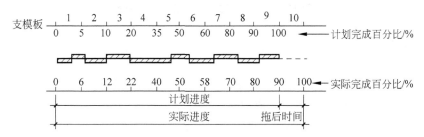

图 11-4　双比例双侧横道图比较图

（3）在计划横道图的下方标出工作按检查的实际完成任务的百分比，第 1 天到第 10 天末分别为 6%、12%、22%、40%、…、100%。

（4）用双线分别按规定比例在横道线上、下方交替画出上述百分比。

（5）比较实际进度与计划进度。

可以看出：实际进度在第 9 天末只完成了 90%，没按计划完成任务；第 10 天末实际累计完成百分比为 100%，拖了 1 天工期。

由此可见，双比例双侧横道图比较法除了提供前两种方法提供的信息外，还能用各段长度表达在相应检查期间内工作的实际进度，便于比较各阶段工作完成情况。但是其绘制方法和识别都较前两种方法复杂。

综上所述，横道图比较法具有记录和比较方法简单、形象直观、容易掌握等优点，已被广泛应用于简单的进度监测工作中。但是它以横道图进度计划为基础，因此带有不可克服的局限性。如各工作之间的逻辑关系不明显，关键工作和关键线路无法确定，一旦某些工作的进度产生偏差时，难以预测对后续工作和总工期的影响及确定调整方法。

2．S 形曲线比较法

S 形曲线比较法是以横坐标表示进度时间，纵坐标表示累计完成任务量，而绘制出一条按计划时间累计完成任务量的 S 形曲线，将施工项目的各检查时间实际完成任务量的曲线与 S 形曲线进行比较的一种方法。它克服了横道图比较法带有的局限性，而较准确地预测后续工作和总工期由于产生的偏差而带来的影响。

从整个施工项目的施工全过程而言，一般是开始和结尾阶段，单位时间投入的资源量较少，中间阶段单位时间投入的资源量较多，与其相关，单位时间完成的任务量也是呈同样变化的，如图 11-5（a）所示；而随时间进展累计完成的任务量，则应呈 S 形变化，如图 11-5（b）所示。

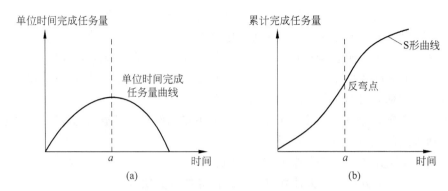

图 11-5　时间与完成任务量关系曲线图

1）S 形曲线绘制方法

S 形曲线绘制步骤：

（1）确定工程进展速度曲线。在工程实际中很难找到图 11-5（a）所示的定性分析的连续曲线,但可以根据每单位时间内完成的实物工程量或投入的劳动力与费用,计算出计划单位时间的量值 q_j,则 q_j 为离散型的,如图 11-6（a）所示。

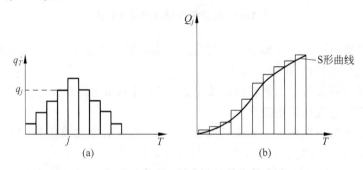

图 11-6　实际工程中时间与完成任务量关系曲线图

（2）计算规定时间 j 计划累计完成的任务量。其计算方法等于各单位时间完成的任务量累加求和,计算公式如下：

$$Q_j = \sum_{j=1}^{j} q_j$$

式中,Q_j——某时间 j 计划累计完成的任务量；

q_j——单位时间 j 的计划完成的任务量；

j——某规定计划时刻。

（3）绘制 S 形曲线。按各规定时间 j 及其对应的累计完成任务量 Q_j 绘制 S 形曲线,如图 11-6（b）所示。

2）S 形曲线比较方法

利用 S 形曲线比较,可在图上直观地将工程项目实际进度与计划进度相比较。计划控制人员先在计划实施前绘制出 S 形曲线,然后在施工过程中按规定时间将检查的实际完成情况绘制在与计划 S 形曲线的同一张图上,如图 11-7 所示。比较两条 S 形曲线可以得到如下信息。

（1）当实际进度进展点落在计划S形曲线左侧则表示此时实际进度超前于计划进度；若落在其右侧，则表示拖后；若落在其上，则表示二者一致。

（2）项目实际进度比计划进度超前或拖后的时间。如图11-7所示，ΔT_a 表示 T_a 时刻实际进度超前的时间；ΔT_b 表示 T_b 时刻实际进度拖后的时间。

（3）项目实际进度比计划进度超额或拖欠的任务量。如图11-7所示，ΔQ_a 表示 T_a 时刻超额完成的任务量；ΔQ_b 表示在 T_b 时刻拖欠的任务量。

（4）预测工程进度。如图11-7所示，后期工程按原计划速度进行，则工期拖后预测值为 ΔT_c。

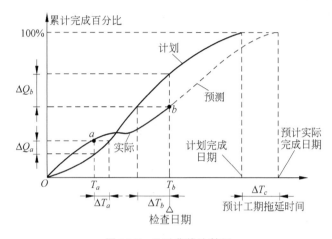

图11-7　S形曲线比较图

3. 香蕉形曲线比较法

香蕉形曲线是由两条S形曲线合成的闭合曲线。一条S形曲线是按各项工作的计划最早开始时间绘制的计划进度曲线(ES)；另一条S形曲线是按各项工作的计划最迟开始时间绘制的计划进度曲线(LS)。两条S形曲线都是从计划的开始时刻开始，到计划的完成时刻结束，因此，两条曲线是闭合的，故呈香蕉形。同一时刻两条曲线所对应的计划完成量，形成了一个允许实际进度变动的弹性区间。在项目的实施中，进度控制的理想状态是任一时刻按实际进度描出的点应落在该香蕉形曲线的区域内。香蕉形曲线比较法如图11-8所示。

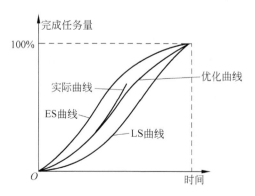

图11-8　香蕉形曲线比较图

利用香蕉形曲线比较法可以对工程实际进度与计划进度进行比较,从而对工程进度进行合理安排,确定在检查状态下,后期工程的 ES 曲线和 LS 曲线的发展趋势。

4. 前锋线曲线比较法

前锋线比较法是从计划检查时间的坐标点出发,用点画线依次连接各项工作的实际进展点,最后到计划检查时间的坐标点为止形成的折线。按前锋线与箭杆的交点的位置判定工程实际进度与计划进度的偏差。简言之:前锋线法是通过施工项目实际进度前锋线,比较施工实际进度与计划进度偏差的方法,如图 11-10 所示。

例如已知网络计划如图 11-9 所示,在第 5 天检查计划执行情况时,发现 A 已完成,B 已工作 1 天,C 已工作 2 天,D 尚未开始。则据此绘出带前锋线的时标网络计划,图 11-10 所示。

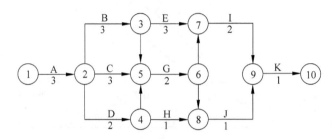

图 11-9　初始网络计划

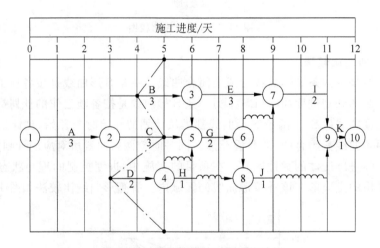

图 11-10　带前锋线的时标网络计划

网络计划检查后应列表反映检查结果及情况判断,以便对计划执行情况进行分析判断,为计划的调整提供依据。一般宜利用实际进度前锋线,分析计划的执行情况及其发展趋势,对未来的进度情况作出预测判断,找出偏离计划目标的原因及可供挖掘的潜力所在。

例如根据图 11-10 所示检查情况,可列出该网络计划检查结果分析表,如表 11-2 所示。

表 11-2 网络计划检查结果分析表

工作代号	工作名称	检查计划时尚需作业天数	到计划最迟完成时尚有天数	原有总时差	尚有总时差	情况判断
2—3	B	2	1	0	—1	影响工期1天
2—5	C	1	2	1	1	正常
2—4	D	2	2	2	0	正常

表 11-2 中"检查计划时尚需作业天数"等于工作的持续时间减去该工作已进行的天数。

表 11-2 中"到计划最迟完成时尚有天数"等于该工作的最迟完成时间减去检查时间。

表 11-2 中"尚有总时差"等于"到计划最迟完成时尚有天数"减去"检查计划时尚需作业天数"。

在表 11-2 中"情况判断"栏中填入是否影响工期。如尚有总时差≥0,则不会影响工期,在表中填"正常";如尚有总时差<0,则会影响工期,在表中填明影响工期几天,以便在下一步调整

11.3.2 施工项目进度计划的调整

1. 进度偏差分析

通过前述进度比较方法,当发现实际进度与计划进度出现偏差时,应及时分析该偏差产生的原因及对后续工作和总工期的影响。如果进度偏差较小,应在分析其产生原因的基础上采取有效措施,解决矛盾,排除障碍,继续执行原计划。若进度偏差较大或经过努力确实不能按原计划实现时,再考虑对原计划进行必要的调整。即适当延长工期,或改变施工速度。计划的调整一般是不可避免的,但应当慎重,尽量减少调整。工作偏差分析概括起来包括以下几个方面。

(1) 分析进度偏差的工序是否为关键工序。

当产生偏差的工序为关键工序,则无论偏差大小,都将影响后续工作及总工期,必须采取相应的调整措施;若出现偏差的工序是非关键工序,则需要根据偏差值与总时差和自由时差的大小关系确定对后序工作和总工期的影响程度,相应采取调整措施。

(2) 分析进度偏差是否大于总时差。

当工序的进度偏差大于该工序的总时差时,必将影响后续工作和总工期,必须采取相应的调整措施;若工序的进度偏差小于或等于该工序的总时差时对总工期无影响,但它对后续工序的影响程度需要根据比较偏差与自由时差的情况来确定。

(3) 分析进度偏差是否大于自由时差。

当工序的进度偏差大于该工序的自由时差时,对后续工序产生影响,可根据后续工作允许影响的程度而决定如何调整;若工序进度偏差小于或等于该工序的自由时差则对后续工序无影响,原计划可以不作调整。

综上分析,进度控制人员可以确认应该调整产生进度偏差的工序和调整偏差值的大小,以便确定采取调整新措施,获得新的符合实际进度情况和计划目标的进度计划。

2. 施工项目进度计划的调整方法

1）压缩某些关键工序的持续时间

这种方法是不改变工作之间的逻辑关系,而是通过缩短网络计划中关键线路上工序的持续时间来缩短工期,使施工进度加快。具体措施包括:

（1）组织措施

① 增加工作面,组织更多的施工队伍;

② 增加每天的施工时间（如采用三班制等）;

③ 增加劳动力和施工机械的数量。

（2）技术措施

① 改进施工工艺和施工技术,缩短工艺技术间歇时间;

② 采用更先进的施工方法,以减少施工过程的数量（如将现浇框架方案改为预制装配方案）;

③ 采用更先进的施工机械。

（3）经济措施

① 实行包干奖励;

② 增加资金投入;

③ 对所采取的技术措施给予相应的经济补偿。

（4）其他配套措施

① 改善外部配合条件;

② 改善劳动条件;

③ 实施强有力的调度等。

采取上述措施,压缩工作时间,必然会增加费用。因此,在调整计划对,应利用费用优化原理选择费用增加最少的关键工作作为压缩的首选对象。

2）改变某些工序间的逻辑关系

在工序之间的逻辑关系允许改变的条件下,通过改变关键线路和超过计划工期的非关键线路上的有关工序之间的逻辑关系达到缩短工期的目的。用这种方法调整的效果较明显。例如可以把依次进行的有关工作组织搭接作业或平行作业。其特点是不改变工序的持续时间,只改变工序的开始时间和结束时间。对于大型工程项目,由于其单位工程较多且相互间的制约比较小,可调整的幅度比较大,所以容易采用平行作业的方法来调整进度计划。而对于单位工程项目,由于受工序之间工艺关系的限制,可调整的幅度较小,所以通常采用搭接作业的方法来调整进度计划。无论是搭接作业还是平行作业,工程项目在单位时间内的资源需求量均将会增加。

综上所述,施工项目进度计划在实施中的调整必须依据施工进度计划检查结果进行,施工进度计划的调整内容包括:施工内容、工程量、起止时间、持续时间、工作关系、资源供应。调整时应采用科学方法,并应编制调整后的施工进度计划。项目经理部应及时进行施工进度控制总结。总结时应依据施工进度计划、施工进度计划执行的实际记录、施工进度计划的检查结果及施工进度计划的调整资料。总结内容包括:合同工期目标及计划工期目标完成情况;施工进度控制经验;施工进度控制中存在的问题及分析;科学的施工进度计划方法的应用情况;施工进度控制的改进意见。

复习思考题

11-1 什么是施工项目进度控制?

11-2 施工项目进度控制的原理有哪些?

11-3 施工项目进度计划的检查应做好哪些工作?

11-4 施工进度的比较方法有哪些?

第**12**章

建筑工程施工安全与防火

12.1 建筑工程安全管理

12.1.1 安全管理的基本原则

在生产和其他活动中,没有危险,不受威胁,不出事故,这就是安全。安全是相对于危险而言的。危险事件一旦发生,便会造成人身伤亡和财产损失。因此,安全不但包括人身安全,也包括财产(机械设备、物资)安全。

劳动者首先要生产。改善劳动条件、保证劳动者在生产过程中的安全和健康是我们国家的一项重要政策,也是企业取得良好经济效益的重要保证。

建筑施工生产常年处于露天、高空、地下作业,施工现场多工种进行立体交叉作业施工,施工面狭小,生产条件差,从而存在许多不安全的因素。因此,在企业管理工作中搞好安全管理工作就显得更加重要和复杂。

安全管理工作是企业管理工作的重要组成部分,是保证施工生产顺利进行,防止伤亡事故发生,确保安全生产而采取的各种对策、方针和行动等的总称。搞好安全管理应遵循下列基本原则。

(1) 安全管理工作必须符合国家的有关法律、法规。长期以来国家为保护劳动者的身体健康和安全,改善劳动者的劳动条件,制定了许多相关法律、法规。如:《建筑安装工人安全技术操作规程》、《锅炉压力容器安全监察条例》、《劳动保护条例》、《工程建设重大事故报告和调查程序规定》等。这些法律、法规对改善生产工人的劳动条件、保护职工身体健康和生命安全、维护财产安全起着法律保护作用,同时也是企业进行安全管理工作的基本准则。

(2) 安全管理工作应以积极的预防为主。安全管理必须坚持"预防为主"的原则,要在全体职工中牢固地树立"安全第一,预防为主"的指导思想,坚决贯彻管生产必须管安全的原则,认真落实有关"安全生产,文明施工"的规定,切实保障职工在安全条件下进行施工生产。

(3) 安全管理工作应建立严格的安全生产责任制度。通过严格的安全生产责任制度的建立和贯彻实施,落实具体的责任主体,加强对职工的安全技术知识的教育、培训,坚决制止违章作业,保证施工生产的顺利进行。

(4) 安全管理工作中应时常检查和严肃处理各种安全事故。安全工作应经常进行检查,及时发现安全事故的隐患,采取积极措施,防止事故的发生。而一旦发生安全事故,就应针对安全事故产生的原因进行分析,在此基础上追究责任,严肃处理,要使安全工作警钟长鸣。

12.1.2　安全管理工作的技术组织措施

1. 建立安全生产责任制,实施责任管理

安全生产责任制是企业责任制度的重要组成部分,是安全管理制度的核心。建立和贯彻安全生产责任制,就是把安全与生产在组织上统一起来,把"管生产必须管安全"的原则在制度上明确固定下来,做到安全工作层层有分工,事事有人管。企业安全生产责任制的内容,概括地说就是企业各级领导、各级工程技术人员、各个职能部门以及岗位工人在各自的职责范围内对安全工作应负的责任。安全生产责任制的具体内容一般包括:各级领导安全生产责任制、有关部门的安全生产责任制、操作岗位的安全生产责任制、安全专业管理责任制等。

2. 加强安全教育与培训

为了保证职工在生产活动中的安全与健康,企业全体人员必须具备基本的安全知识、操作技能和安全意识,生产管理中管理人员和安全专职人员还需具备丰富的安全管理知识。因此,应加强对职工队伍的安全技能和安全知识的培训,组织职工学习安全技术规程,掌握各种安全操作要领。特别是特殊工种,应当组织专门的安全技术教育。通过安全技术教育,让全体职工从思想上高度重视安全技术问题,懂得安全技术的基本要领,掌握所从事工作的安全技术知识。安全知识的范围很广,内容很复杂,应针对不同的岗位和不同的需要进行安全教育。

3. 建立安全检查制度

安全检查是安全管理工作的重要内容,是发现安全事故隐患、获得安全信息的重要手段。无论过去、现在还是将来,安全检查在安全管理中都占有极重要的地位。在建筑企业的施工生产过程中,由于生产作业条件、生产环境、施工生产对象等经常在发生变化,产生的问题事前也很难预料;加之一部分职工对安全生产的认识不足、安全管理办法和安全措施的一些漏洞,违章现象时有发生。对于这些可能导致阻碍生产、危害人身安全和财产安全的危险因素,如不及时发现、制止和采取措施,就有可能造成伤亡事故。因此,对施工生产过程中的人、物、管理等情况必须经常进行监督检查,随时发现隐患,收集并传递信息,控制事故的发生。

1)安全检查的内容

(1)查思想、查领导

查思想、查领导,就是检查企业全体职工对安全生产的思想认识,而各级领导的思想认识是主要的,是检查的重点。"安全工作好不好,关键在领导"的说法,实践证明是很有道理的,所以在安全检查中,首先要从查思想、查领导入手。检查各级领导在日常工作中能否正确地执行安全生产的有关政策和法规;是否树立了"安全第一,预防为主"的思想,把安全工作摆到了重要日程,切实履行了安全职责;是否坚持了"管生产必须管安全"的原则等。事实证明,凡是在检查中从领导者的安全生产指导思想的高度进行分析的,安全检查活动的效果就好,否则就抓不到关键,只能就事论事,检查工作就无法深入,也难以取得良好的效果。

（2）查制度、查管理

企业的安全生产制度是全体职工的行动准则之一，是维护生产秩序的重要规范。查制度、查管理，就是检查企业安全生产的规章制度是否健全，在生产活动中是否得到了贯彻执行，符合不符合"全、细、严"的要求。企业安全规章制度一般应包括下列几个方面：安全组织机构；安全生产责任制；安全奖惩制度；安全教育制度；特种作业管理制度；安全技术措施管理制度；安全检查及隐患整改制度；违章违制及事故管理制度；保健、防护品的发放管理制度；职工安全守则与工种安全技术操作规程等。

在安全检查中，必须考察上述各项规章制度的贯彻执行情况。随时考核各级管理人员和岗位作业人员对安全规章制度与操作规程的掌握情况，对不遵守纪律、不执行安全生产规章制度的人员，要进行严肃的批评、教育和处理。

（3）查隐患、查整改

查隐患、查整改，就是检查施工生产过程中存在的可能导致事故发生的不安全因素，对各种隐患提出具体整改要求，并及时通知有关单位和部门，制定措施督促整改，保持工作环境处于安全状态。这种检查，一般是从作业场所，生产设施、设备、原材料及个人防护等方面进行考察的。如作业场所的通道、照明、材料堆放、温度等是否符合安全卫生标准；生产中常用的机电设备和各种压力容器有无可靠的保险、信号等安全装置；易燃易爆和腐蚀性物品的使用、保管是否符合规定；对有毒有害气体、粉尘、噪声、辐射有无防护和监测设施；高空作业的梯子、跳板、架子、栏杆及安全网的架设是否牢固；吊装作业的机具、绳索保险是否符合技术要求；个人防护用品的配备和使用是否符合规定等。对随时有可能造成伤亡事故的重大隐患，检查人员有权下令停工，并同时报告有关领导，待隐患排除后，经检查人员签证认可方可复工。

2）安全检查的组织

企业应建立起各级安全检查的专门机构，负责施工生产过程的安全检查工作。专职安全机构应按国家和建设部的有关规定进行设置，并配备适当的专、兼职安全人员。一般在公司设安全技术部，在分公司设安全技术科，在施工项目上设专职安全员，而在工人班组设兼职安全员。

安全工作的技术性很强，责任很重大，对各级专、兼职安全人员的素质要求很高。企业应选择文化技术素质好、热爱安全工作敢于坚持原则、有较好身体素质和丰富实践经验以及组织管理能力的职工来担任专、兼职安全员。总之，通过层层设置安全检查和管理的机构，并配备相应的人员，负责企业安全工作的检查和管理，从而保证企业施工生产活动的顺利进行。

3）安全检查的方法

安全检查的方法有一般安全检查方法和安全检查表法两种。

（1）一般的安全检查方法。一般的安全检查方法是通过看、听、嗅、问、查、测、验、析等手段来对安全工作进行检查。

看：指看现场环境和作业条件，看实物和实际操作，看记录和资料等。

听：指听汇报、听介绍、听反映、听意见、听机械设备的运转响声和承重物发出的微弱声等。

嗅：指对挥发物、腐朽物、有害气体等进行辨别。

问：指详细询问，寻根究底地进行检查。

查：指查明问题、查对数据、查清原因、追究责任等。

测：指测量、测试、监测等。

验：指进行必要的试验或化验。

析：指分析安全事故的隐患、原因等。

（2）安全检查表法

安全检查表法是一种定性分析方法。它通过事先拟定的安全检查明细表或清单，对安全生产进行初步的诊断和控制。

安全检查表一般包括检查项目、检查内容、检查结果、存在问题、改进措施、检查人员姓名等内容。其基本格式见表12-1。

表 12-1　安全检查表

检查项目	检查内容	检查结果	存在问题	处理意见
脚手加架	稳定性			
照明用电	线路、负荷			
混凝土预制构件	堆放、保护			
……	……			

4）安全检查的方式

安全检查的方式主要有：定期安全检查、不定期安全检查、日常安全检查、专业安全检查等。

（1）定期安全检查：是根据指定的日程和规定的周期进行的全面安全大检查。大型建筑施工企业一般都分级进行，各级定期安全大检查，都应由该级主要负责人亲自组织和领导，安全、保卫、施工、设备等有关部门的专业人员和工会职工代表共同参与。

（2）不定期安全检查：施工企业的安全生产常常受到作业环境、作业条件、作业对象、作业人员以及气象条件等复杂情况的影响，不安全因素随时都有可能出现。因此，只靠定期检查远远不够，必须根据这些客观因素的变化，开展不定期安全检查。包括：开工前的安全检查、试车工作的安全检查、季节性的安全检查（如：冬季防寒、防冻、防滑、防火的检查，夏季防暑、防洪、防雷电的检查，雨季或台风季节的防台风、防汛的检查等）。不定期安全检查的组织形式类似于定期检查，其规模可大、可小。这种检查的特点是迅速、及时、解决问题快，效果好。

（3）日常安全检查：是以安全专（兼）职检查人员、施工管理人员和岗位工人为主，在日常施工生产中进行的安全检查。在安全检查中，这是最基本、最重要的部分，它发现隐患量大，最能反映企业生产过程中安全状况的真实水平。这种检查的优点是可能随时随地发现问题、及时进行整改。日常检查的形式一般有：巡回检查和岗位检查。

（4）专业安全检查：是企业根据安全生产的需要，组织专业人员用仪器和其他监测手段，有计划、有重点地对某项专业工作进行的安全检查。通过专业安全检查，可以了解某专业方面的设备可靠程度、维护管理状况、岗位人员的安全技术素质等情况。如：对锅炉及压力容器的安全检查、电气安全检查、起重机具检查等。

以上各种形式的检查，都应作好详细记录，对不能及时整改的隐患问题，除采取临时安全措施外,还要填写"隐患"整改通知书,按企业规定的职责范围分级落实整改措施,限期解决,并定期进行复查。每次定期、不定期或专业检查,都应写出小结,提出分析、评价和处理意见。

4.坚持作业标准化

坚持作业标准化是指按照相关作业标准进行施工生产,以确保施工生产的安全。

5.生产技术与安全技术相统一

生产技术与安全技术是息息相关的,在组织生产的过程中,采取某一生产技术时必须考虑相应的安全措施,将生产技术与安全技术两者统一起来,以保证安全。

6.正确对待和处理安全事故

施工生产过程一旦发生安全事故,基层施工人员首先要保持冷静,及时向上级领导进行报告,并积极采取措施,保护好现场,排除险情,积极进行抢救,防止事故扩大。

安全事故根据其性质不同一般可分为责任事故、非责任事故和破坏事故三种,而按事故严重程度又分为无伤害事故、微伤事故、轻伤事故、重伤事故、重大伤亡事故、特大伤亡事故等六类。

安全事故一旦发生,首先,应根据事故的严重程度按有关规定及时向上级主管部门进行报告和登记,以便上级领导和主管部门及时掌握有关情况。事故报告总的要求是快和准,"快"是指报告要迅速及时,事故一发生,应按事故严重程度及时向有关领导和主管部门进行报告;"准"是指事故报告的内容要准确,一般来讲,事故报告时要求讲明事故发生的时间、地点、伤亡者姓名、性别、年龄、工种、伤害部位、伤害程度、事故简要经过和原因等。其次,进行事故调查和分析。为了查明事故原因,分清事故责任,拟定防范措施时必须组织人员进行事故的调查,对事故原因进行分析和得出正确的结论,并采取措施防止同类事故的发生。最后,在调查分析掌握了事故真实情况后,应根据事故产生的原因分清责任,对事故责任者进行处理,并制定相应的事故防范措施,杜绝类似事故的发生。同时,对受伤害者及其家属进行安抚,处理有关善后工作。

12.2　工地常见工伤事故的预防

工地常见工伤事故有高处坠落、物体打击、触电、烧伤、容器爆炸以及中毒等。对于这些伤害都应十分重视并采取预防措施。

12.2.1　预防工伤事故的一般要求

预防工伤事故的一般要求如下:

(1)对参加施工人员进行入场安全教育,认真学习本工种安全技术操作规程和有关制度。

(2)开工前应根据施工组织设计编制安全技术措施,各生产班组做好安全交底。

(3)现场内的各种机电设备、材料、构件和临时设施、临时电气线路,都要按现场施工的总平面图合理安排,并保证道路平整。

(4)施工现场的入口处和现场所有危险作业区域要挂安全生产宣传画、标语和安全色标,随时提醒工人注意安全作业。

（5）在临近高压线施工时，要严格按照本地区供电和消防部门的规定执行：在高压线下方 10m 范围内，不准堆放材料、构件、模板，不准搭设临时设施，不准停放机械设备。在高压线或其他架空线两侧从事起重吊装作业时，要确保安全距离，严禁在高压线下面从事机械吊装起重作业。

（6）进入现场的分包单位工长和一切人员均应服从总包单位主管工长的统一指挥。

（7）每天上班前，工长要向工人交代当天生产中应注意的安全问题，开展班前安全讲话活动。

（8）经常检查工人和进入现场的任何人，必须戴好安全帽，从事高处作业要挂好安全带，不准穿拖鞋、高跟鞋或赤脚进场作业。

（9）凡施工作业高度在 2m 以上时，均要采取有效的防护措施。现场内各种防护设施和安全标语、色标等，均不准擅自拆动，拆动时须经工地负责人和安全技术部门批准后方可改动。

（10）在临近街巷、民房施工时，要搭设防护棚，并加强临街巷、民房一侧的高处施工管理，采取有效的技术措施和管理措施，严禁向下抛物或掉物，确保行人和居民的安全。

12.2.2　常见工伤事故的预防措施

1. 高处作业坠落摔伤的预防措施

1）高处作业的概念

凡在坠落面高度基准面 2m（含 2m）以上有可能坠落的高处作业，均称为高处作业。

高处作业分为四级，高处作业在 2～5m 时为一级高处作业；5～15m 时为二级高处作业；15～30m 时为三级高处作业；30m 以上为特级高处作业。

2）高处作业的防护措施

（1）支搭脚手架要求

2m 以上的各种脚手架，均要按规程标准支搭，凡铺脚手板的施工层都要在架子外侧绑护身栏和挡脚板。施工层脚手板必须铺严，架子上不准留单跳板、探头板。脚手板与建筑物的间隙不得大于 20cm。

在施工中，采用脚手架做外防护时，防护高度必须保持在 1m 以上，在防护高度不足 1m 时，要先增高防护后方准继续施工。

高层脚手架要做到五有，即有设计、有计算、有施工图、有书面安全技术交底、有上级技术领导审批。高层架子支搭方案要根据工程情况，以 15～18m 为一段，采取分段挑、撑、吊等卸荷方法。

（2）专用脚手架

安装电梯的专用脚手架主要有两种：一种是钢管组装式电梯井架子，另一种是钢丝绳吊挂式电梯井架子。这两种脚手架均应按规定支搭，确保施工安全。

（3）工具式脚手架

工具式脚手架主要有插口架子、吊篮架子和桥式架子。

插口架子就位和拆移时必须严格遵循"先别后摘，先挂后拆"的基本操作程序。即在塔式起重机吊着插口架子与建筑物就位固定时，要先将插进窗口的插口用木方子别好背牢，然后再到架子上去摘塔吊的挂钩，这就是"先别后摘"；"先挂后拆"就是在准备移动提升插口架子时,要先上到架子上,把塔吊的钩子挂好以后,再到建筑物里边去拆固定架子的别杆。按上述程序做就不会出事故,否则可能造成重大伤亡。

吊篮架子解决了高层的外装修问题,应用比较普遍,在使用中应注意以下几个关键问题。

一是吊篮的挑梁部分。挑梁应用不小于 14 号工字钢或承载能力大于 14 号工字钢的其他材料。固定点的预埋环要与楼板或墙体主筋焊牢。挑梁吊点到支点的长度与支点到吊环固定点的长度比应不大于 1∶2,且抵抗力矩应大于倾覆力矩三倍以上。挑梁探出建筑物一端应稍高于另一端。挑梁之间应用钢管或杉杆连接牢固,成为整体。

二是吊篮的升降工具。一般以手扳葫芦和倒链为主。手扳葫芦应选用 3t 以上的,倒链选用 2t 以上的,吊篮的钢丝绳直径应不小于 12.5mm。吊篮的保险绳直径与主绳相同。在升降吊篮时,保险绳不可一次放松过长,两端升降应同步。吊篮升降工具和钢丝绳在使用前要认真进行检查。吊篮保险绳必须兜底使用。

三是吊篮的防护必须严密。吊篮靠建筑物一侧设 1.2m 高护身栏,两侧和外面要用安全网封严,吊篮顶上要有钢丝网护头棚。吊篮在使用时应与建筑物拉牢。

四是在吊篮里作业的人员,包括升降过程的操作人员均必须挂好安全带。

桥式脚手架只允许高度在 20m 以下的建筑中使用,桥架的跨度不得大于 12m。升降桥时,操作人员必须将安全带挂在立柱上,桥两端要同步升降,并设保险绳或保险装置。桥架使用时应与建筑物拉接牢固,外防护使用应保证防护高度必须超出操作面 1.2m,超出部分应绑护身栏和立挂安全网。

(4)各类脚手架的施工荷载规定

结构用的里、外承重脚手架,使用时荷载不得超过 2646N/m²(270kg/m²);装修用的里、外脚手架使用荷载不得超过 1960N/m²(200kg/m²);吊篮、插口架及桥式脚手架使用荷载不超过 1177N/m²(120kg/m²)。

高处作业的其他防护措施及要求详见《建筑施工高处作业安全技术规范》(JGJ 80—1991)的有关规定。

(5)支搭安全网

新颁发的《建筑施工安全检查标准》(JGJ 59—1999),规定从 1999 年 5 月起,取消在建筑物外围使用安全平网,改为用封闭的立网。并规定密目式安全立网的标准为:①每 100cm²(10cm×10cm)面积上有 2000 个以上的网目;②须做贯穿试验,即将网与地面张为 30°的夹角,在其中心上方 3m 处,用 49.4N(5kg)重的 ϕ48～ϕ51 钢管垂直自由落下,以不穿透为准。

(6)做好"四口"的防护

"四口"是指大于 20cm×20cm 的设备或管道的预留洞口、室内楼梯口、室内电梯口、建筑物的阳台口和建筑通廊、采光井等洞口。

洞口及临边的防护方法是:1.5m×1.5m 以下的孔洞,应预埋通长钢筋网或加固定盖板;1.5m×1.5m 以上的孔洞,四周必须设两道护身栏杆,中间支挂水平安全网。

电梯井口必须设置高度不低于 1.2m 的金属防护门。电梯井内首层和首层以上每隔四层设一道水平安全网,安全网应封闭严密。

楼梯踏步及休息平台处,必须设两道牢固的防护栏杆或用立挂安全网做防护。回转式楼梯间应支设首层水平安全网,每隔四层设一道水平安全网。

阳台栏板应随层安装。不能随层安装的,必须设两道防护栏杆或立挂安全网封闭。

框架结构无维护墙时的楼层临边、屋面周边、斜道的两侧边、垂直运输架卸料平台的两侧边等临边必须设两道防护栏杆,必要时加设一道挡脚板或立挂安全网。

（7）高凳和梯子的使用注意事项

在室内施工时常用的高凳和梯子,使用不当也会出现坠落和伤亡。在使用中应注意以下几点:

一是单梯只准上一人操作,支设角度以 60°～70° 为宜,梯子下角要采取防滑措施。

二是使用人字双梯时,两梯夹角应保持 60°,两梯间要拉牢;移动梯子时,人员必须下梯。

三是高处作业使用的铁凳、木凳应牢固,两凳间需搭设脚手板的,间距不得大于 2m,只准站 1 人,脚手板上不准放置灰桶。

四是使用 2m 高以上的高凳或在较高的梯子上操作时,要加护栏或挂安全带。

在没有可靠的防护措施而又必须进行高处作业时,工人必须挂好安全带。在施工或维修时,严禁在石棉瓦、刨花板和三合板顶棚上行走。

2. 预防物体打击事故的措施

（1）教育职工进入现场必须戴好安全帽。任何人都不准从高处向下抛投物料,各工种作业时要及时清理渣土杂物,以防无意碰落或被风吹落伤人。

（2）施工现场要设固定进楼通道。通道要搭护头棚。低层施工出入口护头棚长度不小于 3m,高层施工护头棚长度不小于 6m;护头棚宽度应宽于出入通道两侧各 1m。护头棚要满铺脚手板。建筑物其他门口要封死,不准人员穿行。人员行走或休息时,不准临近建筑物。

（3）吊运大模板、构件时要严格遵守起重作业规定,吊物上不准有零散小件。

（4）人工搬运构件、材料时,要精神集中,互相配合,搬运大型物体时,要有专人指挥。零散材料堆放要整齐。各种构件、模板要停放平稳。

3. 现场安全用电的措施

（1）工期在半年以内的工地可按当地的施工暂设电气工程安全用电管理规定执行,工期超过半年的工地,应按当地供电部门的标准要求执行。

（2）施工现场内一般不架裸导线。现场架空线与施工建筑物的水平距离不小于 10m,线与地面距离不小于 6m,跨越建筑物或临时设施时垂直距离不小于 2.5m。架空线距起重机大臂钢丝绳和吊物应保持安全距离。如果不能保持安全距离时,应采取护线措施。

（3）各种电器设备均要采取接零或接地保护。接零接地线不准用独股铝线。单相 220V 电气设备应有单独的保护零线。严禁在同一系统中接零、接地两种保护混用。但对于全部采用接零保护的系统中的设备加设重复接地是可行的。

（4）每台电气设备机械应分设开关和熔断保险。严禁一闸多机,三相胶盖闸只准控制 1 或 2 个插座,每个插座分设熔断保险。

（5）使用电焊机时,要特别注意一、二次线的保护。二次侧把线不准露铜,保证绝缘良好。

（6）凡移动式设备和手持电动工具均要在配电箱内装设漏电保护装置。

（7）照明线路要按标准架设，不准采用一根火线与一根地线的做法，不准借用保护接地做照明零线。

（8）现场和工厂中的非电气操作人员均不准乱动电气设备。电动机械、工具的操作人员要经过用电安全教育后方可操作。机械发生故障时，不准擅自拆动电气部分，要找电工进行维修。所有从事电气安装、维修的人员均应经过电工基本技术和安全技术培训，经供电局考核发证后，方准从事电工工作。

（9）任何单位、任何人都不准擅自指派无电工执照的人员进行电气设备的安装和维修等工作，不准强令电工从事违章冒险作业。

（10）从事电焊工作的人员要加强教育，使他们懂得电焊机二次电压不是安全电压，如不慎触电仍有生命危险，并应教育电焊工懂得触电急救的方法和要领。

4. 电焊作业预防触电的措施

（1）保证各类电焊机的机壳有良好的接地保护。

（2）电焊钳要有可靠的绝缘，不准使用无绝缘的简易焊钳和绝缘把损坏的焊钳。

（3）在锅炉容器内作业，或在狭小场地、金属管架上作业时，要用绝缘衬垫将焊正与焊接件绝缘。

（4）工作中如有人触电，不要用手拉触电者，应迅速切断电源，如触电者已处于昏迷休克状态，要立即施行人工呼吸，同时尽快送医院抢救；在送医院途中如触电者仍未恢复，应不断地进行人工呼吸。

5. 气焊作业的安全措施

（1）从事气焊作业时，氧气瓶、乙炔瓶与明火距离不小于10m。两种气瓶也应保持一定距离，一般不小于5m。

（2）使用乙炔发生器时，必须有防爆及防止回火的安全装置。浮桶式乙炔发生器容易发生爆炸，应停止使用。

（3）电石存放时要注意防潮。用过的电石渣不要乱倒，废电石应集中倒在电石坑内。

（4）气焊或切割容器和管道时，要查明容器内的气体或液体，对残存的气液进行清理后方准焊割。

6. 起重吊装的安全技术措施

（1）各种起重机应根据《建筑安装工程安全技术规程》的规定，安装过卷扬限制器、起重量控制器、连锁开关等安全装置。

塔式超重机至少应有行程限位装置、变幅限位装置、吊钩超高限位装置和超负荷限位装置等四种安全限位装置，以及吊钩保险和卷筒绕绳保险等安全装置（即"四限位、二保险"）。

行程限位是控制塔式起重机在轨道上的最大行走极限的，限位碰桩距轨端止挡器应不小于1.5m。这种装置可以预防起重机出轨倾翻事故。

变幅限位是控制塔机大臂变幅程度的，预防过量变幅造成折臂倾翻事故。靠小车行走变幅的塔机，变幅限位控制着小车的行走极限。

超高限位是控制吊钩起升最高极限的，它是预防吊钩顶臂、拉断起重绳事故的安全装置。

超负荷限位是控制起重机在各个不同幅度时的最大起重量的安全装置，它是预防超负荷倒塔、断绳事故必不可少的限位装置。

汽车吊、履带吊等移动式起重机至少应装有吊钩超高限位、超负荷限位等必备的安全装置。

桥吊和龙门吊应装有大车、小车两端行程限位、超负荷限位和吊钩超高限位。

卷扬机类型的垂直运输设备,如井字架也应装超高限位器,使吊笼上升最高位置与天轮间的垂直距离不小于2m(井字架、龙门架最高一层上料平台与天轮的垂直距离不小于6m)。垂直运输设备还应设置吊盘定位安全装置、音响装置和钢丝绳断绳保险等安全装置。各种起重设备须按规定进行保养,在使用中应经常检查,严禁使用带病待修的起重设备。

(2) 塔式起重机的操作人员和指挥人员必须经过专门的操作技术和安全技术训练考核。严禁无证人员操作起置机械或指挥起重作业。

(3) 从事起重作业时,必须坚持十个不准吊的原则,即指挥信号不明不准吊;斜牵斜挂不准吊;吊物重量不明或超负荷不准吊;散物捆扎不牢或物料装放过满不准吊;吊物上有人不准吊;埋在地下物不准吊;机械安全装置失灵或带病时不准吊;现场光线阴暗看不清吊物起落点不准吊;棱刃物与钢丝绳直接接触无保护措施不准吊;六级以上强风不准吊。

(4) 在一个现场内多台起重设备交叉作业时,两机大臂高度要错开,至少要保持5m间距。两臂相临近时要相互避让,水平距离至少要保持5m。在两机塔臂交错时,吊物或吊钩应退到两机回转半径交叉范围以外,防止吊物相撞或吊绳与大臂相撞等恶性事故。

(5) 各种起重机严禁在高压线下从事起重作业,通过高压线时要先将吊臂落下。在高压线一侧从事起重作业时,吊物、钢丝绳、起重臂与高压线的最近许可距离是:距1kV以下的线路至少保持1.5m;距1~20kV的线路至少保持2m;距35kV以上的线路至少保持4m。

(6) 起重机吊物时不准从人头上越过,在操作中突然停电或出现机械故障肘,应设法将吊物落放妥当,不能长时间悬在空中。

12.3　工地防火

12.3.1　起火条件与火灾成因

在整个施工过程中,现场易燃物很多,而且用明火处也很多,并且分散,这就构成了起火的基本条件。施工现场领导对消防工作不重视,管理不严,措施不力,再加上有些工人、干部思想麻痹、到处吸烟,不按规定使用明火等原因就极容易发生重大火灾事故。

12.3.2　工地防火的内容与要求

工地防火的内容与要求如下:

(1) 各施工单位必须严格执行《中华人民共和国消防条例》和公安部关于建筑工地防火的基本措施。

(2) 现场应划分用火作业区、易燃易爆材料区、生活区,按规定保持防火间距。

(3) 现场应有车辆循环通道,通道宽度不小于3.5m,严禁占用场内通道堆放材料。

(4) 现场应设专用消防用水管网,配备消火栓,较大工程要分区设消火栓;较高工程要设消防竖管,随施工进展接高,保证水枪射程遍及高大建筑的各部位。

(5) 现场临建设施、仓库、易燃料场和用火处要有足够的灭火工具和设备,对消防器材要有专人管理并定期检查。

(6) 安装使用电气设备时,应注意以下防火要求。

① 各类电气设备、线路不准超负荷使用,线路接头要接牢,防止设备、线路过热或打火短路。发现问题要立即修理。

② 存放易燃液体、可燃气瓶和电石的库房内,照明线要穿管保护,库内要采用防爆灯具,开关应设在库外。

③ 穿墙电线或靠近易燃物的电线要穿管保护,灯具与易燃物应保持安全距离。

(7) 使用明火时应注意的问题

① 现场生产、生活使用明火均应经主管消防的领导批准,任何人不准擅自用明火。使用时要远离易燃物,并备有消防器材。

② 现场锅炉房要用非燃烧材料建造。锅炉房应设在远离易燃材料的地方。并设在下风向,有易燃料场,易燃设施,应在烟囱上装防火帽,烟囱出屋顶处要采取隔离措施。

③ 使用木料烧火时,要随时有人看管,不准用易燃油料点火。用火完毕认真熄灭。

④ 冬施室内取暖或建筑物室内保温用的炉火,都要经消防人员检查,办理用火手续,发现无用火证的火炉要立即熄灭,并追查责任。

⑤ 现场应设吸烟室,场内严禁吸烟。

⑥ 现场内从事电焊、气焊工作的人员均应受过消防知识教育,持有操作合格证。在操作前要办理用火手续,并应配备适当的看火人员,看火人员随身应有灭火器具,在焊接过程中不准擅离岗位。

⑦ 冬季采用电热法或红外线蓄热法施工时,要注意选用非燃烧材料保温,并清除易燃物。

(8) 现场材料堆放的防火要求

① 木料堆放不宜过多,垛之间应保持一定的防火距离。木材加土废料要及时清理,以防自燃。

② 现场生石灰应单独存放,不准与易燃、可燃材料放在一起,并应注意防水。

③ 易燃、易爆材料的仓库应设在地势低处,电石库应设在地势较高的干燥处。

(9) 现场中如有易燃材料搭设的工棚使用要求

① 工棚设置处要有足够的灭火器材,设蓄水池或蓄水桶。

② 每幢工棚的防火间距:城区不小于5m,农村不小于7m。工棚不得过于集中。每一组工棚不准超过12幢。组与组之间防火间距不小于10m。

③ 工棚内的高度一般不低于2.5m,棚内应留有通道,合理设置门窗,门窗均向外开。

④ 工棚内冬季用火炉取暖时要办用火证,有专人负责用火安全。

(10) 现场不同施工阶段的防火要点

① 基础施工阶段。注意保温、养护易燃材料的存放,注意其上风向是否有烟囱火星可能落上;注意焊接时的火花容易落在易燃材料上。

② 结构工程施工阶段。焊接量大,要加强看火员的工作。冬季结构施工时用易燃材料保温多,要特别注意明火管理,电焊火花的落点要及时清理。

③ 装修工程阶段。易燃材料多,要加强管理。禁止在顶棚内焊割作业,若必须在顶棚内焊割作业时,要先与消防部门协商采取防火措施。冬季装修施工时,采用明火或电热法的,要制定专门的防火措施和制度。

12.3.3　火灾事故

现场出现火灾时,要立即组织人员扑救,救火方法要得当。

(1) 油料起火用泡沫灭火器或采用隔离法压灭火源,不能用水泼。

(2) 电气设备起火尽快切断电源,用二氧化碳灭火器灭火,不要向电器设备上泼水救火。

(3) 电石库起火应用黄砂、干粉灭火,不要用水救火,因为水与电石相遇会放出乙炔气造成爆炸事故。

(4) 化学材料起火要慎重,根据起火物性质选择灭火方法,并且要注意防止中毒。

(5) 现场出现火灾,工长要组织救火,同时立即报警,消防队到现场后,工长要及时而准确地向消防人员提供电器、易燃、易爆物的情况。火灾区内如有人时,要先救出人,然后组织全面救火。灭火以后要保护火灾现场,并设专人巡视,以防死灰复燃,并查找火灾原因。

复习思考题

12-1　安全管理工作应遵循哪些基本原则?

12-2　安全管理工作的技术组织措施有哪些?

12-3　什么是高处作业? 高处作业如何做好防护措施?

12-4　什么是"四口"? 如何做好"四口"的防护?

12-5　预防物体打击事故的措施有哪些?

12-6　简述塔吊的十不准吊。

12-7　现场出现火灾事故时应如何处置?

第 **13** 章

建筑工程环保、文明施工与料具管理

13.1 环境保护与文明施工

13.1.1 施工现场的环境保护

1. 环境保护的意义

随着社会的发展,人们在更广阔的范围内、以空前的规模改造着自然,创造出史无前例的人间奇迹和物质文明。与此同时,人类的生存环境却遭到严重破坏,日益恶化,大气、水、土壤被严重污染,自然界的生态平衡受到严重影响,自然资源也受到难以弥补的损耗。环境的这些变化,都无一例外地威胁着人类的生存和发展。保护环境、维持生态平衡、珍惜宝贵的自然资源,是当今每一个企业和公民应尽的社会义务和责任,也是企业发展的根本前提。

2. 施工现场环境保护的措施

施工现场作为建筑产品的生产场所,应采取积极措施保护环境。这些措施包括以下几种。

1) 施工现场空气污染的防治措施

(1) 施工现场垃圾渣土应及时运出。

(2) 高大建筑物清理施工垃圾时,要使用封闭式的容器或者采用其他方法处理高空废弃物,严禁凌空随意抛撒。

(3) 施工现场道路应指定专人定期洒水清扫,形成制度,防止道路扬尘。

(4) 对于细颗粒散体材料(如水泥、粉煤灰、白灰等)的运输、储存要注意遮盖、密封,防止和减少飞扬。

(5) 车辆开出工地要做到不带泥砂,基本做到不洒土、不扬尘,减少对周围环境的污染。

(6) 除设有符合规定的装置外,禁止在施工现场焚烧油毡、橡胶、塑料、皮革、树叶、枯草、各种包装物等废弃物品以及其他会产生有毒、有害烟尘和恶臭气体的物质。

(7) 机动车都要安装减少尾气排放的装置,确保符合国家标准。

(8) 工地茶炉应尽量采用电热水器。若只能使用烧煤茶炉和锅炉时,应选用消烟除尘型茶炉和锅炉,大灶应选用消烟节能回风炉灶,使烟尘降至允许排放范围为止。

（9）大城市市区的建设工程已不容许搅拌混凝土。在容许设置搅拌站的工地,应将搅拌站封闭严密,并在进料仓上方安装除尘装置,采用可靠措施控制工地粉尘污染。

（10）拆除旧建筑物时,应适当洒水,防止扬尘。

2）施工过程水污染的防治措施

（1）禁止将有毒有害废弃物作土方回填。

（2）施工现场搅拌站废水、现制水磨石的污水、电石(碳化钙)的污水必须经沉淀池沉淀合格后再排放,最好将沉淀水用于工地洒水降尘或采取措施回收利用。

（3）现场存放油料,必须对库房地面进行防渗处理,如采用防渗混凝土地面、铺油毡等措施。使用时,要采取防止油料跑、冒、滴、漏的措施,以免污染水体。

（4）施工现场100人以上的临时食堂,污水排放时可设置简易有效的隔油池,定期清理,防止污染。

（5）工地临时厕所、化粪池应采取防渗漏措施,中心城市施工现场的临时厕所可采用水冲式厕所,并有防蝇、灭蛆措施,防止污染水体和环境。

（6）化学用品、外加剂等要妥善保管,库内存放,防止污染环境。

3）施工现场噪声的控制措施

噪声的危害：噪声是一类影响与危害非常广泛的环境污染问题。噪声环境可以干扰人的睡眠与工作、影响人的心理状态与情绪,造成人的听力损失,甚至引起许多疾病。此外,噪声对人们的对话干扰也是相当大的。噪声控制技术可从声源、传播途径、接收者防护等方面来考虑。

（1）声源控制

① 从声源上降低噪声,这是防止噪声污染的最根本的措施。

② 尽量采用低噪声设备和工艺代替高噪声设备与加工工艺,如低噪声振捣器、风机、电动空压机、电锯等。

③ 在声源处安装消声器消声,即在通风机、鼓风机、压缩机、燃气机、内燃机及各类排气放空装置等进出风管的适当位置设置消声器。

（2）传播途径的控制

① 吸声：利用吸声材料(大多由多孔材料制成)或由吸声结构形成的共振结构(金属或木质薄板钻孔制成的空腔体)吸收声能,降低噪声。

② 隔声：应用隔声结构,阻碍噪声向空间传播,将接收者与噪声声源分隔。隔声结构包括隔声室、隔声罩、隔声屏障、隔声墙等。

③ 消声：利用消声器阻止传播。允许气流通过的消声降噪是防治空气动力性噪声的主要装置。

④ 减振降噪：对来自振动引起的噪声,通过降低机械振动减小噪声,如将阻尼材料涂在振动源上,或改变振动源与其他刚性结构的连接方式等。

（3）接收者的防护

让处于噪声环境下的人员使用耳塞、耳罩等防护用品,减少相关人员在噪声环境中的暴露时间,以减轻噪声对人体的危害。

（4）严格控制人为噪声

① 进入施工现场不得高声喊叫、无故甩打模板、乱吹哨,限制高音喇叭的使用,最大限

度地减少噪声扰民。

② 凡在人口稠密区进行强噪声作业时,须严格控制作业时间,一般晚 10 时到次日早 6 时之间停止强噪声作业。确系特殊情况必须昼夜施工时,尽量采取降低噪声措施,并会同建设单位找当地居委会、村委会或当地居民协调,出安民告示,求得群众谅解,同时报工地所在地的环保部门备案后方可施工。

③ 加强施工现场环境噪声的长期监测,要有专人监测管理,并做好记录。在工程施工中,要特别注意不得超过国家标准《建筑施工场界噪声限值》(GB 12523—90,见表 13-1)的要求,尤其夜间禁止打桩作业。

表 13-1　建筑施工场界噪声限值

施工阶段	主要噪声源	噪声限值/dB(A)	
		昼间	夜间
土石方	推土机、挖掘机、装载机等	75	55
打桩	各种打桩机械等	85	禁止施工
结构	混凝土搅拌机、振捣棒、电锯等	70	55
装修	吊车、升降机等	65	55

4)固体废物的处理和处置

固体废物处理的基本思想是:采取资源化、减量化和无害化的处理,对固体废物产生的过程进行控制。固体废物的主要处理方法如下。

(1)回收利用

回收利用是对固体废物进行资源化、减量化的重要手段之一。粉煤灰在建设工程领域广泛应用就是对固体废弃物进行资源化利用的典塑范例。又如发达国家炼钢原料中有 70% 是利用回收的废钢铁,所以,钢材可以看成是可再生利用的建筑材料。

(2)减量化处理

减量化是对已经产生的固体废物进行分选、破碎、压实浓缩、脱水等减少其最终处置量,降低处理成本,减少对环境的污染。在减量化处理的过程中,也包括和其他处理技术相关的工艺方法,如焚烧、热解、堆肥等。

(3)焚烧

焚烧用于不适合再利用且不宜直接予以填埋处置的废物,除有符合规定的装置外,不得在施工现场熔化沥青和焚烧油毡、油漆,亦不得焚烧其他可产生有毒有害和恶臭气体的废弃物。垃圾焚烧处理应使用符合环境要求的处理装置,避免对大气的二次污染。

(4)稳定和固化

利用水泥、沥青等胶结材料,将松散的废物胶结包裹起来,减少有害物质从废物中向外迁移、扩散,使得废物对环境的污染减少。

(5)填埋

填埋是指对固体废物经过无害化、减量化处理的废物残渣集中到填埋场进行处置。禁止将有毒有害废弃物现场填埋,填埋场应利用天然或人工屏障。尽快使需处置的废物与环境隔离,并注意废物的稳定性和长期安全性。

13.1.2 文明施工

1. 文明施工的意义

文明施工是指在生产过程中严格遵守有关法规，以规范的施工生产操作方法组织建筑产品的施工生产，并做到施工现场文明与安全。施工现场实行文明施工，是社会发展的客观需要，也是为了改善劳动者的劳动条件，有利于安全生产，树立企业形象，提高企业经济效益和社会效益的需要。

2. 施工现场文明施工的措施

根据《建设工程施工现场管理规定》中的"文明施工管理"和《建设工程项目管理规范》中"项目现场管理"的规定，以及各省市有关建设工程文明施工管理的要求，施工单位应规范施工现场，创造良好生产、生活环境，保障职工的安全与健康，做到文明施工、安全有序、整洁卫生、不扰民、不损害公众利益。

1) 现场大门和围挡设置

(1) 施工现场设置钢制大门，大门牢固、美观。高度不宜低于 4m，大门上应标有企业标识。

(2) 施工现场的围挡必须沿工地四周连续设置，不得有缺口。并且围挡要坚固、平稳、严密、整洁、美观。

(3) 围挡的高度：市区主要路段不宜低于 2.5m；一般路段不宜低于 1.8m。

(4) 围挡材料应选用砌体、金属板材等硬质材料，禁止使用彩条布、竹笆、安全网等易变形材料。

(5) 建设工程外侧周边使用密目式安全网（2000 目/100cm²）进行防护。

2) 现场封闭管理

(1) 施工现场出入口设专职门卫人员，加强对现场材料、构件、设备的进出监督管理。

(2) 为加强对出入现场人员的管理，施工人员应佩戴工作卡以示证明。

(3) 根据工程的性质和特点，各企业各地区可按各自的实际情况确定出入大门口的形式。

3) 施工场地布置

(1) 施工现场大门内必须设置明显的五牌一图（即工程概况牌、安全生产制度牌、文明施工制度牌、环境保护制度牌、消防保卫制度牌及施工现场平面布置图），标明工程项目名称、建设单位、设计单位、施工单位、监理单位、工程概况及开工、竣工日期等。

(2) 对于文明施工、环境保护和易发生伤亡事故（或危险）处，应设置明显的、符合国家标准要求的安全警示标志牌。

(3) 设置施工现场安全"五标志"，即：指令标志（佩戴安全帽、系安全带等）、禁止标志（禁止通行、严禁抛物等）、警告标志（当心落物、小心坠落等）、电力安全标志（禁止合闸、当心有电等）和提示标志（安全通道、火警、盗警、急救中心电话等）。

(4) 现场主要运输道路尽量采用循环方式设置或有车辆掉头的位置，保证道路通畅。

(5) 现场道路有条件的可采用混凝土路面，无条件的可采用其他硬化路面。现场地面也应进行硬化处理，以免现场扬尘，雨后泥泞。

(6) 施工现场必须有良好的排水设施，保证排水畅通。

（7）现场内的施工区、办公区和生活区要分开设置，保持安全距离，并设标志牌。办公区和生活区应根据实际条件进行绿化。

（8）各类临时设施必须根据施工总平面图布置，而且要整齐、美观。办公和生活用的临时设施宜采用轻体保温或隔热的活动房，既可多次周转使用，降低暂设成本，又可达到整洁美观的效果。

（9）施工现场临时用电线路的布置，必须符合安装规范和安全操作规程的要求，严格按施工组织设计进行架设，严禁任意拉线接电。而且必须设有保证施工要求的夜间照明。

（10）工程施工的废水、泥浆应经流水槽或管道流到工地集水池统一沉淀处理，不得随意排放和污染施工区域以外的河道、路面。

4）现场材料、工具堆放

（1）施工现场的材料、构件、工具必须按施工平面图规定的位置堆放，不得侵占场内道路及安全防护等设施。

（2）各种材料、构件应按品种、分规格整齐堆放，并设置明显标牌。

（3）施工作业区的垃圾不得长期堆放，要随时清理，做到每天工完场清。

（4）易燃易爆物品不能混放，要有集中存放的库房。班组使用的零散易燃易爆物品，必须按有关规定存放。

（5）楼梯间、休息平台、阳台临边等地方不得堆放物料。

5）施工现场生活设施布置

（1）职工生活设施要符合卫生、安全、通风、照明等要求。

（2）职工的膳食、饮水供应等应符合卫生要求。炊事员必须有卫生防疫部门颁发的体检合格证。生熟食分别存放，炊事员要穿白工作服，食堂卫生要定期清扫检查。

（3）施工现场应设置符合卫生要求的厕所，有条件的应设水冲式厕所，并有专人清扫管理。现场应保持卫生，不得随地大小便。

（4）生活区应设置满足使用要求的淋浴设施和管理制度。

（5）生活垃圾要及时清理，不能与施工垃圾混放，并设专人管理。

（6）职工宿舍要考虑到季节性的要求，冬季应有保暖、防煤气中毒措施；夏季应有消暑、防虫叮咬措施，保证施工人员的良好睡眠。

（7）宿舍内床铺及各种生活用品放置要整齐，通风良好，并要符合安全疏散的要求。

（8）生活设施的周围环境要保持良好的卫生条件，周围道路、院区平整，并要设置垃圾箱和污水池，不得随意乱泼乱倒。

6）施工现场综合治理

（1）项目部应做好施工现场的安全保卫工作，建立治安保卫制度和责任分工，并有专人负责管理。

（2）施工现场在生活区域内适当设置职工业余生活场所，以便施工人员工作后能劳逸结合。

（3）现场不得焚烧有毒有害物质，该类物质必须按有关规定进行处理。

（4）现场施工必须采取不扰民措施，要设置防尘和防噪声设施，做到噪声不超标。

（5）为适应现场可能发生的意外伤害，现场应配备相应的保健药箱和一般常用药品及应急救援器材，以便保证及时抢救，不扩大伤势。

（6）为保障施工作业人员的身心健康,应在流行病发生季节及平时,定期开展卫生防疫的宣传教育工作。

（7）施工现场应设置密闭式垃圾站,施工垃圾、生活垃圾应分类存放。施工垃圾必须采用相应容器或管道运输。

13.2　施工现场的料具管理

施工现场的料具管理是企业管理的重要内容之一。加强企业管理的目的就是为了在保证工程质量、进度的前提下,节约费用,降低成本。材料的节约使用和注重保管与工具、用具的使用和注重利用率、完好率等,都是提高企业经济效益的重要途径。

13.2.1　料具及料具管理的概念

1. 料具及料具管理的含义

施工现场的料具是指施工生产过程中所使用的原材料、工具及其用具的总称。施工生产过程中所使用的原材料,就是生产过程中被加工的物体,即劳动对象。如钢材、水泥、木材、砖、瓦、石灰、砂、石等原材料。工具及用具是生产过程中所使用的各种生产工具,即劳动资料。如：磅秤、胶皮水管、电锤、射钉枪等。

施工现场的料具管理(也称为材料管理)是指对施工生产过程中所使用的原材料、工具与用具,围绕着计划、订购、运输、储备、发放及使用等进行的一系列组织与管理工作。在建筑企业实际工作中,由于习惯上的原因,人们往往把属于劳动资料的部分工具、用具、周转材料等归于材料管理的内容。因此,施工现场的材料管理工作不仅包括生产建筑产品的全部劳动对象,还包括工具、用具、周转材料等部分劳动资料。

2. 料具的分类

施工现场的料具一般可按以下几种方式进行分类。

1) 按在施工生产中的作用分类

（1）主要材料。主要材料是指直接用于建筑工程施工项目(产品)上,构成工程(产品)实体的各种材料。如：钢材、水泥、木材、砖、瓦、石灰、砂、石等。

（2）结构件。结构件是指经过安装后能构成工程实体的各种加工件。如：钢构件、钢筋混凝土预制构件、木构件等。结构件是由建筑材料经过加工而形成的半成品。

（3）机械配件。机械配件是指维修机械设备所需的各种零件和配件。如：轴承、活塞、皮带等。

（4）周转材料。周转材料是指在施工生产中能多次反复使用,而又基本保持原有形态并逐渐转移其价值的材料。如：脚手架、模板、枕木等。

（5）低值易耗品。低值易耗品是指使用时间短且价值较低,不够固定资产标准的各种物品。如：工具、用具、劳保用品、玻璃器皿等。

（6）其他材料。其他材料是指不构成工程(产品)实体,但有助于工程(产品)的形成或便于施工生产进行的各种材料。如：燃料、油料等。

2) 按物资的自然属性分类

（1）无机材料。无机材料包括金属材料和非金属材料。金属材料又分为黑色金属和有色金属两种。黑色金属如生铁、碳素钢、合金钢；有色金属如铜、铅、铝、锡等。非金属材料如砂、石、水泥、石灰、玻璃、标准砖、页岩砖等。

（2）有机材料。有机材料又可分为植物材料、高分子材料和沥青材料。植物材料如木材、竹材、植物纤维及其制品等；高分子材料如建筑塑料、涂料、油漆、胶粘剂等；沥青材料如石油沥青、煤油沥青及其制品等。

（3）复合材料。复合材料又可分为非金属材料与金属材料的复合（如：钢筋混凝土）、无机材料与有机材料的复合（如：沥青混凝土、水泥刨花板）。

3. 料具管理的意义

料具管理是建筑企业经营管理的重要组成部分，在企业生产经营活动中具有十分重要的意义，主要体现为以下几点。

（1）料具管理是施工项目顺利实施的重要保证。

在施工生产活动中，材料的消耗量很大且品种多、规格复杂。任何一种材料的缺乏，都将导致工程项目施工的中断。这就要求料具管理工作按时、按质、按量地组织材料配套供应，以保证施工生产的需要，确保施工项目进度目标的实现。

（2）料具管理是提高工程质量的重要保证。

建筑产品实体是由多种材料所构成的。材料质量的好坏，直接影响着工程的质量。料具管理就是利用一定的方法、手段为施工项目提供高质量的材料，从而为施工项目质量目标的实现提供物质方面的保障。

（3）料具管理是降低工程成本的重要手段。

材料成本是工程成本的重要组成部分，所占比重大，一般高达 $60\% \sim 70\%$。材料费用的超支或节余，直接影响工程成本的高低。因此，料具管理工作在保证材料和工具、用具供应的同时，要加强成本核算，减少支出，为施工项目成本目标的实现创造有利条件。

（4）料具管理是减少流动资金占用、加速资金周转的重要措施。

建筑产品生产周期长，材料储备量大，资金占用多，如何加速这部分资金的周转，对于降低施工项目资金的占用、提高资金的利用效率具有重要意义。料具管理就是要通过各个工作环节的有效工作，在保证生产需要的前提下，尽可能降低材料储备，减少资金占用，加速资金周转。

（5）料具管理是提高劳动生产率的重要手段。

施工项目料具管理在材料的质量、数量、供应时间和配套性方面都应满足施工生产的需要，保证施工生产顺利进行，从而提高劳动生产率。

13.2.2　施工现场的材料管理

建筑工程施工现场，是建筑材料的消耗场所。现场材料管理属于材料使用过程的管理，是企业材料管理的基本环节。它主要包括下列内容。

1. 施工准备阶段的材料管理工作

（1）了解准备阶段的材料管理工作。包括以下方面：

① 查设计资料，了解工程基本情况和对材料供应工作的要求；

② 查工程合同，了解工期、材料供应方式、付款方式、供应分工；

③ 查自然条件，了解地形、气候、运输、资源状况；

④ 查施工组织设计,了解施工方案、施工进度、施工平面、材料需求量;

⑤ 查货源情况,了解供应情况;

⑥ 查现场管理制度,了解对材料管理工作的要求。

(2) 计算材料用量,编制材料计划。

① 按施工图纸计算材料用量或者查预算资料摘录材料用量。根据需用量、现场条件、货源情况确定采购量、运输量等。材料需用量包括现场所需各种原材料、结构件、周转材料、工具、用具等的数量。

② 按施工组织设计确定材料的使用时间。

③ 按需用量、施工进度、储备要求计算储备量及占地面积。

④ 编制现场材料的各类计划。包括需用量计划、供应计划、采购计划、运输计划等。

(3) 设计施工平面规划,布置材料堆放。

材料平面布置,是施工平面布置的组成部分。材料管理部门应积极地配合施工管理部门做好布置工作,以满足施工的需要。材料平面布置包括库房(或料场)面积的计算,以及选择位置两项工作。

2. 施工阶段的现场材料管理工作

进入现场的材料,不可能直接用于工程中,必须经过验收、保管、发料等环节才能被施工生产所消耗。现场材料管理工作主要包括验收、保管、发料等工作。由于施工现场的材料杂,堆放地点多为临时仓库或料场,保管条件差,给材料管理工作带来了许多困难。因而,现场材料管理工作要注意以下问题。

1) 进场材料的验收

现场材料管理人员应全面检查、验收入场的材料。

(1) 验收准备。材料到达现场之前,必须做好各项验收准备工作。主要有:准备验收资料,如合同、质量标准等;检验材料的各类工具;安排好材料的堆放位置;准备搬运工具及人员;危险品的防护措施等。

(2) 核对验收资料。包括发票、货票、合同、质量证明书、说明书、化验单、装箱单、磅码单、发票明细表、运单、货运记录等。必须做到准确、齐全,否则不能验收。

(3) 检查实物。包括数量检查和质量检查两部分。

数量检查:按规定的方法检尺、验方、称重等,清点到货数量。

质量检查:按规定分别检验包装质量、材料外观质量和内在质量。建筑材料品种繁多,质量检验标准也多,检验方法各异,材料验收人员必须熟悉各种标准和方法,必要时,可请有关技术人员参加。

(4) 处理验收工作中的问题。验收中可能会发现各种不符合规定的问题,此时应根据问题的性质分别进行处理。

如检查出数量不足、规格型号不符、质量不合格等问题,应拒绝验收。验收人员要做好记录,及时报送有关主管部门进行处理。验收记录是办理退货、掉换、赔偿、追究责任的主要依据,应严肃对待。做好记录的同时,应及时向供货方提出书面异议,对于未验收的材料要妥善保存,不得动用。

凡证件不全的到库材料,应作待验收处理,临时保管,并及时与有关部门联系催办,等证件齐全后再验收。凡质量证明书和技术标准与合同规定不符的,应报业务主管部门进行处理。

（5）办理入库手续。到货材料经检查、验收合格后,按实收数量及时办理入库手续,填写材料入库验收单。

2）现场材料的保管

进场材料验收后,必须加强库内材料的管理,保证其材料的完好、完整,方便发料、盘点。

为了做到库内材料完好无损,应根据不同材料的性质,选择恰当的堆码方法。对于容易混淆规格的材料,要分别进行堆放,严格进行管理。如:钢筋应按不同的钢号和规格分别堆码,避免出错;水泥除了规格外,还应分生产地、进场时间等分别堆放。对于受自然界影响容易变质的材料,应采取相应措施,防止变质损坏。如木材应注意支垫、通风等。

材料保管的另一个基本要求是方便合理,便于装卸搬运、收发管理、清点盘库。为此,可采用以下方法。

（1）四号定位法。四号定位法是指在对仓库统一规划、合理布局的基础上,进行货位管理的一种方法。它要求每一种材料用四个号码表示所在的固定货位。仓库保管的材料,四个号码分别代表仓库号、货架号、架层号、货位号(简称库号、架号、层号、位号);对于材料堆放场地保管的材料,四个号码分别表示区号、点号、排号和位号。对于库内材料实行定位存放管理,采取四号定位的管理方法,可以使库内材料堆放位置有条不紊、一目了然,便于清点发货。

（2）五五摆放法。五五摆放法是在四号定位的基础上,堆码材料的具体方法。它根据人们习惯以五为基数计数的特点,将材料以五或五的倍数为单位进行堆码。做到:大的五五成方,高的五五成行,矮的五五成堆,小的五五成包(捆),带眼的五五成串。使整个仓库材料的堆码横看成行,竖看成线,左右对齐,方方定量,过目成数,整齐美观。

3）现场材料的发放

现场材料发放工作的重点,是抓住限额领料问题。现场材料的需用方多数是施工工人班组或承包队,限额发料的具体方法视承包组织的形式而定。主要有以下方式。

（1）计件班组的限额领料。材料管理人员根据工人班组完成的实物工程量和材料需用量计划确定班组施工所需的材料用量,限额发放。工人班组领料时应填写限额领料单。

（2）按承包合同发料。实行内部承包经济责任制,按承包合同核定的预算包干材料用量发料。承包形式可分栋号承包、专业工程承包、分项工程承包等。

3. 竣工收尾阶段的材料管理

现场材料管理工作随着工程竣工而结束。在工程收尾阶段,材料管理也应进行各项收尾工作,以保证工完场清。

1）控制进料

工程项目进入收尾阶段,应全面清点余料,核实领用数量,对照计划需用量计算缺料数量,按缺料数量组织进货,避免盲目进料造成现场材料积压,影响经济效益。

2）退料与利废

（1）退料。工程竣工后的余料,应办理实物退料手续,冲减原领用材料的数量,核算实际耗用量与节约、超耗数量。办理退料手续时,材料管理人员要注意退料的品种和质量,以便再次使用。对于退回的旧、次材料,应按质分等折价后办理手续。

（2）利废。修旧利废,是增加企业经济效益的有力措施,应作为用料单位的考核指标。

现场材料的利废措施很多,应结合实际条件加强管理,建立相应的利废制度。例如:钢筋断头的回收利用,水泥纸袋等包装物的回收利用,碎砖头的回收利用等。

3) 现场清理

工程竣工后,材料管理部门应全面清理现场,将多余材料整理归类,运出施工现场以作他用。清理时,尤其要注意周转材料,特别是容易丢失的脚手架扣件及钢模板的配件等的收集。现场清理是建筑企业退出施工项目的最后一道工序,必须引起足够重视。它不仅可以回收大量多余及废旧材料,还可以做到工完场清,交给用户一个整洁的产品,提高企业的信誉和树立企业的良好形象。

13.2.3 施工现场的工具及周转材料管理

1. 工具的分类

1) 按工具的价值和使用期限分

(1) 固定资产工具。指单位价值达到固定资产的标准,使用年限在一年以上的工具。如:木工的电锯。

(2) 低值易耗工具。指单位价值未达到固定资产标准,使用年限在一年以内的工具。

(3) 消耗性工具。指单位价值低或使用后无法回收作多次使用的工具。如:砂纸。

2) 按使用的范围划分

(1) 专用工具。它是根据施工生产的特殊需要而加工制作的工具。如:木工电刨、电钻等。

(2) 通用工具。指一般的定型工具。如:手工钳。

3) 按工具的使用方法分

(1) 个人使用工具。指个人随手使用的工具。如:木工的锯子、砖瓦工的瓦刀等。

(2) 班组共用工具。指工人班组共同使用的工具。如:运输砂浆的单双轮斗车、砖车。

2. 工具的管理方法

(1) 工具费津贴法。对于个人使用的随手工具,由个人自备,企业按实际作业的工日发给工具磨损费的方法。这种方法有利于调动使用者的责任心,使他们爱护自己的工具。

(2) 定额包干法。对于低值易耗工具,根据劳动组织和工具配备标准,在总结分析历史消耗水平的基础上,核定工具的磨损费定额的方法。

(3) 临时借用法。对于定额包干以外的工具,可采用临时借用法。即需用时凭一定手续借用,用完后归还的方法。

3. 周转材料的管理方法

周转材料是可以反复使用,而又基本保持原有形态,在使用中不构成工程实体,在多次反复使用中逐渐磨损和消耗的特殊材料。由于周转材料的单位价值低,且使用周期短,因而一般常常将其归为材料管理中。

1) 模板材料的管理

模板用于混凝土构件的成型,通过拼装形成各种模子,使浇灌的混凝土成为各种设计的形状。常见的模板主要有钢模板和木模板。现场的模板材料管理一般包括模板的发放、保管和核算等工作。

(1) 模板的发放。发放工作应根据核定的模板需用量实行限额领取。

（2）模板的保管。模板材料可以多次使用,在使用过程中的模板材料应由使用者进行模板的保管和维护,以保证模板能够正常使用和延长使用寿命。

（3）模板的核算。模板在使用过程中会产生一定的费用和一定量的损耗,因而,要按使用时间或磨损程度进行核算。其常用的核算方法包括:定额摊销法、租赁法。

2）脚手架料的管理

脚手架是建筑施工中不可缺少的重要周转材料。脚手架的种类很多,主要有木脚手架、竹脚手架、钢管脚手架、门式脚手架等。

脚手架的管理工作内容同模板的管理工作。

复习思考题

13-1　简述施工现场环境保护的意义。

13-2　简述施工现场噪声的控制措施。

13-3　简述施工现场文明施工的意义。

13-4　施工现场进行文明施工的措施有哪些?

13-5　简述施工现场料具管理的意义。

13-6　现场材料管理中进场材料的验收工作有哪些?

第14章

建筑工程项目信息管理

14.1 工程项目信息

14.1.1 工程项目信息的概念

我国从工业发达国家引进项目管理的概念、理论、组织、方法和手段,历时20余年,在工程实践中取得了不少成绩。但是,至今多数业主和施工方的信息管理水平还相当落后,其落后表现在尚未正确理解信息管理的内涵和意义,以及现行的信息管理的组织、方法和手段,基本还停留在传统的方式和模式上。应该指出,我国在建筑工程项目管理中当前最薄弱的工作环节是信息管理。

信息指的是用口头的方式、书面的方式或电子的方式传输(传达、传递)的知识、新闻,或可靠的或不可靠的情报。声音、文字、数字和图像等都是信息表达的形式。建设工程项目的实施需要人力资源和物质资源,应认识到信息也是项目实施的重要资源之一。

14.1.2 工程项目信息的构成

由于工程项目管理涉及多部门、多环节、多专业、多渠道,其信息量大,来源广泛,形式多样,主要由以下信息构成。

(1) 文字信息　包括设计图纸及说明书、施工组织设计、工程地质勘察报告、原始数据记录、各类报表、来往信件等信息。

(2) 语言信息　包括口头分配任务、指示、汇报、工作检查、介绍情况、谈判交涉、建议、批评、工作讨论和研究、会议等信息。

(3) 新技术信息　包括电话、电报、电传、计算机及网络、电视会议、数码照片与摄像、广播通信等信息。

工程项目管理者应当及时捕捉各种有用的信息,并加工处理和运用各种信息。

14.1.3 工程项目信息的分类

工程项目建设过程中涉及大量的信息,这些信息依据不同标准可作如下划分。

1. 按工程项目建设的目标划分

（1）投资控制信息　指与投资控制直接有关的信息，如各种估算指标、类似工程造价、物价指数、概算定额、预算定额、工程项目投资估算、设计概预算、合同价、施工阶段的支付账单、原材料价格、机械设备台班费、人工费、运杂费等。

（2）质量控制信息　如国家有关的质量政策及质量标准、项目建设标准、质量目标的分解结果、质量控制工作流程、质量控制的工作制度、质量控制的风险分析、质量抽样检查的数据等。

（3）进度控制信息　如施工定额、项目总进度计划、进度目标分解、进度控制的工作流程、进度控制的工作制度、进度控制的风险分析、某段时间的进度记录等。

（4）安全控制信息　如安全管理目标、安全控制的基本要求。

（5）合同管理信息　如经济合同、工程建设施工承包合同、物资设备供应合同、工程咨询合同、施工索赔等。

2. 按信息的稳定程度划分

（1）固定信息　指在一定时间内相对稳定不变的信息，包括标准信息、计划信息和查询信息。标准信息主要指各种定额和标准，如施工定额、原材料消耗定额。计划信息反映在计划期内已定任务的各项指标。查询信息主要指国家和各部委颁发的技术标准、不变价格等。

（2）流动信息　指反映在某一时刻或某一阶段项目建设的实际进程及计划完成情况等的不断变化着的信息，如项目实施阶段的质量、投资及进度的统计信息，项目实施阶段的原材料消耗量、机械台班数、人工工日数等。

3. 按信息的层次划分

（1）战略性信息　指有关项目建设过程中的战略决策所需的信息，如项目规模、项目投资总额、建设总工期、承建商的选定、合同价的确定等。

（2）策略性信息　指提供给建设单位中层领导及部门负责人作短期决策的信息，如项目年度计划、财务计划等。

（3）业务性信息　指各业务部门的日常信息，如日进度、月支付额等。这类信息较具体，因而精度较高。

4. 按信息的内容属性划分

工程项目信息按信息的内容属性可以划分为组织类信息、管理类信息、经济类信息和技术类信息 4 大类，每类信息根据工程项目各阶段项目管理的工作内容还可以进一步细分，如图 14-1 所示。

为满足项目管理工作的要求，往往需要对建设工程项目信息进行综合分类，即按多维进行分类，如：

第一维：按项目的分解结构；

第二维：按项目实施的工作过程；

第三维：按项目管理工作的任务。

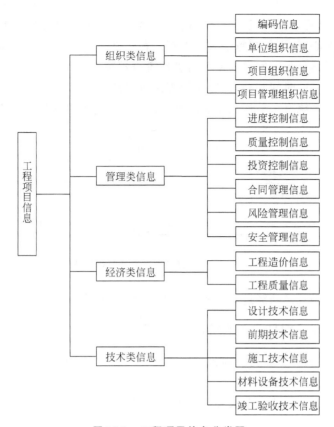

图 14-1　工程项目信息分类图

14.1.4　项目信息管理的任务

信息管理指的是信息传输的合理的组织和控制,项目管理者承担着项目信息管理的任务,是整个项目的信息中心,负责收集各种信息,作各种信息处理,并向各级、向外界提供各种信息。信息管理的任务主要包括:

(1) 组织项目基本情况的信息,并系统化,编制项目手册。项目管理的任务之一是,按照项目的任务、项目的实施要求设计项目实施和项目管理中的信息和信息流,确定它们的基本要求和特征,并保证在实施过程中信息流通畅。

(2) 项目报告及各种资料的规定,例如资料的格式、内容、数据结构要求。

(3) 按照项目实施、项目组织、项目管理工作过程建立项目管理信息系统流程,在实际工作中保证这个系统正常运行,并控制信息流。

(4) 文档管理工作。

14.2　工程项目管理信息系统

14.2.1　概述

在项目管理中,信息、信息流和信息处理各方面的总和称为项目管理信息系统。管理信息系统是将各种管理职能和管理组织沟通起来并协调一致的神经系统。建立管理信息系统,并使它顺利地运行,是项目管理者的责任,也是他完成项目管理任务的前提。项目管理者作为一个信息中心,他不仅与每个参加者有信息交流,而且他自己也有复杂的信息处理过程。不正常的管理信息系统常常会使项目管理者得不到有用的信息,同时又被大量无效信息所纠缠而损失大量的时间和精力,容易使工作出现错误。

项目管理信息系统有一般信息系统所具有的特性。它的总体模式见图 14-2。

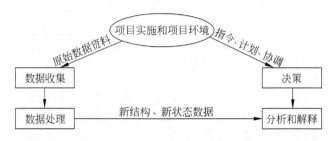

图 14-2　项目管理信息系统总体模式

项目管理信息系统必须经过专门的策划和设计,并在项目实施中控制它的运行。

14.2.2　项目管理信息系统的建立过程

信息系统是在项目组织模式、项目管理流程和项目实施流程基础上建立的,它们之间互相联系又互相影响。

项目管理信息系统的建立要求确定如下几个基本问题。

1. 信息的需要

项目管理者和各职能部门为了决策、计划和控制而需要哪些信息,以什么形式、何时、从什么渠道取得信息,上层系统和周边组织在项目过程中需要什么信息,这是调查并确定信息系统的输出。不同层次的管理者对信息的内容、精度、综合性有不同的要求,上述报告系统主要解决这个问题。管理者的信息需求是按照他在组织系统中的职责、权力、任务、目标设计的,即确定他要完成的工作,行使他的权力应需要的信息,以及他有责任向其他方面提供的信息。

2. 信息的收集和加工

1) 信息的收集

在项目实施过程中,每天都要产生大量的原始资料,如记工单、领料单、任务单、图纸、报告、指令、信件等。必须确定由谁负责这些原始数据的收集,这些资料、数据的内容、结构、准确程度怎样,由什么渠道(从谁处)获得这些原始数据、资料,并具体落实到责任人,由责任人进行原始资料的收集、整理,并对它们的正确性和及时性负责。

通常由专业班组的班组长、记工员、核算员、材料管理员、分包商、秘书等承担这个任务。

2) 信息的加工

这些原始资料面广量大,形式丰富多彩,必须经过信息加工才能符合不同层次项目管理的要求。信息加工的方法主要包括:

(1) 一般的信息处理方法,如排序、分类、合并、插入、删除等;

(2) 数学处理方法,如数学计算、数值分析、数理统计等;

(3) 逻辑判断方法,包括评价原始资料的置信度、来源的可靠性、数值的准确性,利用资料进行项目诊断和风险分析等。

3. 编制索引和存储

为了查询、调用的方便,建立项目文档系统,将所有信息分类、编目。许多信息作为工程项目的历史资料和实施情况的证明,必须被妥善保存。一般要保存到项目结束,有些则要作长期保存。按不同的使用和储存要求,数据和资料储存于一定的信息载体上,要做到既安全可靠,又使用方便。

4. 信息的使用和传递渠道

信息的传递(流通)是信息系统活性和效率的表现。信息传递的特点是仅传输信息的内容,而保持信息结构不变。在项目管理中,要设计好信息的传递路径,按不同的要求选择快速的、误差小的、成本低的传输方式。

14.2.3　项目管理信息系统总体描述

项目管理信息系统是在项目管理组织、项目工作流程和项目管理工作流程基础上设计的,并全面反映它们之中的信息和信息流。因此,对项目管理组织、项目工作流程和项目管理流程的研究是建立管理信息系统的前提,而信息标准化、工作程序化、规范化是它的基础。

项目管理信息系统可以从如下几个角度进行总体描述。

1) 项目参加者之间的信息流通

项目的信息流就是信息在项目参加者之间的流通。在信息系统中,每个参加者为信息系统网络上的一个节点,他们都负责具体信息的收集(输入)、传递(输出)和信息处理工作。项目管理者要具体设计这些信息的内容、结构、传递时间、精确程度和其他要求。

2) 项目管理职能之间的信息流通

项目管理系统是一个非常复杂的系统,它由许多子系统构成,可以建立各个项目管理信息子系统。例如成本管理信息系统、合同管理信息系统、质量管理信息系统、材料管理信息系统等。它们是为专门的职能工作服务的,用来解决专门信息的流通问题。它们共同构成项目管理信息系统。例如成本计划信息流程见图14-3。

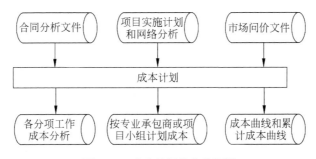

图14-3　成本计划信息流程图

又如合同分析的信息流程见图14-4。

3) 项目实施过程的信息流通

项目过程中的工作程序既可表示项目的工作流,又可以从一个侧面表示项目的信息流。故应设计在各工作阶段的信息输入、输出和处理过程及信息的内容、结构、要求、负责人等。

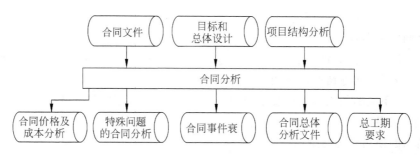

图 14-4　合同分析信息流程图

14.3　施工文件档案管理

14.3.1　施工文件档案管理的主要内容

建设工程文件是反映建设工程质量和工作质量状况的重要依据,是评定工程质量等级的重要依据,也是单位工程在日后维修、扩建、改造、更新的重要档案材料。建设工程文件一般分为四大部分:工程准备阶段文档资料、监理文档资料、施工阶段文档资料和工程竣工文档资料。因此,施工文档资料是城建档案的重要组成部分,是建设工程进行竣工验收的必要条件,也是全面反映建设工程质量状况的重要文档资料。

1. 施工单位在建设工程档案管理中的职责

(1) 实行技术负责人负责制,逐级建立健全施工文件管理岗位责任制。配备专职档案管理员,负责施工资料的管理工作。工程项目的施工文件应设专门的部门(专人)负责收集和整理。

(2) 建设工程实行施工总承包的,由施工总承包单位负责收集、汇总各分包单位形成的工程档案,各分包单位应将本单位形成的工程文件整理、立卷后及时移交总承包单位。建设工程项目由几个单位承包的,各承包单位负责收集、整理、立卷其承包项目的工程文件,并应及时向建设单位移交,各承包单位应保证归档文件的完整、准确、系统,能够全面反映工程建设活动的全过程。

(3) 可以按照施工合同的约定,接受建设单位的委托进行工程档案的组织和编制工作。

(4) 按要求在竣工前将施工文件整理汇总完毕,再移交建设单位进行工程竣工验收。

(5) 负责编制的施工文件的套数不得少于地方城建档案管理部门要求,但应有完整的施工文件移交建设单位及自行保存,保存期可根据工程性质以及地方城建档案管理部门有关要求确定。如建设单位对施工文件的编制套数有特殊要求的,可另行约定。

2. 施工文件档案管理的主要内容

施工文件档案管理的内容主要包括工程施工技术管理资料、工程质量控制资料、工程施工质量验收资料、竣工图四大部分。

1) 工程施工技术管理资料

工程施工技术管理资料是建设工程施工全过程中的真实记录,是施工各阶段客观产生的施工技术文件。主要内容如下:

（1）图纸会审记录文件

图纸会审记录是对已正式签署的设计文件进行交底、审查和会审，对提出的问题予以记录的文件。项目经理部收到工程图纸后，应组织有关人员进行审查，将设计疑问及图纸存在的问题，按专业整理、汇总后报建设单位，由建设单位提交设计单位，进行图纸会审和设计交底准备。图纸会审由建设单位组织设计、监理、施工单位负责人及有关人员参加。设计单位对设计疑问及图纸存在的问题进行交底，施工单位负责将设计交底内容按专业汇总、整理，形成图纸会审记录。由建设、设计、监理、施工单位的项目相关负责人签认并加盖各参加单位的公章，形成正式图纸会审记录。图纸会审记录属于正式设计文件，不得擅自在会审记录上涂改或变更其内容。

（2）工程开工报告相关资料（开工报审表、开工报告）

开工报告是建设单位与施工单位共同履行基本建设程序的证明文件，是施工单位承建单位工程施工工期的证明文件。

（3）技术、安全交底记录文件

此文件是施工单位负责人把设计要求的施工措施、安全生产贯彻到基层乃至每个工人的一项技术管理方法。交底主要项目为：图纸交底、施工组织设计交底、设计变更和洽商交底、分项工程技术交底、安全交底。技术、安全交底只有当签字齐全后方可生效，并发至施工班组。

（4）施工组织设计（项目管理规划）文件

此文件是承包单位在开工前为工程所做的施工组织、施工工艺、施工计划等方面的设计，用来指导拟建工程全过程中各项活动的技术、经济和组织的综合性文件。参与编制的人员应在"会签表"上签字，交项目监理签署意见并在"会签表"上签字，经报审同意后执行并进行下发交底。

（5）施工日志记录文件

施工日志是项目经理部的有关人员对工程项目施工过程中的有关技术管理和质量管理活动以及效果进行逐日连续完整的记录的文件。要求对工程从开工到竣工的整个施工阶段进行全面记录，要求内容完整，并能完整、全面地反映工程相关情况。

（6）设计变更文件

设计变更是在施工过程中，由于设计图纸本身差错，设计图纸与实际情况不符，施工条件变化，建设各方提出合理化建议，原材料的规格、品种、质量不符合设计要求等原因，需要对设计图纸部分内容进行修改而办理的变更设计文件。设计变更是施工图的补充和修改的记载，要及时办理，内容要求明确具体，必要时附图，不得任意涂改和事后补办。按签发的日期先后顺序编号，要求责任明确，签章齐全。

（7）工程洽商记录文件

工程洽商是施工过程中一种协调业主与施工单位、施工单位和设计单位洽商行为的记录。工程洽商分为技术洽商和经济洽商两种，通常情况下由施工单位提出。

① 在组织施工过程中，如发现设计图纸存在问题，或因施工条件发生变化，不能满足设计要求，或某种材料需要代换时，应向设计单位提出书面工程洽商。

② 工程洽商记录应分专业及时办理，内容翔实，必要时应附图，并逐条注明所修改图纸的图号。工程洽商记录应由设计专业负责人以及建设、监理和施工单位的相关负责人签认

后生效,不允许先施工后办理洽商。

③ 设计单位如委托建设(监理)单位办理签认,应办理书面委托签认手续。

④ 分包工程的工程洽商记录,应通过总包审查后办理。

(8) 工程测量记录文件

工程测量记录是在施工过程中形成的确保建设工程定位、尺寸、标高、位置和沉降量等满足设计要求和规范规定的资料统称。

① 工程定位测量记录文件。在工程开工前,施工单位根据建设单位提供的测绘部门的放线成果、红线桩、标准水准点、场地控制网(或建筑物控制网)、设计总平面图,对工程进行准确的测量定位。检查意见及复验意见应分别由施工单位、监理单位相关负责人填写,并签认盖章。且工程定位测量完成后,应由建设单位报请规划管理部门下属具有相应资质的测绘部门进行验线。

② 施工测量放线报验表。施工单位应在完成施工测量方案、红线桩校核成果、水准点引测成果及施工过程的各种测量记录后,填写《施工测量放线报验表》报请监理单位审核。

③ 基槽及各层测量放线记录文件。建设工程根据施工图纸给定的位置、轴线、标高进行测量与复测,以保证工程的位置、轴线、标高正确。检查意见及复验意见应分别由施工单位、监理单位相关负责人填写,并签认盖章。

④ 沉降观测记录文件。沉降观测是检查建筑物地基变形是否满足国家规范要求,对建筑物沉降观测点进行沉降的测量工作,以保证工程的正常使用。一般建设工程项目,由施工单位进行施工过程及竣工后保修期内的沉降观测工作。观测单位按设计要求和规范规定或监理单位批准的观测方案设置沉降观测点,绘制沉降观测点布置图,定期进行沉降观测记录,并应附沉降观测点的沉降量与时间-荷载关系曲线图和沉降观测技术报告。观测单位的测量员、质检员、技术负责人均应签字,监理工程师应审核签字,测量单位应加盖公章。

(9) 施工记录文件

施工记录是在施工过程中形成的,确保工程质量和安全的各种检查、记录的统称。主要包括:工程定位测量检查记录、预检记录、施工检查记录、冬期混凝土搅拌称量及养护测温记录、交接检查记录、工程竣工测量记录等。

(10) 工程质量事故记录文件

包括工程质量事故报告和工程质量事故处理记录。

① 工程质量事故报告。发生质量事故应有报告,对质量事故进行分析,按规定程序报告。

② 工程质量事故处理记录。做好事故处理鉴定记录,建立质量事故档案,主要包括:质量事故报告、处理方案、实施记录和验收记录。

(11) 工程竣工文件

包括竣工报告、竣工验收证明书和工程质量保修书。

竣工报告是指工程项目具备竣工条件后,施工单位向建设单位报告,提请建设单位组织竣工验收的文件。提交竣工报告的条件是施工单位将合同中规定的承包项目内容全部完工,自行组织有关人员进行检查验收,全部符合设计要求和质量标准。由施工单位生产部门填写竣工报告,经施工单位工程管理部门组织有关人员复查,确认具备竣工条件后,法人代表签字,法人单位盖章,报请监理、建设单位审批。

竟工验收证明书是指工程项目按设计和施工合同规定的内容全部完工,达到验收规范及合同要求,满足生产、使用并通过竞工验收的证明文件。建设单位接到竞工报告后,由建设单位项目负责人组织设计单位、监理单位、勘察单位和施工总、分包单位及有关部门,以国家颁发的施工质量验收规范为依据,按设计和施工合同的内容对工程进行全面检查和验收,通过后办理《竞工验收证明书》。由施工单位填写,报建设、监理、设计等单位负责人签认。

建设工程实行质量保修制度,工程承包单位在向建设单位提交工程竞工验收报告时,应当向建设单位出具质量保修书。质量保修书应当明确建设工程的保修范围、保修期限和保修责任等。

2) 工程质量控制资料

工程质量控制资料是建设工程施工全过程全面反映工程质量控制和保证的依据性证明资料。应包括原材料、构配件、器具及设备等的质量证明、合格证明、进场材料试验报告,施工试验记录,隐蔽工程检查记录等。

(1) 工程项目原材料、构配件、成品、半成品和设备的出厂合格证及进场检(试)验报告

合格证、试验报告的整理按工程进度为序进行,品种规格应满足设计要求,否则为合格证、试验报告不全。材料检查报告是为保证工程质量,对用于工程的材料进行有关指标测试,由试验单位出具试验证明文件,报告责任人签章必须齐全,有见证取样试验要求的必须进行见证取样试验。

(2) 施工试验记录和见证检测报告

施工试验记录是根据设计要求和规范规定进行试验,记录原始数据和计算结果,并得出试验结论的资料统称。按照设计要求和规范规定应做施工试验,无专项施工试验表格的,可填写《施工试验记录(通用)》;采用新技术、新工艺及特殊工艺时,对施工试验方法和试验数据进行记录,应填写《施工试验记录(通用)》。见证检测报告是指在建设单位或工程监理单位人员的见证下,由施工单位的现场试验人员对工程中涉及结构安全的试块、试件和材料在现场取样,并送至经过省级以上建设行政主管部门对其资质认可和质量技术监督部门对其计量认证的质量检测单位进行检测,并由检测单位出具的检测报告。

(3) 隐蔽工程验收记录文件

隐蔽工程验收记录是指为下道工序所隐蔽的工程项目,关系到结构性能和使用功能的重要部位或项目的隐蔽检查记录。隐蔽工程检查是保证工程质量与安全的重要过程控制检查记录,应分专业、分系统(机电工程)、分区段、分部位、分工序、分层进行。隐蔽工程未经检查或验收未通过,不允许进行下一道工序的施工。隐蔽工程验收记录为通用施工记录,适用于各专业。

隐蔽工程验收记录资料要求如下:①验收时,施工单位必须附有关分项工程质量验收及测试资料,包括原材料试(化)验单、质量验收记录、出厂合格证等,以备查验。②需要进行处理的,处理后必须进行复验,并且办理复验手续,填写复验记录,并做出复验结论。③工程具备隐检条件后,由施工员填写隐蔽工程验收记录,由质检员提前一天报请监理单位,验收时由专业技术负责人组织施工员、质量检查员共同参加,验收后由监理单位专业监理工程师签署验收意见及作出验收结论,并签字盖章。

(4) 交接检查记录

不同工程或施工单位之间工程交接,当前一专业工程施工质量对后续专业工程施工质

量产生直接影响时应进行交接检查,填写《交接检查记录》。移交单位、接收单位和见证单位共同对移交工程进行验收,并对质量情况、遗留问题、工序要求、注意事项、成品保护等进行记录。《交接检查记录》中"见证单位"的规定:当在总包管理范围内的分包单位之间移交时,见证单位为"总包单位";当在总包单位和其他专业分包单位之间移交时,见证单位应为"建设(监理)单位"。

3) 工程施工质量验收资料

工程施工质量验收资料是建设工程施工全过程中按照国家现行工程质量检验标准,对分部工程、单位工程逐级对工程质量做出综合评定的工程质量验收资料。但是,由于各行业、各部门的专业特点不同,各类工程的检验评定均有相应的技术标准,工程质量验收资料的建立均应按相关的技术标准办理。具体内容为:

(1) 施工现场质量管理检查记录

为督促工程项目做好施工前准备工作,建设工程应按一个标段或一个单位(子单位)工程检查填报施工现场质量管理记录。专业分包工程也应在正式施工前由专业施工单位填报施工现场质量管理检查记录。施工单位项目经理部应建立质量责任制度、现场管理制度及检验制度,健全质量管理体系,配备施工技术标准,审查资质证书、施工图、地质勘察资料和施工技术文件等。按规定,在开工前由施工单位现场负责人填写"施工现场质量管理检查记录",报项目总监理工程师(或建设单位项目负责人)检查,并做出检查结论。

(2) 单位(子单位)工程质量竣工验收记录

在单位工程完成后,施工单位经自行组织人员进行检查验收,质量等级达到合格标准,并经项目监理机构复查认定质量等级合格后,向建设单位提交竣工验收报告及相关资料,由建设单位组织单位工程验收的记录。且单位(子单位)工程质量控制资料核查记录、单位(子单位)工程安全和功能检验资料核查及主要功能抽查记录、单位(子单位)工程观感质量检查记录相关内容应齐全并均符合规范规定的要求。

(3) 分部(子分部)工程质量验收记录文件

分部(子分部)工程完成,施工单位自检合格后,应填报"_____分部(子分部)工程质量验收记录表",由总监理工程师(建设单位项目负责人)组织有关设计单位及施工单位项目负责人(项目经理)和技术、质量负责人等到场共同验收并签认。分部工程按部位和专业性质确定。

(4) 分项工程质量验收记录文件

分项工程完成(即分项工程所包含的检验批均已完工),施工单位自检合格后,应填报"_____分项工程质量验收记录表",由监理工程师(建设单位项目专业技术负责人)组织项目专业技术负责人进行验收并签认。分项工程按主要工种、材料、施工工艺、设备类别等划分。

(5) 检验批质量验收记录文件

检验批施工完成,施工单位自检合格后,应由项目专业质量检查员填报"_____检验批质量验收记录表",按照建设部施工质量验收系列标准表格执行。检验批质量验收应由监理工程师(建设单位项目专业技术负责人)组织项目专业质量检查员等进行验收并签认。检验批的划分原则:分项工程的检验批划分应便于质量控制和验收;划分的大小不能过分悬殊;能取得较完整的技术数据及检查记录;符合统一标准和配套施工质量验收规范规定。

通常可根据施工及质量控制和专业验收需要按楼层、施工段、变形缝、系统或设备等进行划分。同时项目应在施工技术资料(如：施工组织设计、施工方案、方案技术交底)中预先明确工程各分项工程检验批的划分原则,使检验批质量验收更加合理化、规范化、科学化。

4) 竣工图

竣工图是指工程竣工验收后,真实反映建设工程项目施工结果的图样。它是真实、准确、完整反映和记录各种地下和地上建筑物、构筑物等详细情况的技术文件,是工程竣工验收、投产或交付使用后进行维修、扩建、改建的依据,是生产(使用)单位必须长期妥善保存和进行备案的重要工程档案资料。竣工图的编制整理、审核盖章、交接验收按国家对竣工图的要求办理。承包人应根据施工合同约定,提交合格的竣工图。竣工图编制要求如下：

(1) 各项新建、扩建、改建、技术改造、技术引进项目,在项目竣工时要编制竣工图。项目竣工图应由施工单位负责编制。如行业主管部门规定设计单位编制或施工单位委托设计单位编制竣工图的,应明确规定施工单位和监理单位的审核和签认责任。

(2) 竣工图应完整、准确、清晰、规范,修改到位,真实反映项目竣工验收时的实际情况。

(3) 如果按施工图施工没有变动的,由竣工图编制单位在施工图上加盖并签署竣工图章。

(4) 一般性图纸变更及符合杠改或划改要求的变更,可在原图上更改,加盖并签署竣工图章。

(5) 涉及结构形式、工艺、平面布置、项目等重大改变及图面变更面积超过35%的,应重新绘制竣工图。重绘图按原图编号,末尾加注"竣"字,或在新图图标内注明"竣工阶段"并签署竣工图章。

(6) 同一建筑物、构筑物重复的标准图、通用图可不编入竣工图中,但应在图纸目录中列出图号,指明该图所在位置并在编制说明中注明；不同建筑物、构筑物应分别编制。

(7) 竣工图图幅应按《技术制图　复制图的折叠方法》(GB/T 10609.3—2009)要求统一折叠。

(8) 编制竣工图总说明及各专业的编制说明,叙述竣工图编制原则、各专业目录及编制情况。

14.3.2　施工文件的立卷

立卷是指按照一定的原则和方法,将有保存价值的文件分门别类整理成案卷,亦称组卷。案卷是指由互相有联系的若干文件组成的档案保管单位。

1. 立卷的基本原则

施工文件档案的立卷应遵循工程文件的自然形成规律,保持卷内工程前期文件、施工技术文件和竣工图之间的有机联系,便于档案的保管和利用。

(1) 一个建设工程由多个单位工程组成时,工程文件按单位工程立卷。

(2) 施工文件资料应根据工程资料的分类和"专业工程分类编码参考表"进行立卷。

(3) 卷内资料排列顺序要依据卷内的资料构成而定,一般顺序为封面、目录、文件部分、备考表、封底。组成的案卷力求美观、整齐。

(4) 卷内若有多种资料时,同类资料按日期顺序排列,不同资料之间的排列顺序应按资料的编号顺序排列。

2．立卷的具体要求

（1）施工文件可按单位工程、分部工程、专业、阶段等组卷，竣工验收文件按单位工程、专业组卷。

（2）竣工图可按单位工程、专业等进行组卷，每一专业根据图纸多少组成一卷或多卷。

（3）立卷过程中宜遵循下列要求：

① 案卷不宜过厚，一般不超过 40mm；

② 案卷内不应有重份文件，不同载体的文件一般应分别组卷。

3．卷内文件的排列

文字材料按事项、专业顺序排列。同一事项的请示与批复、同一文件的印本与定稿、主件与附件不能分开，并按批复在前、请示在后，印本在前、定稿在后，主件在前、附件在后的顺序排列。图纸按专业排列，同专业图纸按图号顺序排列。既有文字材料又有图纸的案卷，文字材料排前，图纸排后。

4．案卷的编目

（1）编制卷内文件页号应符合下列规定。

① 卷内文件均按有书写内容的页面编号。每卷单独编号，页号从"1"开始。

② 页号编写位置：单面书写的文件在右下角；双面书写的文件，正面在右下角，背面在左下角。折叠后的图纸一律写在右下角。

③ 成套图纸或印刷成册的科技文件材料，自成一卷的，原目录可代替卷内目录，不必重新编写页号。

④ 案卷封面、卷内目录、卷内备考表不编写页号。

（2）卷内目录的编制应符合下列规定。

① 卷内目录式样宜符合《建设工程文件归档整理规范》的要求。

② 序号：以一份文件为单位，用阿拉伯数字从 1 依次标注。

③ 责任者：填写文件的直接形成单位和个人。有多个责任者时，选择两个主要责任者，其余用"等"代替。

④ 编号：填写工程文件原有的文号或图号。

⑤ 日期：填写文件形成的日期。

⑥ 页次：填写文件在卷内所排的起始页号。最后一份文件填写起止页号。

⑦ 卷内目录排列在卷内文件首页之前。

（3）卷内备考表的编制应符合下列规定。

① 卷内备考表的式样宜符合《建设工程文件归档整理规范》的要求。

② 卷内备考表主要标明卷内文件总页数、各类文件页数（照片张数），以及立卷单位对案卷情况的说明。

③ 卷内备考表排列在卷内文件的尾页之后。

（4）案卷封面的编制应符合下列规定。

① 案卷封面印刷在卷盒、卷夹的正表面，也可采用内封面形式。案卷封面的式样宜符合《建设工程文件归档整理规范》的要求。

② 案卷封面的内容应包括：档号、档案馆代号、案卷题名、编制单位、起止日期、密级、保管期限、共几卷、第几卷。

③ 档号应由分类号、项目号和案卷号组成。档号由档案保管单位填写。

④ 档案馆代号应填写国家给定的本档案馆的编号。档案馆代号由档案馆填写。

⑤ 案卷题名应简明、准确地揭示卷内文件内容。案卷题名应包括工程名称、专业名称、卷内文件的内容。

⑥ 编制单位应填写案卷内文件的形成单位或主要责任者。

⑦ 起止日期应填写案卷内全部文件形成的起止日期。

⑧ 保管期限分为永久、长期、短期三种。各类文件的保管期限详见《建设工程文件归档整理规范》的要求。

a. 永久是指工程档案需永久保存。

b. 长期是指工程档案的保存期限等于该工程的使用寿命。

c. 短期是指工程档案保存 20 年以下。

d. 同一案卷内有不同保管期限的文件,该案卷保管期限应从长。

⑨ 密级分为绝密、机密、秘密三种。同一案卷内有不同密级的文件,应以高密级为本卷密级。

(5) 卷内目录、卷内备考表、案卷内封面应采用 70g 以上白色书写纸制作,统一采用 A4 幅面。

5. 案卷装订与图纸折叠

(1) 案卷可采用装订与不装订两种形式。文字材料必须装订。既有文字材料,又有图纸的案卷应装订。装订应采用线绳三孔左侧装订法,要整齐、牢固,便于保管和利用。装订时必须剔除金属物。

(2) 不同幅面的工程图纸应按《技术制图　复制图的折叠方法》(GB/T 10609.3—2009)统一折叠成 A4 幅面(297mm×210mm),图标栏外露在外面。

6. 卷盒、卷夹、案卷脊背

(1) 案卷装具一般采用卷盒、卷夹两种形式。

① 卷盒的外表尺寸为 310mm×220mm,厚度分别为 20mm、30mm、40mm、50mm。

② 卷夹的外表尺寸为 310mm×220mm,厚度一般为 20mm、30mm。

③ 卷盒、卷夹应采用无酸纸制作。

(2) 案卷脊背的内容包括档号、案卷题名。式样宜符合《建设工程文件归档整理规范》的要求。

14.3.3　熟悉施工文件的归档

归档指文件形成单位完成其工作任务后,将形成的文件整理立卷后,按规定移交相关管理机构。

1. 施工文件的归档范围

对与工程建设有关的重要活动、记载工程建设主要过程和现状、具有保存价值的各种载体文件,均应收集齐全,整理立卷后归档。具体归档范围详见《建设工程文件归档整理规范》的要求。

2. 归档文件的质量要求

(1) 归档的文件应为原件。

（2）工程文件的内容及其深度必须符合国家有关工程勘察、设计、施工、监理等方面的技术规范、标准和规程。

（3）工程文件的内容必须真实、准确，与工程实际相符合。

（4）工程文件应采用耐久性强的书写材料，如碳素墨水、蓝黑墨水，不得使用易褪色的书写材料，如：红色墨水、纯蓝墨水、圆珠笔、复写纸、铅笔等。

（5）工程文件应字迹清楚，图样清晰，图表整洁，签字盖章手续完备。

（6）工程文件文字材料幅面尺寸规格宜为 A4 幅面（297mm×210mm）。图纸宜采用国家标准图幅。

（7）工程文件的纸张应采用能够长期保存的韧力大、耐久性强的纸张。图纸一般采用蓝晒图，竣工图应是新蓝图。计算机出图必须清晰，不得使用计算机出图的复印件。

（8）所有竣工图均应加盖竣工图章。

① 竣工图章的基本内容应包括："竣工图"字样、施工单位、编制人、审核人、技术负责人、编制日期、监理单位、现场监理、总监理工程师。

② 竣工图章尺寸为：50mm×80mm。具体详见《建设工程文件归档整理规范》的竣工图章示例。

③ 竣工图章应使用不易褪色的红印泥，应盖在图标栏上方空白处。

（9）利用施工图改绘竣工图，必须标明变更修改依据；凡施工图结构、工艺、平面布置等有重大改变，或变更部分超过图面 1/3 的，应当重新绘制竣工图。

3. 施工文件归档的时间和相关要求

（1）根据建设程序和工程特点，归档可以分阶段分期进行，也可以在单位或分部工程通过竣工验收后进行。

（2）施工单位应当在工程竣工验收前，将形成的有关工程档案向建设单位归档。

（3）施工单位在收齐工程文件整理立卷后，建设单位、监理单位应根据城建档案管理机构的要求对档案文件完整、准确、系统情况和案卷质量进行审查。审查合格后向建设单位移交。

（4）工程档案一般不少于两套，一套由建设单位保管，一套（原件）移交当地城建档案馆（室）。

（5）施工单位向建设单位移交档案时，应编制移交清单，双方签字、盖章后方可交接。

复习思考题

14-1　简述工程项目信息的构成。

14-2　简述工程项目信息的分类。

14-3　简述信息加工的方法。

14-4　工程施工技术管理资料有哪些？

14-5　工程质量控制资料有哪些？

14-6　简述施工文件的立卷原则。

14-7　简述施工文件归档的质量要求。

参 考 文 献

[1] 蔡雪峰.建筑工程施工组织管理[M].北京：高等教育出版社,2011.

[2] 全国一级建造师培训教材编写委员会.建设工程项目管理[M].北京：中国建筑工业出版社，2010.

[3] 毛义华.建筑工程项目管理[M].北京：中央广播电视大学出版社,2006.

[4] 徐家铮.建筑施工组织与管理[M].北京：中国建筑工业出版社,2002.

[5] 李建华.建筑施工组织与管理[M].北京：清华大学出版社,2003.

[6] 吴根宝.建筑施工组织[M].北京：中国建筑工业出版社,2002.